国家自然科学基金面上项目(No. 51279097,No. 51379117,No. 51479108)
国家重点基础研究发展计划(973 计划)(2012CB723104)
山东科技大学学术著作出版基金资助出版

裂隙岩体应力渗流耦合特性及锚固理论

王　刚　蒋宇静　李术才　著

科学出版社

北　京

内 容 简 介

　　节理岩体应力渗流耦合机理及锚固理论是岩土工程及其相关领域的重要科学和技术问题。本书围绕这一关键问题开展系统研究：研制了新型数控剪切渗流耦合试验系统，可在恒定法向荷载和恒定法向刚度边界条件下进行裂隙面的应力渗流耦合试验；基于试验和数值模拟研究，系统分析粗糙裂隙面剪切破坏机理和溶质运移特性，建立了粗糙裂隙面的剪切强度模型和渗流计算模型；基于颗粒离散元法，系统分析裂隙面—浆体—锚杆耦合作用机理，揭示了裂隙面的锚固机理，提出了裂隙岩体锚固中"宏细观耦合支护"的概念，建立了锚固裂隙岩体断裂损伤理论模型和计算方法；结合自洽理论和应变能等效原理等，建立了渗透压力作用下裂隙岩体应力渗流耦合模型；基于以上理论模型和计算方法，系统开展工程应用研究。

　　本书可供从事岩土工程、矿山工程、水利水电工程、隧道工程等研究领域的科技工作者、研究生、本科生和工程技术人员参考使用。

图书在版编目（CIP）数据

裂隙岩体应力渗流耦合特性及锚固理论/王刚，蒋宇静，李术才著.—北京：科学出版社，2014.11

ISBN 978-7-03-042224-8

Ⅰ.①裂… Ⅱ.①王…②蒋…③李… Ⅲ.①岩石力学-渗流力学②岩石力学-流体动力学 Ⅳ.①TU45

中国版本图书馆 CIP 数据核字（2014）第 244664 号

责任编辑：李　雪／责任校对：桂伟利
责任印制：徐晓晨／封面设计：耕者设计工作室

科 学 出 版 社 出版
北京东黄城根北街 16 号
邮政编码：100717
http://www.sciencep.com

北京厚诚则铭印刷科技有限公司 印刷
科学出版社发行　各地新华书店经销

*

2014 年 11 月第 一 版　开本：720×1000 1/16
2017 年 1 月第三次印刷　印张：15 1/2
字数：309 000

定价：88.00 元
（如有印装质量问题，我社负责调换）

前　言

进入 20 世纪 60 年代以后，随着科学技术发展和能源需求加大，越来越多的研究人员致力于深部地下空间开发和利用的研究，由于这些岩体工程规模巨大、建造成本高，如何保证这些岩体工程的稳定性和安全性就成为目前工程界和学术界最关心的问题。一般来说，地下工程结构的稳定性往往取决于对岩体介质力学特性的理解和把握。天然岩体在长期的地质作用下会生成各种不同类型的节理、裂隙、断层、软弱夹层等各种不连续面，形成节理岩体，其力学响应更多地依赖所包含的不连续面的力学特征，国内外无数次的岩体工程实践也表明，岩体工程的失稳破坏多数是在环境应力作用下，由原生及次生节理裂隙的产生、扩展、滑移贯通造成的。

在节理岩体中，渗流主要通过断裂节理网络实现，其中单个节理的力学和几何性质的描述是理解断裂岩体内的渗流变形性质的基础。研究节理渗透性的方法主要有数值分析法、解析法和试验研究法。单个断续节理的渗流性质是外部荷载、节理开度、表面粗糙度的函数。外力引起节理变形，改变了节理渗流速率，进而引起孔隙压力变化，孔隙压力变化又会影响节理变形。根据作用力的大小和方向不同，节理的力学性质在一定范围内发生变化。依据节理表面几何性质、变形性质和岩石材料的强度，作用力将影响节理的张开、闭合，并产生新的接触点，甚至破坏节理岩石材料。

在地下工程开发与建设中，锚杆、锚索等杆状支护系统的应用日渐广泛。此类系统工作时，支护材料与被支护体共同作用，约束被支护体的变位，从而达到支护的目的。二者交界面上的剪切力能否有效传递对支护效果有直接的影响。本书基于以上背景展开相关内容的研究和讨论。

本书是在广泛参阅前人研究成果的基础上，根据作者在裂隙岩体方面的研究成果与工程实践完成的。本书系统地阐述裂隙岩体水力耦合作用的基本理论和方法，深入探讨裂隙岩体锚固机理及其计算理论，并开展理论模型在地下洞室群工程中的应用研究。本书主要分为两大部分：第一部分介绍裂隙岩体强度模型和渗流耦合理论（第 2～4 章）；第二部分介绍裂隙岩体锚固机理和理论模型及应力渗流耦合作用下裂隙岩体损伤理论模型（第 5～7 章）。为了加深读者对裂隙岩体应力渗流耦合特性及锚固机理的认识，书中还介绍了部分工程应用实例。

　　本书的编写,参阅了大量的国内外有关工程地质、力学理论和数值模拟等方面的专业文献,谨向文献的作者表示感谢。衷心感谢黄娜、袁康和张学朋等在本书编辑和校核中的辛勤工作,也感谢其他老师和朋友的关心和指导。同时感谢山东科技大学矿山灾害预防控制省部共建国家重点实验室等单位的大力支持,使本书得以高质量及时出版。

　　由于作者水平有限,书中难免有不足之处,恳请读者批评指正。

作　者

2014 年 8 月

目　　录

第1章 引　言

历史上的地质构造运动和风化卸荷作用,使得岩体结构中含有大量不同方向、规模、产状的非连续性结构面(节理、断层、裂隙),从而导致岩体在工程结构和力学性能上不同于其他工程材料,呈现非均质、非线性、非连续的各向异性;同时又成为岩体工程地下水流的主要通道,使得岩体渗透特性亦不同于一般孔隙介质,呈非均匀性和各向异性,形成节理岩体。节理岩体中的空隙有以下三类。

(1) 孔隙(pores)。若岩石中的空隙在各方向的尺寸属于同一量级,则称为孔隙。岩石中的孔隙分为水力连通孔隙和水力不连通孔隙两类。水力连通孔隙和土壤中的孔隙相类似,是完整岩石中的渗水通道。

(2) 裂隙(fractures)。若岩石中的空隙在某一方向的尺寸远小于其他两个方向的尺寸(达米级以上),则称为裂隙(岩石力学中称为结构面);若某一方向延伸很长,其他两个方向均相对较小,则称为溶洞(karst cave)或孔洞。若岩石中无裂隙存在,则称为完整岩石(intact rock);若岩石中有裂隙发育,则称为裂隙岩石(fractured rock)。从渗水性上可视完整岩石为微孔隙介质(porous media)。

这些空隙的存在增加了岩体物理力学性能的复杂性,另一方面也为地下水提供了储存和运移的场所,对其进行重点研究的必要性体现在许多应用学科进一步发展的需求和一些重大的急需解决的实际工程问题中,如水利水电工程、岩土工程、石油工程以及近年来在国际上成为研究热点的高放射性核废料地下储存等。

(3) 微裂隙(microfissures)。若岩石中的空隙在一个方向的尺寸远大于其他两个方向的尺寸,且最长的尺寸也是微小的,则称为微裂隙。多数岩石为脆性材料,在其形成过程中受到多种环境影响而出现微裂纹,被视为材料的缺陷。微裂纹分布既有完全随机的,也有大体定向的。微裂纹尖端产生的应力集中现象,对岩石的强度有重大影响。应力环境对微裂纹的宽度有影响,因而其渗透性和应力环境有明显的相关性。

1.1　研究背景

随着二氧化碳地下封存、高放射性核废料地下处置、垃圾填埋等特殊工程的兴建,围岩裂隙体稳定性问题、裂隙介质中地下水流动问题以及污染物随着水流的运移问题近几年越来越受到人们的关注。地下工程的开挖建设对周围裂隙岩体产生较大的扰动,改变其应力和位移场的分布情况,围岩裂隙中的渗流和溶质运移特征也会因此发生改变,而这对污染物的地下封存与隔离效果有着至关重要的影响。岩体中存在的孔隙和裂隙等缺陷不但大大改变了岩体的力学性质(变形模量和强度参数降低、岩体呈各向异性),而且严重影响着岩体的渗透特性。裂隙岩体的渗流场受应力环境的影响,而渗流场的变化反过来又对应力场产生影响,这种相互影响称为应力渗流耦合。渗流场与应力场相互耦合是岩体力学中的一个重要特性。岩体渗流研究在各种地质工程应用中占有重要的地位,如采矿和石油工程、核废料储存工程。在当前日益增长的环境控制条件下,流入开挖区域水量的估计和污染矿水的排泄程序都是地下工程的发展和运营时期的重要影响因素;在核废料储存工程中,地下水的辐射污染也需要特别注意和预防。要发展一种适合裂隙岩体应力渗流耦合分析模型,充分理解岩石裂隙内水的流动机制是非常关键的。

岩体中节理裂隙的存在严重削弱了岩体强度,降低了岩体的弹性模量,而且,岩体中存在的结构面在外部荷载作用下往往更容易发生错动和离层等变形。为限制裂隙和岩石变形、提高岩体强度和工程结构稳定性,岩体工程需要采取适当的加固措施。作为岩体支护的主要手段之一,锚杆已广泛应用于隧道工程、地下工程、采矿工程、堤坝工程和水利水电等各种工程中。研究发现:在节理岩体中,节理面和锚杆相互作用,节理面对锚杆产生剪切作用,锚杆同时限制了节理面变形,致使锚杆在节理面附近发生明显弯折和变位,锚杆的变形往往远大于岩体的变形,但目前锚杆计算模型尚不能有效反映这一特性。本书对锚杆在节理面附近的局部变形和受力状态、节理-锚杆加固系统模型进行深入的分析和研究,并将研究成果应用于地下洞室群的稳定性分析中,取得了较好的效果。

1.2　节理裂隙应力渗流耦合机理研究综述

在水利水电、石油开采和核废料储存等工程中都存在许多岩石节理渗流问题。在岩体介质中,空隙的尺寸和连通程度一般都远小于岩体中节理裂隙,而且裂隙的水力传导系数远远大于完整岩石中孔隙的渗透系数,因此裂隙网络是岩体中水运动的主要通道。单裂隙面是构成岩体裂隙网络的基本元素,岩体的渗透性能和渗透方向不仅与裂隙网络的发育、切割特征有关,还与单个裂隙的几何特征(如裂隙的宽度、方向、粗糙性和充填性等)密切相关。因此,要研究岩石水力学和合理地预测工程岩体中复杂的渗流状态,必须从单裂隙面的渗流特性这一基础性课题入手,首先对单一裂隙的水力特性进行研究。

岩石裂隙水力耦合作用主导着裂隙中水流和溶质运移行为。人们很早就开始对裂隙的剪切渗流耦合机理以及介质中地下水溶质运移进行了探索研究,并且在试验研究、理论分析和计算方法等方面取得了一定成果。然而,由于岩体裂隙系统本身错综复杂,在各种作用力的影响下,其空间几何因素的复杂性、渗透系数的各向异性和弥散系数不确定性加大，使得该研究变得非常困难。Wels 和 Smith[1] 指出裂隙网络中的溶质运移机理取决于单裂隙中溶质运移特点，因此研究扰动作用下裂隙网络中水流和溶质运移特性，应以研究单裂隙在剪切过程中地下水流动状态和溶质运移机理为基础，探索裂隙介质中渗透性、对流、弥散、吸附等特征。地下水流动和溶质运移特征受很多因素影响，如水的黏度、流速、裂隙的连通性、隙宽、裂隙面的粗糙度及一些参数的尺寸效应等[2,3]，而剪切作用使这些因素变得更加复杂。早期关于单裂隙介质中水流与溶质运移成果多数是基于光滑平行板裂隙的理想简化模型，而自然界中裂隙表面一般是粗糙不平的，此外 Isakov 等[4] 也认为裂隙水流与溶质运移研究进展缓慢的原因不仅是影响因素繁多，还有裂隙面的几何特征的描述比较困难。因此合理描述裂隙表面粗糙特征，开展剪切过程中单个粗糙裂隙中水流与溶质运移机理研究具有重要意义。粗糙裂隙在剪切作用下的渗流与溶质运移研究主要针对剪切作用影响下裂隙中水流与溶质运移规律以及模拟方法，研究内容可以归纳为以下几个方面：①剪切作用影响；②粗糙裂隙介质；③流体渗流；④溶质运移；⑤水流与溶质运移之间的相互关系。研究粗糙裂隙中溶质运移首先要以研究裂隙中水的渗透特性为基础，水的渗透性又直接受到裂隙表面的粗糙形貌影响，而剪切作用则直接改变节理裂隙的形貌特征。

1.2.1　岩石裂隙表面形貌描述方法研究

自然中大多数裂隙面都是凹凸不平的，裂隙表面形态特征对节理面的剪切作用、流体流动的曲折性和溶质运移的弥散特性等都有重要的影响。定量地描述裂隙表面形态进而确定合理的表面形态参数对研究裂隙中流动特性以及建立形态特征参数与流动特性之间的定量关系具有重要的意义。描述裂隙表面形态特性方法因测量方式和实际应用而异。总的来说，人们对裂隙表面形态研究方法大致可以分为几何形状假设方法、统计学方法和分形几何方法三大类。

1. 几何形状假设方法

几何形状假设方法一般把裂隙表面形貌假设为由一系列不同几何形状的微小凸起组成，基于每个凸起之间的作用机理得到整个节理面的力学反应。常见的形貌假设主要有平行板假设、锯齿形表面凸起假设、球形凸起假设和长方形凸起假设等。

（1）平行板假设。早期的研究一般把粗糙裂隙面简化为由两个相互平行的板面组成，这是最简单的假设方法，常用的立方定理就是基于该模型推导得出的。然而由于自然裂隙面一般是粗糙不平的，与理想的光滑平行板表面相差较远，所以该假设会使计算产生较大的偏差。

（2）锯齿形表面凸起假设。该假设把起伏不平的裂隙表面形态简化为具有相同角度的规则齿形和不同倾角的不规则齿形。Johnston 和 Lam[5]、Seidel 和 Haberfield[6]、Yang 等[7]、Yang 和 Chiang[8]都对锯齿形表面进行了大量的研究，分析了倾角、齿距等参数与裂隙面力学特性之间的定量关系。锯齿形表面凸起假设是最为常见的形貌假设方法。

（3）球形凸起假设。1966 年 Greenwood 和 Williamson[9]把裂隙表面简化为球形凸起，并推导出两个球体之间的接触作用。Brown 和 Scholz[10]应用 Greenwood 和 Williamson 所得的理论结果，把裂隙上下表面均假设为由半径不同的球体组成，并且推导了裂隙面的闭合特性。由曲率不同的球形凸起组成的裂隙表面与自然裂隙形貌最接近，然而由于球体之间相互作用的理论解难以求出，导致该几何形貌假设下裂隙面之间相互作用的解析解难以得到。

（4）长方形凸起假设。该假设一般由一系列尺寸不同的微小长方体概化组成粗糙节理表面。Kown 等[11]依据该表面形状假设，推导得出了裂隙面的剪切强度模型。该形貌假设的优点是当长方形尺度选择合适时，能够较好地反映节理面形貌，并基于此可以推出节理面受力反应的最终状态，但是全面地考虑到具体作用过程存在一定的难度。

2. 统计学方法

统计学方法一般是通过分析裂隙的二维粗糙线得到裂隙表面形态描述参数。常用的统计学方法有粗糙度系数法、统计学参数法和地质统计参数法等。

1）粗糙度系数法

粗糙度是衡量节理裂隙面相对于平面的波动起伏程度的指标，对裂隙中流体流动的曲折性有重要的意义。Barton[12]从工程角度出发，研究具有不同表面形态的节理面力学行为，并在此基础上提出了节理粗糙度综合描述参数，其中节理面粗糙度系数 JRC 得到普遍的认可，至今该系数仍被广泛应用于各种工程实际中。1976 年 Barton 和 Choubey[13]通过对 136 条节理面形貌进行统计分析，按其粗糙程度大小，将节理粗糙度系数划分为 10 级，相应的 JRC 取值为 0～20。在进行实际的粗糙度评价时，可将相同尺寸的被观测节理面表面形状与 10 条标准剖面线比较，并选取最接近的 JRC 作为其取值大小。然而，Kulatilake 等[14]认为 JRC 仅可以用来表征平稳粗糙度，不能用来反映非平稳粗糙度；Maerz 等[15]认为 JRC 并不具有严格的几何意义，它的确定方法包含主观因素，因而失去了科学上的唯一性和严谨性，可能引起预测的节理裂隙力学行为出现严重偏差。

2）统计学参数法

自然岩石裂隙表面一般是粗糙不平的不规则几何面，因此可以采用统计学参数或者函数来描述。常见的统计学参数通常包括节理凸台高度、倾角、形状和分布等[15,16]，可以把它们大致分为三类[17]。

（1）振幅参数。主要是用来反映粗糙表面凸台高度变化情况的参数，如中线均值 C、凸台高度的均方值 M、均方根 R 和绝对粗糙度 k。

（2）斜率参数。主要是反映裂隙面凸台形状的参数，如凸台高度的一阶导数即斜率 Z_2、二阶导数即曲率 Z_3、平均微角 i 和粗糙度指数 R_p 等。

（3）混合参数。即同时涉及振幅变化和凸台斜率变化的参数，如自相关函数 A_C、结构函数 S 和谱密度函数等。

统计学描述参数多达十几个，如此多的参数似乎足以用来描述粗糙裂隙的表面形态，然而实际情况却远非如此。Bahat[18]引入 14 个不同参数来描述裂隙表面形态，这些参数涉及表面几何形貌的各个方面，但仍没有得到普遍的公认。由此可见，描述裂隙表面几何特征的参数并不是越多越好。当这些描述指标体系中的参数多到一定程度时，整体的描述精度反而会由于体系复杂性的增加而下降。

3）地质统计参数法

在岩石裂隙表面形貌定量描述的进展中，另一值得注意的方法为地质统计学方法。该方法的基本函数一般为经验方差函数和半经验方差函数，定义为振幅变化的均方值[17]。研究表明，地质统计学的相关参数，如基台值、变程等，可以用来描述裂隙表面形态。Ferrero 和 Giani[19]认为方差函数和 JRC 之间存在某种关系，Roko 等把方位角等参数引入方差函数中，得到了用极坐标来描述粗糙节理面各向异性的方法[17]。

3. 分形几何方法

法国数学家 Mandelbrot 在 1973 年首次提出了分维的设想，并创造了"分形（fractal）"这个新术语。后来 Mandelbrot[20]又提出了分形几何，用来描述自然界不规则以及杂乱无章的现象和行为。与欧氏几何有着本质不同的是，分形几何认为自然界中物体几何图形的维数可以不再是整数。对于欧氏空间中的一维、二维或三维不规则图形，其分形维数均可为分数。

自然界的大多数复杂几何形状都具有分形特性，同样岩石节理表面形状也具有分形特性，可以用分形维数来描述岩石节理表面的粗糙性[3]，常见的分形维数计算方法有尺码法、覆盖法、谱密度分析法和变差分析法等。Lee 等[21]应用分形几何的尺码方法测量了节理剖面的分形维数，Marerz 等[15]、谢和平和 Pariseau[22]分别根据经验建立了 JRC 值与分形维数之间的关系式，Murata[23]研究了节理面分形参数对曲折效应的影响规律。

与统计学参数相比，分形参数深刻地揭示出粗糙表面的几何形态特性，然而在具体应用中也存有一些困难。Den Outer 等[24]指出应用连续的分形理论估算离散测试数据集有可能会导致一些数学上的偏差。针对此观点，Carr[25]仍充分肯定分形描述的作用，并认为分形维数和 JRC 曲线之间数学关系的建立是岩体裂隙表面形态描述方法上的又一进展。Borodich[26]认为在测量自然界中任何物体的分形时,其观测尺度均不能无限地减小,因而数学意义上的 Hausdorff 观测概念并不完全适用于自然界物体的实际描述中,需要严格区分物理分形和数学分形的概念。Borodich 的观点消除了分形理论应用中的诸多疑问,有助于应用该方法分析解决一些实际问题。

1.2.2　岩石裂隙渗流特性描述方法

1. 立方定理应用及演化

岩石中的裂隙受其生成环境(应力、温度、造岩矿物、卸荷、沉积、溶蚀、风化等)影响,其几何特性十分复杂。为了方便研究,必须将裂隙进行简化或者抽象。最早的研究是将裂隙简化为由两块光滑平行板构成的缝隙。苏联学者 Володько[27]、Ромм[28]和西方学者 Snow[29]都对缝隙水力学进行过开创性的试验研究及理论研究,建立了通过裂隙的流量与隙宽的三次方成比例的经典公式,即著名的立方定理。由于实际的裂隙面远非光滑面,所以立方定理必须根据裂隙面粗糙度进行修正,在这方面做出贡献的有 Louis 和 Maini[30,31]、Черньщёв[32]、Neuzil 和 Tracy[33]、Tsang 和 Witherspoon[34,35]、Barton 等[36]、Elsworth 和 Goodman[37],他们从不同的角度考虑了裂隙面粗糙度对过流能力的影响。这些修正都是基于对裂隙面粗糙度的测量。Brown 和 Scholz[38]使用测针式断面测量仪测量断面粗糙度,精度可达 $0.1\mu m$。近年来采用的用于测量金属加工面光洁度的激光技术,可以达到非常高的精度。由于裂隙面粗糙不平,裂隙隙宽测量困难。对于试验的单一裂隙,Hakami 和 Barton[39]、Hakami 和 Larsson[40]及 Detwiler 等[41]采用复制的透明裂隙,用水滴法和光穿透技术测量隙宽的分布。但这类技术无法用于岩石中裂隙的测量,于是又提出了平均隙宽、机械隙宽和水力等效隙宽的概念。将实际裂隙进行实验室或现场试验,求得恒定的流量后,按立方定理反求隙宽,即水力等效隙宽。水力等效隙宽在更高的层次上反映了裂隙面粗糙度对其过流能力的影响。

在平行板裂隙水力特性试验成果的基础上,很自然地就进入实际粗糙裂隙的试验研究。通过裂隙的流量与其隙宽的三次方成正比,而隙宽又受裂隙应力环境的影响,因此,实际裂隙的水力传导系数试验必须引入应力环境因素,即裂隙法向应力、剪切应力与隙宽的函数关系,从而确立应力与裂隙水力传导系数的关系。

立方定理是否成立、在什么条件下成立一直是学术界讨论的热点。上述问题只能通过单一裂隙水力特性的试验研究来解决。在这方面进行研究的有 Snow[29]、Louis 和 Maini[30]、Rissler[42]、Kranz 等[43]、Detournay 和 Cheng[44]、Gale[45]、Raven 和 Gale[46]、Teufel[47]、Peters 和 Klavetter[48]、Nolte 和 Pyrak-Nolte[49]、Makurat 等[50]、Esaki 等[51]、Myer[52]、刘继山[53]、张有天[54]、耿克勤和吴

永平[55,56]、速宝玉等[57,58]、周创兵等[59]、赵阳升[60]、胡运进等[61]、刘才华等[62]。

2. 粗糙度对裂隙渗透性的影响

断续节理特性(节理张开度、粗糙度、方位和充填材料)在很大程度上影响和决定着岩体的力学和水力学性质。由于节理粗糙度直接影响岩石的剪切强度和渗流特性,在过去的二三十年里,许多的研究者致力于表面粗糙度描述的研究(Barton[63]、Barton 和 Choubey[64]、Brown 和 Scholz[38]、Xie 和 Pariseau[65]、Kwasniewski 和 Wang[66]、Barton 和 Quadros[67])。节理面粗糙度定义为节理表面相对于参考平面的波度和波状起伏。节理几何粗糙度的量测常用节理粗糙度系数来表示,该系数仅是节理粗糙度的数标,并不代表节理粗糙度的有效摩擦角。岩石矿物性质和断裂节理开裂模式等控制节理粗糙度的大小,而且,节理粗糙度随节理开度、充填材料厚度、节理面的相对位移的变化而变化。同时,节理使粗糙节理的剪切强度减小,从而降低节理粗糙度。基于节理面的曲折起伏,ISRM 协会定量描述了节理粗糙度。

Barton 首先引入节理粗糙度系数(JRC)来描述节理粗糙度,其值一般为 0～20。JRC 描述了相匹配表面的峰值粗糙度,通过在节理岩体试件上进行适当的打击试验,或者推拉试验来测得,也可以通过待测节理面与标准粗糙程度剖面 JRC 排列的视觉对比测得[68]。后一种测量方法受主观因素的影响,仅是一个近似的方法。节理粗糙度系数越大表示节理面越粗糙,理想平滑的节理面,其 JRC 可以为 0。由于节理间凸起的影响,对于同类型的岩石节理,粗糙的岩石节理比光滑的岩石节理拥有更高的节理摩擦角。与表面粗糙度相关的摩擦角称为有效粗糙角度,其值的大小依赖于表面轮廓(表面凸起的几何分布)、接触面积和凹入曲折形[69]。许多表面粗糙度量测方法被研究者发明提出[70,71]。为了研究节理粗糙度对节理的力学和渗流性质的影响,首先必须正确地绘制节理表面的几何轮廓。

1.2.3 正应力对岩石节理渗透性影响的试验研究

关于应力状态对裂隙渗透性的影响,多数的研究都集中在正应力对节理渗流的影响。已经有许多的研究者进行了法向荷载对岩石断裂节理渗流影响的实验室研究[46,72-80],其研究成果已经比较成熟。研究发现,加载初始由于裂纹的闭合渗透性降低,随着加载的继续增加,渗透性开始升高;渗透性的升高是由于新生裂隙的形成。随着法向荷载增加,一般渗透系数的变化呈现如下三阶段性质:①渗透系数不变;②渗透系数降低;③渗透系数升高。

一些试件在加载过程中经历所有三个变化阶段,然而也有部分岩石试件仅展现出其中的两个阶段变化。当岩石试件的节理面方位与法向加载方向一致时,在法向加载的开始阶段,岩石试件的渗透性几乎保持常数不变;而渗透系数量值则依赖试件围压的大小。在加载过程中,渗透系数的降低往往与法向应力的升高引起节理面的闭合相关;继续增加的法向荷载引起新宏观裂隙的产生和已存在裂隙的膨胀,在试件内形成新的连通节理网络,从而引起试件渗透系数升高,直至最后破坏。

已有的试验结果充分表明,透过节理岩体试件的渗透性是围压和节理面相对方位的函数,随围压的升高而降低[46,77,80,81]。试验结果显示,当围压从 0 增加到 8MPa 时,平均渗透系数减少了 90％多;然而再继续增加围压,渗透系数不再减小。这是由于节理开度达到残余值,不再受围压变化影响。残余节理开度是节理面应力状态、岩石节理初始表面形状、材料性质和几何性质的函数。在给定围压下,节理面越粗糙,渗透系数的减小越少,即相对于粗糙节理面,平滑节理面的渗透系数随围压增加而降低越显著。Kranz 等[81]的试验结果也证明了这一结论。

1.2.4 剪切变形对岩石节理渗透性影响的试验研究

关于水力学耦合的研究大多集中于法向加卸载对节理裂隙传导性的影响作用。近年来,考虑法向荷载和剪切应力对断裂节理渗流的影响,即所谓剪切渗流耦合试验引起广泛的研究兴趣[72-92]。剪切变形对节理渗流的影响作用并不是一个简单的函数关系,剪切应力对断裂节理渗透性的影响依靠剪切位移大小、节理表面形状和粗糙面剪切破坏。

在室内试验环境条件下,Makurat[68]在挪威岩土工程研究所(Norwegian Geotechnical Institute,NGI)进行了有大于自重的法向应力作用下的节理剪切渗流耦合试验。试验在片麻岩节理裂隙上进行,在 2.8m 的恒定水压和 0.82MPa 的有效法向荷载条件下,当剪切位移达到大约 1mm 时,节理渗透性升高了 2～3 倍。Hardin 等[92]进行了现场的剪切渗流试验研究,试验在 2m×2m×2m 的石英二长片麻岩块体内的斜节理上进行,试验结果表明节理的渗透性有相对较小的升高;但是,试验节理是非常粗糙的而且块体连接在基岩上。

Barton 等[36,93]提出了一个新的本构模型来描述水力开度(e)与真实力学开度(E)、节理粗糙度(JRC)间的关系,该模型可以用来分析在加卸载状态下力学开度和水力开度的变化关系,以及岩石节理的剪切行为。

虽然大多数的研究都着眼于法向荷载对断裂节理面渗透性影响的研究,剪切变形对断裂节理面渗透性的影响还没有得到应有的重视,但剪切变形对渗透性依然有着重要的影响。法向变形的增加在多数情况下引起渗透系数减小,但是剪切变形对渗透性的影响有着较复杂的变化关系。剪切应力引起断裂节理渗透性的变化完全依赖于剪切位移的大小、节理表面形状和节理表面凸起的剪切破坏。由于重力的作用,事实上,岩石节理面上都有法向荷载的作用。因此,在给定的外部荷载和边界条件下,常常难以孤立地考查剪切应力对渗透性的影响。Makurat 等[50]

的试验结果也表明,在剪切过程中自然断裂节理的渗透性可能增大或者减小;对于 JRC 较低的节理面,剪切位移对其渗透性有较小的影响。

然而,由于断裂节理表面粗糙度定量表述的困难,以及剪切渗流耦合试验中所要求的柔性可靠边界条件的限制,在发生法向位移和剪切位移的岩石断裂节理内,节理间接触的影响和空隙空间分布模式,以及应力和渗流的耦合性质还没有被充分理解。

1.2.5　岩石裂隙渗流应力耦合模型研究

岩体内力学变形的产生往往主要体现在节理的法向变形和剪切变形;力学变形同时也影响改变着节理开度;通过耦合节理裂隙力学开度的变化和水力开度的变化,实现节理裂隙的水力学耦合。

在裂隙面渗流与应力耦合特性方面,学者沿着不同的思路进行了研究。Louis[31]首先对单裂隙面渗流与应力的关系进行了探索性的试验研究,提出了指数型的经验公式。Jones[94]针对碳酸盐类建议了对数型的岩石裂隙渗透系数经验公式,为法向有效压力等的函数。Nelson[95]提出 Navajo 砂岩裂隙渗透系数的经验公式。Kranz 等[81]得出计算 Barre 花岗岩裂隙渗透系数的经验公式。Gale[45]通过对花岗岩、大理岩、玄武岩三种岩体裂隙的室内试验,得出经验公式。

为了更好地解释应力作用对裂隙面渗透性的影响机理,学者还试图提出某种理论模型。Gangi[96]首先提出钉床模型,将裂隙面上的凸起比拟成具有一定概率分布形式的钉状物,并以钉状物的压缩来反映应力对渗流的影响;Walsh[78]则将为描述裂隙力学变形性质提出的洞穴模型进行了推广,用来描述应力对裂隙面的渗流特性的影响。但这两种模型具有一定的局限性,不能兼顾解释高应力下裂隙面的渗流、力学性质。于是 Tsang 和 Witherspoon[34]在上述两种模型的基础上进一步提出了洞穴-凸起结合模型,这一模型将裂隙面看做由两壁面凸起的接触面与接触面之间的洞穴构成的集合体,以洞穴模型反映裂隙面的变形性质,以凸起模型反映裂隙面的渗流性质,认为随着应力的增加,不仅引起洞穴直接减小,而且引起凸起接触面积增加,在高应力下,裂隙上的洞穴平均直径已经减小到一定程度,使得洞穴的形状由长形变成球形,接近于岩块中的孔隙形状,因此其力学性质也接近于岩块。但其渗透性与裂隙面上凸起的接触面积有关,在高应力下裂隙面并不能完全闭合,还存在着渗流通道,因此其渗透性大于完整岩块。该模型的提出使得单裂隙面渗流、力学及其耦合性质得到了很好的解释。

1.2.6　岩石裂隙中溶质运移研究

裂隙中的溶质运移与水流作用是紧密结合的,探索粗糙裂隙中的地下水渗流特性是进行溶质运移研究的基础。

随着人们对地下水污染防治、放射性核废料深层地质处置等问题越来越多的关注,污染物在含水介质中的运移机制也得到了广泛的研究。地下含水介质主要包括裂隙介质、孔隙介质和岩溶介质。目前,国内外关于孔隙介质中溶质运移的研究已达到相当水平,然而裂隙介质中相关问题的研究仍相对较少,还处于理论分析和试验研究的探索阶段。

早在 20 世纪 50 年代人们就开始研究裂隙中的溶质运移行为,描述该行为的一个重要特征是溶质随流体流动过程中的弥散特性。1953 年 Taylor 基于圆柱状毛管模型研究了管道中层流状态下瞬时质量弥散现象,推导出弥散系数的表达式。Aris[97]采用距法,把 Taylor 的研究推广到更一般的几何形状,后来 Gill 和 Sankarasubramanian[98]也得到了相同体系下的精确解答。1983 年 Horne 和 Rodriguez[99]对平行板裂隙中对流和横向分子扩散作用进行了系统分析,指出溶质的弥散作用主要受"Taylor 弥散"控制,并应用类似于 Taylor 推导管道流方法得到了平行板裂隙中的等效弥散系数。在粗糙裂隙介质中,由于沟槽流效应的存在,弥散特性在运移过程中发挥重要作用[101,102],它使得和具有相同体平均渗透率的多孔介质相比,溶质穿透曲线会有明显的超前现象[103]。溶质在粗糙裂隙中的弥散特性主要受两个不同机制控制:Taylor 弥散作用和宏观弥散作用[103]。其中 Taylor 弥散是由裂隙平行板中流速变化引起的混合作用产生的;宏观弥散则是由裂隙开度变化而引起的速度变化产生的。大量试验表明,裂隙中弥散系数受流体流速大小的影响。Bear[104]针对孔隙介质中弥散系数大小与平均水流流速之间的关系进行了系统的讨论,并建议弥散系数与平均流速关系可以用 $D = \alpha v^n$ 表示,其中 α 为拟合系数,一般称为弥散度。Horne 和 Rodriguez[105]和 Dronfield 等[106]分别从理论和试验方面探讨了裂隙中弥散系数和流速之间的定量关系,Dronfield 等[106]通过试验研究表明,n 值与裂隙面的粗糙程度密切相关,对于光滑平行板模型,n 取值为 2,而当裂隙表面非常粗糙时,n 的取值可减小至 1.3。管后春等[107]通过试验分析指出在相同粗糙尺度下,n 值随着表面相对粗糙度增加而减小。实验室测定弥散系数大小一般应用一维沙柱示踪试验,Perkins 和 Johnston 通过将多组试验结果绘制于双对数坐标上,得到估算弥散系数的经验公式,并且得出粗糙裂隙中纵向弥散系数约为横向弥散系数 30 倍的结论,因此在许多实际应用中,通常忽略横向弥散作用。

模拟裂隙介质中溶质运移作用的方法有粒子追踪技术[108,109]和直接求解对流-弥散方程(advection-dispersion equation,ADE),粒子追踪技术最先应用于平行板裂隙中溶质运移研究[110]。Zhao 等[111]开发了等效水动力弥散系数的计算程序,并且应用随机步粒子追踪方法计算裂隙岩体的贝克来数(Pe)。Koyama 等[112]应用粒子追踪技术研究了剪切作用对溶质运移的影响。粒子追踪技术主要针对对流过程,ADE 方法不仅能够用来模拟对流和分子扩散作用,而且可以扩展研究吸

附以及基质扩散过程,因而得到广泛的应用[113]。一维流动的对流-弥散方程表达式为

$$\frac{\partial C}{\partial t} = D \frac{\partial^2 C}{\partial x^2} - V \frac{\partial C}{\partial x} \tag{1.1}$$

式中,C 为溶质的浓度;D 为弥散系数;V 为流体平均流速;x 为溶质运移的距离;t 为溶质运移的时间。该模型成立有两个假设条件:一是污染物中心沿宏观平均流速方向前进;二是该中心附近区域污染物的化学弥散和机械扩散完全遵循"菲克(Fickian)运移"。

针对平行板裂隙模型,Parker 和 Van Genuchten[114]给出了 ADE 方程的解析解:

$$\frac{C(x,y)}{C_0} = \frac{1}{2}\left[\mathrm{erfc}\left(\frac{x-Vt}{2\sqrt{D_L t}}\right) + \exp\left(\frac{Vx}{D_L}\right)\mathrm{erfc}\left(\frac{x+Vt}{2\sqrt{D_L t}}\right)\right] \tag{1.2}$$

式中,C_0 为入口浓度;D_L 为纵向弥散系数;erfc( )为余补误差函数。该表达式可以用来描述溶质运移的另一特征即穿透曲线。ADE 方程可以精确描述小尺度空间下异质性含水层的溶质运移[115],然而当存在优势流时,该方程对空间均质性区域溶质运移的描述会出现异常现象[116],所测得的示踪剂浓度穿透曲线呈现出"峰值"提前和后期"拖尾"的现象。该形态不同于 ADE 方法所得的穿透曲线,这种具有尺寸效应的弥散现象称为"非菲克(Non-Fickian)运移"。Tsang[117]认为自然裂隙面的粗糙起伏会导致明显的沟槽流(channeling)现象,使得大部分溶质主要沿着沟槽移动,从而引起了浓度"峰值"的提前出现;而后期的"拖尾"现象则主要是由基质的吸附和解吸引起的。Becker 和 Shapiro[118]通过试验排除了扩散和滞留因素的影响,认为穿透曲线的反常主要是由裂隙面粗糙性导致的空间分布不均引起的。

1.3　裂隙岩体锚固研究综述

随着新奥法施工在岩土工程中的逐步应用和推广,锚杆支护以其经济、简便和可靠等优点在岩体工程中得到了广泛的应用和发展,锚杆对节理岩体的良好加固效果也被广大岩土工作者所熟知[119,120]。但是,影响锚杆支护效果的因素很多,锚杆对节理岩体的加固机制非常复杂;在节理岩体中,锚杆的加固机制往往更加复杂。

要有效进行岩体稳定性分析及加固方案优化设计,研究锚杆在节理岩体中的加固效果,就应系统分析锚杆对节理面的加固作用,研究锚杆与岩体的联合作用机制,建立正确的计算模型和适当的计算方法。唯有如此,才能正确评价锚杆的加固效果。岩石锚杆特性的研究手段通常有现场检测、实验室研究、理论分析模型和数

值模拟研究。自 19 世纪 70 年代以来,国内外很多学者对锚杆的加固机制进行了大量的试验研究和理论探讨,从而大大推动了锚杆支护在岩体工程中的应用。

1.3.1　试验及理论分析方面

Lutz 和 Gergeley[121]、Hansor[122],以及 Goto[123] 等研究了荷载从锚杆(索)转到灌浆体的力学机制。Stillborg[124] 对影响全长粘结式锚索承载力的水灰比、添加剂、埋置长度等因素进行了系统研究。Nakayama 和 Beaudoin[125] 进行了水泥砂浆和钢筋的黏结强度研究。Fuller 等[126] 进行了短黏结锚杆的拉拔试验研究。Hyett 等[127] 通过现场和室内试验得出:使用低水灰比的砂浆可使锚索承载力提高;锚索承载力随锚固长度的增加而增加,但并不成正比;作用于水泥砂浆外表面的径向侧压越高,锚索承载力越高;并在试验研究的基础上,得出了锚索破坏的机理。Cai 等[128] 等提出一个基于改进 Shear-Lag 模型的岩石锚杆分析模型,并以该模型为基础对拉拔试验中岩石锚杆的连接和剥离行为、岩体和交叉结点的变形的一致性进行了深入的分析研究。

葛修润和刘建武[129] 通过室内模拟试验和理论分析,着重探讨了锚杆对节理面抗剪性能的影响,以及杆体阻止节理面发生相对错动的"销钉"作用机制,提出了改进的估算加锚节理面抗剪强度公式,还在给出的用于描述加锚节理面抗剪性能分析模型和理论分析方法的基础上,导出了计算锚杆最佳安装角的公式。杨延毅[130] 分析了加锚层状岩体的变形破坏过程,提出了加固效果指标和演化方程,并沿等效连续模型途径,建立了本构关系。叶金汉[131] 对裂隙岩体的锚固特性研究表明,岩体锚固效应的机制是,锚杆约束了岩体的变形,提高了其抗剪强度,且使岩体的破坏从脆性状转变为弹塑性或黏弹性状,从而提高了岩体的稳定性。Li 和 Stillborg[132] 提出了两个现场锚杆的分析模型,一个是一致连续变形的岩体,另一个是非连续变形节理岩体,并进行了深入的分析研究。伍佑伦等[133] 在分析穿过节理的锚杆与岩体相互作用的机理后,采用线弹性断裂力学的方法,分析在拉剪综合作用下锚杆对裂纹尖端应力强度因子产生的贡献,并揭示了各种应力作用情况以及锚杆与节理面之间不同夹角下锚杆的作用规律。计算分析结果表明,锚杆的作用使节理端部的应力强度因子发生转换,从而明显降低了对岩体破坏产生主要作用的应力强度因子,这是锚杆能加固节理岩体的重要原因。杨松林等[134] 根据岩石是否遭到挤压破坏,分别给出了锚杆的横向剪应力与横向位移的关系式,分析了剪切过程中锚杆加固节理的剪应力-剪位移关系,并得出高的岩石单轴抗压强度、较大的锚固面积比有助于提高锚固节理的剪切刚度;倾斜锚杆加固的节理比垂直锚杆的剪切刚度更大,倾斜锚杆以较小的剪切位移调动了更大的剪切阻力;倾斜锚杆加固的节理抗剪强度比垂直锚杆大,提高锚固面积比能显著提高节理抗剪强度。Grasselli[135] 通过结合数值模拟的试验检测来研究锚固岩体节理的三维变形行为。

1.3.2 数值分析方面

岩锚支护强有力的作用效果已被大量工程实践所证实,如何有效模拟这一实际支护作用效果就成为岩锚加固理论研究的重要内容,目前,岩锚支护作用效果的力学模拟模型主要有两种方法:一种是锚杆单元法;另一种是变形等效连续法。

锚杆单元法是将锚杆作为铰接于岩体单元结点上的杆单元来处理,锚杆的支护效应通过杆单元对岩体刚度矩阵的"贡献"来体现。这种方法简单、方便,但是没有考虑锚杆与围岩之间的联合作用以及锚杆本身的抗剪强度,大大低估了锚杆的加固作用,使得计算结果与实际相差较大;而且计算表明:锚杆的作用甚微,反映不出实际工程所揭示的锚杆对围岩的强有力支护作用效果[136]。太久保的数值计算结果和室内模型试验的结果[137]也证明了该结论的正确性。也有研究者尝试在数值分析中考虑锚杆在节理岩体中的加固效果,文献[138]通过节理模型的试验结果和数值分析,说明节理岩体中岩石锚杆的加固效果,并将锚固节理面剪切应力-剪切位移关系式引入有限单元法的节理单元中,从而弥补了有限元计算中只计及杆件的轴力而未计及杆体本身抗剪作用的不足,然而仍然不能解决杆体各区间(即各杆单元交接处)转角不能协调的矛盾。而且,国内外大量加锚节理面的剪切试验[139]证明,在节理的剪切过程中,穿过节理的锚杆在距离节理面一定的范围内也产生了明显的剪切变形。

变形等效连续法不具体模拟每根锚杆,而是将施锚后得到改善的岩体力学参数反映到计算模型中。例如,对于加锚节理面的 c 值,及岩体的 c、φ 值,可以在考虑到锚杆的密度、杆材性质、胶结情况后给予适当地提高[129],但加锚后岩体力学参数的选取是该法的难点。永井哲夫[139]通过室内节理岩体的锚固试验,提出了一个能反映节理、锚杆相互作用的等效连续模型,该模型节理与锚杆的相互作用是通过加锚后,节理面的剪切刚度和法向刚度的提高来考虑的。该模型在考虑锚杆加固作用的数值计算中简单易用,但该模型的正确性有待检验。

综观锚固计算的发展史,锚杆对节理的加固作用,国内外众多学者所进行的研究主要侧重于现场和室内试验,得出的结论都是定性的,得到的公式也是经验性质的,不便应用于实际工程。本书在综合国内外大量文献资料和已有研究成果的基础上,对锚杆与节理面的相互作用机制及锚杆-节理系统进行了详细的分析研究,提出了分析理论公式和相应的计算方法。而且,当节理发育、锚杆数量众多时,既不可能用节理单元或杆单元逐一模拟如此众多的节理裂隙和锚杆,也不能略去由于这些节理裂隙的存在而使岩体具有各向异性和强度弱化的特性及锚杆的加固作用,所以需要寻找一种较为科学合理的适合加锚裂隙岩体特点的计算模型。本书在前面研究的基础上,应用损伤力学的方法对锚杆-节理系统进行能量分析,得出了加锚节理岩体本构关系；应用损伤和弹塑性的半解耦方法对本构关系进行有限元程序化，对评价锚杆对节理岩体加固作用具有积极的作用。

岩石遇水强度降低一直是困扰着地下工程围岩稳定性的一大难题。在前面研究的基础上，结合固体力学中的自洽理论、应变能等效原理，按变形模量的变化来定义损伤变量，推导得到在压剪和拉剪应力状态下加锚节理岩体的等效计算模型，并将其应用于象山港海底隧道的稳定性分析中。

1.4　本书主要内容

本书围绕"裂隙岩体应力渗流耦合特性和锚固理论"关键问题，应用竖直仿真分析、试验模拟和理论建模等研究方法开展系统研究。主要研究内容分为以下几个方面。

（1）粗糙节理面剪切破坏机理和强度模型。研制了具有电液伺服微机控制系统的新型数控直接剪切试验机，并在恒定法向荷载（CNL）和恒定法向刚度（CNS）边界条件下进行一系列剪切渗流耦合试验；基于颗粒流理论，采用颗粒流方法构建完整岩石及节理面岩石的颗粒流模型，实现对完整岩石及节理面岩石受力变形特征的宏细观机理分析；应用数学方法研究粗糙表面形态特征参数的性质及其相互关系，建立裂隙表面形态特征参数与相应物理量之间的定量关系；把岩石节理面概化为由一系列高度不同的微小长方体凸起组成的粗糙表面结构，推导节理面宏观剪切强度理论公式，建立粗糙节理面随机强度模型；提出可模拟裂隙开裂过程的新方法，并给予离散元程序，应用其内嵌的 FISH 语言对软件进行二次开发和工程应用研究。

（2）粗糙节理面剪切渗流耦合试验及数值模拟研究。应用新型岩石节理剪切渗流耦合试验机对透明类岩石节理试件进行剪切渗流耦合试验和分析，结合剪切渗流耦合试验，对节理岩体应力渗流耦合模型进行了分析研究，提出其有限元计算方法；应用有限元处理方法进行数值模拟分析，并与试验现象进行可视化结果的比较。

（3）粗糙节理面渗流计算模型和溶质运移机理研究。基于节理接触面积和开度变化，考虑节理表面分形特征，建立粗糙裂隙面渗流计算模型，得出粗糙裂隙中水力开度和力学开度之间的计算关系式，并与试验结果对比分析，验证该模型的正确性；在研究渗流场的基础上，增加溶质运移计算模型，分析裂隙表面粗糙性对溶质运移过程中弥散系数、穿透曲线、Pe 数等参数的影响，并扩展对比讨论考虑吸附作用下的溶质运移行为。

（4）裂隙岩体锚固机理和理论模型。对节理面附近锚杆的受力和变形性质进行详细的理论分析，应用有限单元方法，采用适当的处理方法，提出节理面和锚杆耦合系统在剪切位移作用下的计算方法和流程,为后续研究提供根本的分析依据。基于颗粒离散元法,对裂隙岩体的锚固机理进行数值模拟研究,得到了锚固节理剪切过程中的宏细观力学响应,并系统分析节理面-浆体-锚杆相互作用机理,揭示锚杆加固节理面的锚固机理和锚固岩体的破裂机制,提出节理岩体锚固中"宏细观耦合支护"的概念。

(5) 锚固节理岩体计算模型研究及应用。采用损伤力学的方法研究节理面能量及锚杆在节理面附近的能量变化;根据 Betti 能量互易定理,求得加锚节理岩体的本构关系及其损伤演化方程,并编制成三维有限元计算程序,将其应用于地下厂房洞室开挖与支护工程的稳定性分析中,并验证了该模型的优越性。而且模拟研究发现:在洞室开挖过程中,洞室拱顶处的位移在一定范围内逐步向上回弹,随着开挖的进行,位移回弹的速度减小。这是由于水平方向的地应力比竖直方向的地应力要大。

(6) 渗透压力作用下加锚节理岩体损伤模型研究。结合自洽理论、应变能等效原理和 Betti 能量互易定理,分别在压剪和拉剪应力状态下,推导得到渗透压力作用下加锚节理岩体等效计算模型,将其应用于象山港海底隧道的稳定性分析中。

参 考 文 献

[1] Wels C, Smith L. Retardation of sorbing solutes in fractured media. Water Resources Research, 1994, 30(9): 2547-2563.

[2] Dijk P, Berkowitz B, Bendel P. Investigation of flow in water-saturated rock fractures using nuclear magnetic resonance imaging (NMRI). Water Resources Research, 1999, 35(2): 347-360.

[3] Brown S R. Fluid flow through rock joints: The effect of surface roughness. Journal of Geophysical Research: Solid Earth (1978-2012), 1987, 92(B2): 1337-1347.

[4] Isakov E, Ogilvie S R, Taylor C W, et al. Fluid flow through rough fractures in rocks I: High resolution aperture determinations. Earth and Planetary Science Letters, 2001, 191(3): 267-282.

[5] Johnston I W, Lam T S K. Shear behavior of regular triangular concrete/rock joints-analysis. Journal of Geotechnical Engineering, 1989, 115(5): 711-727.

[6] Seidel J P, Haberfield C M. Towards an understanding of joint roughness. Rock Mechanics and Rock Engineering, 1995, 28(2): 69-92.

[7] Yang Z Y, Di C C, Yen K C. The effect of asperity order on the roughness of rock joints. International Journal of Rock Mechanics and Mining Sciences, 2001, 38(5): 745-752.

[8] Yang Z Y, Chiang D Y. An experimental study on the progressive shear behavior of rock joints with tooth-shaped asperities. International Journal of Rock Mechanics and Mining Sciences, 2000, 37(8): 1247-1259.

[9] Greenwood J A, Williamson J B P. Contact of nominally flat surfaces. Mathematical and Physical Sciences, 1966, 295(1442): 300-319.

[10] Brown S R, Scholz C H. Closure of random elastic surfaces in contact. Journal of Geophysical Research: Solid Earth (1978-2012), 1985, 90(B7): 5531-5545.

[11] Kwon T H, Hong E S, Cho G C. Shear behavior of rectangular-shaped asperities in rock joints. KSCE Journal of Civil Engineering, 2010, 14(3): 323-332.

[12] Barton N. Review of a new shear-strength criterion for rock joints. Engineering Geology, 1973, 7(4): 287-332.

[13] Barton N, Choubey V. The shear strength of rock joints in theory and practice. Rock Mechanics, 1977, 10(1-2): 1-54.

[14] Kulatilake P, Shou G, Huang T H, et al. New peak shear strength criteria for anisotropic rock joints. International Journal of Rock Mechanics and Mining Sciences & Geomechanics Abstracts, 1995, 32(7): 673-697.

[15] Maerz N H, Franklin J A, Bennett C P. Joint roughness measurement using shadow profilometry. International Journal of Rock Mechanics and Mining Sciences & Geomechanics Abstracts, 1990, 27(5): 329-343.

[16] Tse R, Cruden D M. Estimating joint roughness coefficients. International Journal of Rock Mechanics and Mining Sciences & Geomechanics Abstracts, 1979, 16(5): 303-307.

[17] 贾洪强. 岩石节理面表面形态与剪切破坏特性的实验研究. 长沙: 中南大学博士学位论文, 2011.

[18] Bahat D. Tectono-Fractography. Berlin: Springer-Verlag, 1991.

[19] Ferrero A M, Giani G P. Geostatistical description of joint surface roughness. Paper in Rock Mechanics Contributions and Challenges: Proceedings of the 31st US Symposium, 1990: 463-470.

[20] Mandelbrot B B. The Fractal Geometry of Nature. New York: Freeman, 1982.

[21] Lee Y H, Carr J R, Barr D J, et al. The fractal dimension as a measure of the roughness of rock discontinuity profiles. International Journal of Rock Mechanics and Mining Sciences & Geomechanics Abstracts, 1990, 27(6): 453-464.

[22] 谢和平, Pariseau W G. 岩石节理粗糙系数(JRC)的分形估计. 中国科学 B辑, 1994, 24(5): 524-530.

[23] Murata S, Saito T. Estimation of tortuosity of fluid flow through a single fracture. Journal of Canadian Petroleum Technology, 2003, 42(12): 39-45.

[24] Den Outer A, Kaashoek J F, Hack H. Difficulties with using continuous fractal theory for discontinuity surfaces. International Journal of Rock Mechanics and Mining Sciences & Geomechanics Abstracts, 1995, 32(1): 3-9.

[25] Carr J R. Discussion of "Difficulties with using continuous fractal theory for discontinuity surfaces". International Journal of Rock Mechanics and Mining Sciences & Geomechanics Abstracts, 1996, 33(4): 439.

[26] Borodich F M. Fractals and fractal scaling in fracture mechanics. International Journal of Fracture, 1999, 95(1-4): 239-259.

[27] Володько И Ф. К методике лабораториого изучения подземных вод. Гидрогеология и Инженерная Гиология, 1941, (8): 30-38.

[28] Ромм Е С. Фильтрационные Своистьа Трещиновтых Горных пород. Москва: Издательстьо Недра, 1966.

[29] Snow D. Anisotropic permeability of fractured media. Water Resources Research, 1969, 5(6): 1273-1289.

[30] Louis C, Maini T. Determination of in situ hydraulic parameters in jointed rock. International Society of Rock Mechanics, 1970, 235-245.

[31] Louis C. Rock Hydraulics. Vienna: Springer, 1974:299-387.

[32] Чернышцёв С Н. Движение Воды по Сетям Трещин. Москва: НЕДРА, 1979.

[33] Nuezil C E, Tracy J V. Flow through fractures. Water Resources Research,1981,17 (2):191-199.

[34] Tsang Y W, Witherspoon P A. Hydromechanical behavior of a deformable rock fracture subject to normal stress. Journal of Geophys Research, 1981, 86(B10):9187-9298.

[35] Tsang Y W, Witherspoon P A. The dependence of fracture mechanical and fluid flow properties on fracture roughness and sample size. Journal of Geophys Research, 1983, 88(B3): 2359-2366.

[36] Barton N, Bandis S, Bakhtar K. Strength, deformation and conductivity coupling of rock joints. International Journal of Rock Mechanics and Mining Science & Geomechanics Abstracts, 1985, 22(3):121-140.

[37] Elsworth D, Goodman R E. Characterization of rock fissure hydraulic conductivity using idealized wall roughness profiles. International Journal of Rock Mechanics and Mining Sciences & Geomechanics Abstracts, 1986, 23(3):233-243.

[38] Brown S R, Scholz C H. Broad band with study of topography of natural rock surface. Journal of Geophysical Research, 1985,14(10):12575-12582.

[39] Hakami E, Barton N. Aperture measurement and flow experiments using transparent replicas of rock joints//Barton N, Stephansson O. Rock Joints. Rotterdam: Balkema, 1990: 383-390.

[40] Hakami E, Larsson E. Aperture measurement and flow experiments on a single natural fracture. International Journal of Rock Mechanics and Mining Sciences, 1996, 33(5): 1459-1475.

[41] Detwiler R L, Pringle S E, Glass R J. Measurement of fracture aperture field using transmitted light: An evaluation of measurement errors and their influence on simulations of flow and transport through a single fracture. Water Resources Research,1999,35(9):2605-2617.

[42] Rissler P. Determination of the Water Permeability of Jointed Rock. Publications of the Aachen: RWTH University, 1977.

[43] Kranz R L, Frankel A D, Engelder T, et al. The permeability of whole and jointed barre granite. International Journal of Rock Mechanics and Mining Sciences,1984,(21): 347-354.

[44] Detournay E, Cheng A H D. Poroelastic response of a borehole in a non-hydrostatic stress field. International Journal of Rock Mechanics and Mining Sciences, 1988,25(3):171-182.

[45] Gale J E. The effects of fracture type (induced versus natural) on the stress, fracture closure, fracture permeability relationship. The 23th US Symposium on Rock Mechanics(USRMS). American Rock Mechanics Association, 1982:209-298.

[46] Raven T G,Gale J E. Water flow in a natural rock fracture as a function of stress and sample size. International Journal of Rock Mechanics and Mining Sciences, 1985,22(44):251-261.

[47] Teufel L W. Permeability changes during shear deformation of fracture rock. The 28th US Symposium on Rock Mechanics(USRMS). American Rock Mechanics Association, 1987:473-480.

[48] Peters R R, Klavetter E A. A continuum model for water movement in an unsaturated fractured rock mass. Water Resources Research,1988,24(3):416-430.

[49] Nolte D D, Pyrak-Nolte L J, Cook N G W. The fractal geometry of flow paths in natural fractures in rock and the approach to percolation. Pure and Applied Geophysics,1989,131(1-2):111-138

[50] Makurat A, Barton N, Rad N S,et al. Joint conductivity variation due to normal and shear deformation//Barton N, Stephansson O. Rock Joints. Rotterdam:Balkema, 1990:535-540.

[51] Esaki T, Hojo H, Kimura T, et al. Shear-flow coupling test on rock joints. 7th ISRM Congress. International Society for Rock Mechanics, Aachen, 1991:389-392.

[52] Myer L R. Hydromechanical and seismic properties of fractures. 7th ISRM Congress. International Society for Rock Mechanics, Aachen, 1991:397-404.

[53] 刘继山. 单裂隙受正应力作用时的渗流公式. 水文地质与工程地质, 1987,(2): 32-33.

[54] 张有天. 岩石水力学与工程. 北京:中国水利水电出版社, 2005.

[55] 耿克勤,吴永平. 拱坝和坝肩岩体的力学和渗流耦合分析实例. 岩石力学与工程学报, 1997,(2): 125-131.

[56] 耿克勤. 复杂岩基的渗流、力学及其耦合分析研究以及工程应用. 北京:清华大学博士学位论文, 1994.

[57] 速宝玉,詹美礼,张祝添. 充填裂隙渗流特性实验研究. 岩土力学, 1994, 15(4):46-51.

[58] 速宝玉,詹美礼,王媛. 裂隙渗流与应力耦合特性的试验研究. 岩土工程学报, 1997, 19(4):73-77.

[59] 周创兵,叶自桐,熊文林. 岩石节理非饱和渗流特性研究. 水利学报,1998,(3):22-25

[60] 赵阳升,杨栋,郑少河,等. 三维应力作用下岩石裂缝水渗流特性规律的实验研究. 中国科学,1999, 29(1):82-86.

[61] 胡运进,速宝玉,詹美礼. 裂隙岩体非饱和渗流研究综述. 河海大学学报, 2000,(1): 40-46.

[62] 刘才华,陈丛新,傅少兰. 二维应力作用下单裂隙规律的试验研究. 岩土工程学报, 2000,(8): 1194-1198.

[63] Barton N. Review of a new shear-strength criterion for rock joints. Engineering Geology, 1973,7(4): 287-332.

[64] Barton N, Choubey V. The shear strength of rock joints in theory and practice. Rock Mechanics, 1977, 10:1-54

[65] Xie H, Pariseau W G. Fractal estimation of joint roughness coefficients//Myer L R, Cook N G W, Goodman R E,et al. Fractured and Jointed Rock Masses. Rotterdam:Balkema, 1995:125-131.

[66] Kwasniewski M A, Wang J A. Surface roughness evolution and mechanical behaviour of rock joints under shear. International Journal of Rock Mechanics and Mining Sciences, 1997,34(3-4):1-14.

[67] Barton N, Quadros E F. Joint aperture and roughness in the prediction of flow and groutability of rock masses. International Journal of Rock and Mining Science, 1997,34(3-4):252.

[68] Makurat A. The effect of shear displacement on the permeability of natural rough joints, Hydrogeology of rocks of low permeability. Proceedings of the 17th International Congress on Hydrogeology, Tucson, 1985:99-106.

[69] Schneider H J. Rock friction-a laboratory investigation. 3rd ISRM Congress. International Society for Rock Mechanics, Denver, 1974:311-315.

[70] Fecker E, Rengers N. Measurement of large-seal roughness of rock plane by means of profilograph and geological compass. Proceeding of International Symposium. On Rock Mechanics, Nancy, 1971.

[71] Weissbach G A. A new method for the determination of roughness of rock joint in the laboratory. International Journal of Rock and Mining Science & Geomechanics Abstracts, 1978,15:131-133.

[72] Iwano. Hydromechanical Characteristics of A Single Rock Joint. USA:Massachusetts Institute of Technology, 1995.

[73] Pyrak-Nolte L J, Nolte D D, Myer L R, et al. Fluid flow through single fractures//Barton N, Stephansson O. Rock Joints. Rotterdam:Balkema, 1990:405-412.

[74] Sundaram P N, Watkins D J, Ralph W E. Laboratory investigations of coupled stress-deformation-

hydraulic flow in a natural rock fracture. Rock Mechanics: Proceedings of the 28th US Symposium, 1987.

[75] Esaki T D S, Mitani Y, Ikusada K, et al. Development of a shear-flow test apparatus and determination of coupled properties for a single rock joint. International Journal of Rock Mechanics and Mining Sciences, 1999, 36:641-650.

[76] Gentier S, Lamontagne E, Archambault G, et al. Anisotropy of flow in fracture undergoing shear and its relationship to the direction of shearing and injection pressure. International Journal of Rock Mechanics and Mining Sciences & Geomechanics Abstracts, 1997, 34:3-4.

[77] Jiang Y, Tanabashi Y, Nagaie K, et al. Relaitonship between surface fractal characteristic and hydro-mechanical behaviour of rock joints//Ohnishi Y, Aoki K. Contribution of Rock mechanics to the New Century, Rotterdam:Millpress, 2004:831-836.

[78] Walsh J B. Effect of pore pressure and confining pressure on fracture permeability. International Journal of Rock Mechanics and Mining Science & Geomechanics Abstracts,1981,18(5):429-434.

[79] Singh A B. Study of rock fracture by permeability method. Journal of Geotechnical and Geoenvironmental Engineering, 1997,123(7):601-608.

[80] Ranjith P G. Analytical and Numerical Investigation of Water and Air Flow Through Rock Media. Austrilia:University of Wollongong, 2000.

[81] Kranz R L, Frankel A D, Engelder T, et al. The permeability of whole and jointed barre granite. International Journal of Rock Mechanics and Mining Sciences & Geomechanics Abstracts,1979,16(4):225-334.

[82] Olsson R, Barton N. An improved model for hydromechanical coupling during shearing of rock joints. International Journal of Rock Mechanics and Mining Sciences,2005,38(3):317-329.

[83] Olsson W A, Brown S R. Hydromechanical response of a fracture undergoing compression and shear. International Journal of Rock Mechanics and Mining Sciences & Geomechanics Abstracts, 1993, 30(7): 845-851.

[84] Lee H S, Cho T F. Hydraulic characteristics of rough fractures in linear flow under normal and shear load. Rock Mechanics and Rock Engneering, 2002, 35(4): 299-318.

[85] Hans J, Boulon M. A new device for investigating the hydro-mechanical properties of rock joints. International Journal for Numerical and Analytical Methods in Geomechanics, 2003, 27(6): 513-548.

[86] Auradou H, Drazer G, Hulin J P, et al. Permeability anisotropy introduced by the shear displacement of rough fracture walls. Water Resources Research, 2005, 41(9): 1-10.

[87] Zimmerman R W, Chen D W, Cook N G W. The effect of contact area on the permeability of fractures. Journal of Hydrology, 1992, 139(1):79-96.

[88] Jiang Y, Xiao J, Tanabashi Y, et al. Development of an automated servo-controlled direct shear apparatus applying a constant normal stiffness condition. International Journal of Rock Mechanics and Mining Sciences, 2004, 41(2): 275-286.

[89] Moradian Z A, Ballivy G, Rivard P, et al. Evaluating damage during shear tests of rock joints using acoustic emissions. International Journal of Rock Mechanics and Mining Sciences, 2010, 47(4): 590-598.

[90] Sharp J C, Maini Y N T. Fundamental Considerations on the Hydraulic Characteristics of Joints in Rock. Stuttgart: International Symposium on Percolation through Fissured Rock, 1972.

[91] Barton N. The Problem of Joint Shearing in Coupled Stress-flow Analyses. Discussion Stuttgart: International Symposium on Percolation through Fissured Rock, 1972.

[92] Hardin E L, Barton N, Lingle R, et al. A Heated Flatjack Test Series to Measure the Thermomechanical and Transport Properties of in Situ Rock Masses. Columbus: Office of Nuclear Waste Isolation, 1982.

[93] Barton N. Modelling Rock Joint Behaviour From in Situ Block Tests: Implications for Nuclear Waste Repository Design. Columbus: Office of Nuclear Waste Isolation, 1982.

[94] Jones F O. A laboratory study of the effects of confining pressure on fracture flow and storage capacity in carbonate rocks. Journal of Petroleum Technology, 1975, 21:21-27.

[95] Nelson R. Fracture permeability in Porous Reservoirs: Experimental and Frield Approach. Texas: Department of Geology, Texas A & M University, 1975.

[96] Gangi A F. Variation of whole and fractured porous rocks permeability with confining pressure. International Journal of Rock and Mining Sciences & Geomechanics Abstracts, 1978, 15(5):249-257.

[97] Aris R. On the dispersion of a solute in a fluid flowing through a tube. Mathematical and Physical Sciences, 1956, 235(1200): 67-77.

[98] Gill W N, Sankarasubramanian R. Exact analysis of unsteady convective diffusion. Mathematical and Physical Sciences, 1970, 316(1526): 341-350.

[99] Horne R N, Rodriguez F. Dispersion in tracer flow in fractured geothermal systems. Geophysical Research Letters, 1983, 10(4): 289-292.

[100] Tsang C F, Tsang Y W, Hale F V. Tracer transport in fractures: analysis of field data based on a variable-aperture channel model. Water Resources Research, 1991, 27(12): 3095-3106.

[101] Zimmerman R W, Bodvarsson G S. Hydraulic conductivity of rock fractures. Transport in Porous Media, 1996, 23(1): 1-30.

[102] Keller A A, Roberts P V, Blunt M J. Effect of fracture aperture variations on the dispersion of contaminants. Water Resources Research, 1999, 35(1): 55-63.

[103] Detwiler R L, Rajaram H, Glass R J. Solute transport in variable-aperture fractures: An investigation of the relative importance of Taylor dispersion and macrodispersion. Water Resources Research, 2000, 36(7): 1611-1625.

[104] Bear J. Hydraulics of groundwater. New York: McGraw-Hill, 1979.

[105] Horne R N, Rodriguez F. Dispersion in tracer flow in fractured geothermal systems. Geophysical Research Letters, 1983, 10(4): 289-292.

[106] Dronfield D G, Silliman S E. Velocity dependence of dispersion for transport through a single fracture of variable roughness. Water Resources Research, 1993, 29(10): 3477-3483.

[107] 管后春, 罗绍河, 钱家忠. 单个粗糙裂隙中水流及溶质运移研究进展. 合肥工业大学学报, 2006, 29(9): 1063-1067.

[108] Tsang Y W, Tsang C F, Neretnieks I, et al. Flow and tracer transport in fractured media: a variable aperture channel model and its properties. Water Resources Research, 1988, 24(12): 2049-2060.

[109] Moreno L, Tsang Y W, Tsang C F, et al. Flow and tracer transport in a single fracture: A stochastic model and its relation to some field observations. Water Resources Research, 1988, 24 (12): 2033-2048.

[110] Snow D T. A Parallel Plate Model of Fractured Permeable Media. Berkeley: University of California,

1965.

[111] Zhao Z, Jing L, Neretnieks I. Evaluation of hydrodynamic dispersion parameters in fractured rocks. Journal of Rock Mechanics and Geotechnical Engineering, 2010, 2(3): 243-254.

[112] Koyama T, Neretnieks I, Jing L. A numerical study on differences in using Navier-Stokes and Reynolds equations for modeling the fluid flow and particle transport in single rock fractures with shear. International Journal of Rock Mechanics and Mining Sciences, 2008, 45(7): 1082-1101.

[113] Thompson M E. Numerical simulation of solute transport in rough fractures. Journal of Geophysical Research: Solid Earth (1978-2012), 1991, 96(B3): 4157-4166.

[114] Parker J C, Van Genuchten M T. Flux-averaged and volume-averaged concentrations in continuum approaches to solute transport. Water Resources Research, 1984, 20(7): 866-872.

[115] LeBlanc D R, Garabedian S P, Hess K M, et al. Large-scale natural gradient tracer test in sand and gravel, Cape Cod, Massachusetts: 1. Experimental design and observed tracer movement. Water Resources Research, 1991, 27(5): 895-910.

[116] Hoffman F, Ronen D, Pearl Z. Evaluation of flow characteristics of a sand column using magnetic resonance imaging. Journal of Contaminant Hydrology, 1996, 22(1): 95-107.

[117] Tsang Y W. Study of alternative tracer tests in characterizing transport in fractured rocks. Geophysical Research Letters, 1995, 22(11): 1421-1424.

[118] Becker M W, Shapiro A M. Tracer transport in fractured crystalline rock: Evidence of nondiffusive breakthrough tailing. Water Resources Research, 2000, 36(7): 1677-1686.

[119] 朱维申,李术才,陈卫忠. 节理岩体破坏机理和锚固效应及工程应用. 北京:科学出版社,2002.

[120] 徐光黎,潘别桐,唐辉明,等. 岩体结构模型与应用. 武汉:中国地质大学出版社,1993.

[121] Lutz L, Gergeley P. Mechanics of band and slip of deformed bars in concrete. Journal of American Concrete Institute, 1967, 64(11):711-721.

[122] Hansor N. W. Influence of surface roughness of prestressing strand on band performance. Journal of Prestressed Concrete Institute, 1969, 14(1): 32-45.

[123] Goto Y. Cracks formed in concrete around deformed tension bars. Journal of American Concrete Institute, 1971, 68(4): 244-251.

[124] Stillborg B. Experimental Investigation of Steel Cables for Rock Reinforcement in Hard Rock. Sweden:Lulea University of Technology, 1984.

[125] Nakayama M, Beaudoin B B. A novel technique determining bond strength developed between cement paste and steel. Cement and Concrete Research, 1987, 22:478-488.

[126] Fuller P G, Dight P M, West D. Laboratory pull testing of short grouted cable bolt. Contract Research and Development Report, AMIRA, 1988.

[127] Hyett A J, Bawden W F, Reichert R D. The effect of rock mass confinement on the bond strength of fully grouted cable bolts. International Journal of Rock Mechanics and Mining Sciences & Geomechanics Abstracts, 1992,29(5):503-524.

[128] Cai Y, Tetsuro Esaki, Jiang Y J. A rock bolt and rock mass interaction model. International Journal of Rock Mechanics & Mining Sciences, 2004, (41):1055-1067.

[129] 葛修润,刘建武. 加锚节理面抗剪性能研究. 岩土工程学报, 1988,10(1):8-19.

[130] 杨延毅. 加锚层状岩体的变形破坏过程和与加固效果分析模型. 岩石力学与工程学报, 1994, 13(4): 309-317.

[131] 叶金汉. 裂隙岩体的锚固特性及其机理. 水利学报, 1995, 9: 68-74.

[132] Li C, Stillborg B. Analytical models for rock bolts. International Journal of Rock Mechanics and Mining Sciences, 1999, (36): 1013-1029.

[133] 伍佑伦, 王元汉, 许梦国. 拉剪条件下节理岩体中锚杆的力学作用分析. 岩石力学与工程学报, 2003, 22(5): 769-772.

[134] 杨松林, 徐卫亚, 黄启平. 节理剪切过程中锚杆的变形分析. 岩石力学与工程学报, 2004, 23(19): 3268-3273.

[135] Grasselli G. 3D Behaviour of bolted rock joints: experimental and numerical study. International Journal of Rock Mechanics & Mining Sciences, 2005, (42): 13-24.

[136] 王刚, 李术才, 王书刚, 等. 节理岩体大型地下洞室群文定性分析. 岩土力学, 2008, 29(1): 261-267.

[137] 桜井春輔 川島茂夫. ツクボルトによって補強ちれた不連続性岩盤のモルおよびアンカーの評価方法. 25 回岩盤力学に関するシポジウム講演論文集, 1993: 356-360

[138] Yoshinaka R, Sakayuchi S, Shimizu T, et al. Experimental Study on the rock bolt Reinforcement in Disconuous Rocks. Montereal: International Congress on Rock Mechanics, 1987.

[139] 永井哲夫. ロックポルトにより補強ちれた不連続性岩盤の力学的挙動に関する研究. 神戸: 神戸大学博士論文, 1992.

第 2 章　粗糙节理面剪切破坏机理和强度模型

本章针对节理面直接剪切试验的恒定法向荷载(constant normal load,CNL)和恒定法向刚度(constant normal stiffness,CNS)两种边界条件,采用自动化数控技术及虚拟仪器,开发具有电液伺服微机控制系统的新型数控直接剪切试验机;并在恒定法向荷载和恒定法向刚度边界条件下进行一系列剪切渗流耦合试验。作为室内试验的补充与完善,基于颗粒流理论,采用颗粒流方法构建完整岩石及节理面岩石的颗粒流模型,实现对完整岩石及节理面岩石受力变形特征的宏细观机理分析。

同时,选择较为合理的表面形态参数,对裂隙的表面形态进行数学描述,应用数学方法研究了粗糙表面形态特征参数的性质及其相互关系,建立裂隙表面形态特征参数与相应物理量之间的定量关系;对节理的起伏度和粗糙度进行数学描述,给出起伏度和粗糙度组合形态特征函数。

为了更加系统地研究岩石节理面剪切强度的确定方法,把岩石节理面概化为一系列高度不同的微小长方体凸起组成的粗糙表面结构,推导节理面宏观剪切强度理论公式,建立粗糙节理面随机强度模型。并针对深部地下施工过程引起结构围岩损伤的现象,提出可模拟裂隙开裂的新方法;根据断裂力学 Griffith 理论和经典的强度理论 Mohr-Coulomb 准则,得出材料在剪切和拉伸条件下裂隙开裂的判据;并且以离散元程序 UDEC3.1 为基础,应用其内嵌的 FISH 语言对软件进行二次开发,将该判据耦合到计算过程中。

2.1　岩体节理剪切试验装置开发与试验研究

2.1.1　新型岩体剪切试验装置的开发背景

在各类岩土工程中遇到的岩体往往含有大量的薄弱结构面,如层理、节理、断层和裂隙等。这些结构面在很大程度上控制着岩体的宏观力学特性,一方面,结构面的存在降低了岩体的强度;另一方面,结构面自身的变形(如张开、闭合和滑移)对岩体的总体变形有主要贡献。因此,为了对工程岩体的强度和变形特征做出可靠的分析和评价,首先必须调查和研究裂隙等结构面在各种应力条件下的力学行为以及相关的力学参数,这也是岩体力学中的关键问题之一。

大量的工程经验表明,裂隙等结构面的剪切行为(包括剪切强度和剪切变形)

是影响工程结构安全的重要因素,如结构面的剪切变形容易诱发地基、边坡和地下洞室的整体失稳。通常,在岩体工程的设计和稳定性评价中,国内外众多学者将室内试验与理论分析相结合来分析裂隙等结构面的剪切行为和力学参数:自Patton[1]提出关于齿形结构面的双线性模型,又有许多抗剪强度准则相继提出[2,3],最具代表性的是 Barton 提出的 JRC-JCS 模型;随后又在试验和理论模型方面解释节理剪切的峰后效应及凸起退化[4-7]。但是以往的试验研究大都是在恒定法向荷载边界条件下开展的,此种边界条件只能模拟作用于节理面的法向应力(自重)不变的(如未支护的边坡等)问题(图 2.1(a));然而,在实际的工程岩体内,裂隙所承受的法向荷载并非恒定不变的。对于深部岩体内的裂隙以及当裂隙发生剪切变形时,由于岩体围压的作用,裂隙附近的边界条件可以认为是恒定法向刚度(图 2.1(b))。目前越来越多的研究结果表明,采用 CNS 边界条件调查裂隙的变形行为更符合实际情况。

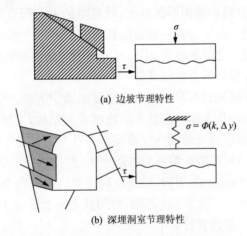

(a) 边坡节理特性

(b) 深埋洞室节理特性

图 2.1　CNL 和 CNS 剪切试验概略图

　　在以往的试验研究中,CNS 边界条件是通过设置于垂直荷载传感器与裂隙试件之间的弹簧组进行模拟的,弹簧组的刚度代表裂隙附近的刚度条件[8,9]。然而,采用弹簧组模拟 CNS 边界条件主要存在两个问题:①弹簧组无法表现岩体变形过程中法向刚度的变化;②刚度较大的弹簧容易导致节理面的破坏。为了解决传统试验装置中存在的问题,长崎大学设计和开发了新型的裂隙岩体直剪试验装置[10]。该装置可以很好地模拟裂隙在剪切变形过程中的 CNS 边界条件,同时也可以根据裂隙岩体自身的剪胀自动调整其法向刚度。

　　以下,将针对该直剪试验装置的结构和操作方法做出说明。同时,采用含自然裂隙面的类岩石试件开展了直剪试验,研究不同边界条件(CNL 和 CNS)下裂隙的剪切力学行为。这些工作为核电站地基等工程结构的设计和稳定性评价奠定了基础。

2.1.2　直剪试验装置的硬件和软件系统

1. 裂隙岩体的法向刚度

关于岩体裂隙剪切力学行为的研究大多是基于 CNL 边界条件开展的。CNL 边界条件认为在裂隙剪切变形过程中，作用于裂隙面上的法向荷载或法向应力保持不变。然而，对于深部岩体内的裂隙，其法向荷载和法向应力很难保持恒定。当裂隙发生剪切变形时，由于裂隙面凹凸的存在，裂隙会在垂直方向上产生一定的位移（称为剪胀效应），从而导致法向荷载的变化。一般来说，剪胀效应越明显，作用在裂隙面上的法向荷载越大。

与 CNL 边界条件相比，考虑节理附近法向刚度不变的 CNS 边界条件更符合实际情况。节理附近岩体的法向刚度评价如图 2.2 所示，图中的法向刚度 K_n 可根据无限圆筒理论计算求得

$$K_n = E/\left[(1+\nu)r\right] \tag{2.1}$$

式中，E 为岩体的弹性模量；ν 为岩体的泊松比；r 为影响半径。K_n 的大小与附近岩体的变形特征有关。由于岩体的 E 和 ν 一般可以认为是恒定的，因此 K_n 也可认为是定值。

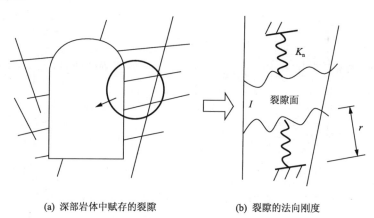

(a) 深部岩体中赋存的裂隙　　　　　　(b) 裂隙的法向刚度

图 2.2　深部岩体中的裂隙及其法向刚度的评价

2. 试验装置的硬件系统

新型伺服控制岩体直剪试验装置如图 2.3 所示。该装置可用于调查不同边界条件（CNL 或 CNS）下自然或者人工裂隙面的剪切强度和变形行为。其硬件系统主要由三部分组成（图 2.4），包括控制和加载单元、测试单元和剪切盒单元，分别

介绍如下。

图 2.3　新型伺服控制岩体直剪试验装置

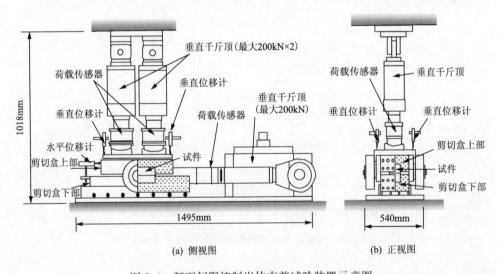

(a) 侧视图　　　　　　　　　　(b) 正视图

图 2.4　新型伺服控制岩体直剪试验装置示意图

控制和加载单元:该单元含有两个垂直千斤顶、一个水平千斤顶和相应的加载控制装置。垂直千斤顶对裂隙面施加均匀的法向荷载,水平千斤顶平行于裂隙面布设,并对裂隙面施加剪切荷载。法向荷载和剪切荷载通过伺服控制的液压泵进行施加,最大加载能力均为 400kN。该装置上还装有两个水平刚性支撑梁,以对水平千斤顶提供反力。该装置所能提供的法向应力为 0~20MPa,最大可以模拟地表以下 800m 处的岩体围压。

测试单元:该单元包括三个荷载传感器和三个位移传感器。荷载传感器设置于水平和垂直千斤顶与试件之间,用于实时测量试验过程中的荷载数据。荷载传感器的最大量程与千斤顶的最大加载能力(400kN)相同。LVDT 型位移传感器设置于刚性剪切盒表面,用于测量含裂隙试件的法向和切向变形。

剪切盒单元:如图 2.5 所示,剪切盒由上下两部分组成,其中上部分在水平方向固定,下部分的水平移动推动裂隙试件剪切变形。另外,剪切盒的上部与两条钢轨连接,以允许试件的法向变形和转动。该剪切盒可用于长方体或圆柱体试件的剪切变形试验,所支持的试件断面尺寸分别为 10cm×10cm(正方形试件)、12.5cm ×13cm(矩形试件)和直径为 10cm 的圆形试件,试件长度为 10~50cm。

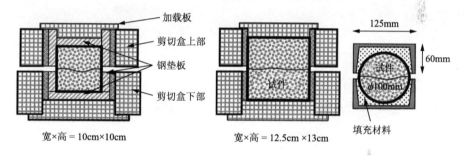

图 2.5　剪切盒的结构及试件尺寸

3. 试验装置的软件系统

在裂隙力学行为的相关研究中,边界条件的合理选取是非常重要的。近几年,越来越多的研究采用恒定刚度或者变刚度控制方法调查裂隙的力学响应特征,其研究结果表明,刚度控制方法可以较好地模拟实际情况。在本试验装置中,裂隙刚度的控制是基于电液伺服阀的数字闭环回路系统实现的,如图 2.6 所示。该控制系统采用一个集成于计算机内的多功能 A/D(analog-to-digital)、D/A(digital-to-analog)和 DIO(digital input/output)板进行信号转换和非线性反馈。另外,基于图形化语言 LabVIEW 编程实现了系统的数字控制,该程序包含虚拟设备(virtual instrument,VI)和控制工具包(proportional-integral-derivative,PID)。

如图 2.7 所示,该新型数控剪切试验装置(图 2.7(b)和图 2.7(c))与设有弹簧组的传统试验装置(图 2.7(a))不同。在该试验装置中,法向荷载通过反馈的液压伺服控制值调节法向荷载的大小,法向荷载由平压荷载传感器进行监测。在试验过程中,通过比较裂隙法向位移和反馈信号来调节荷载,并根据法向刚度计算荷载

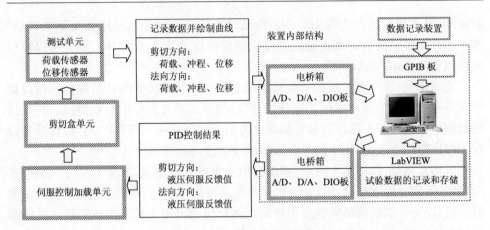

图 2.6　数字闭环控制系统

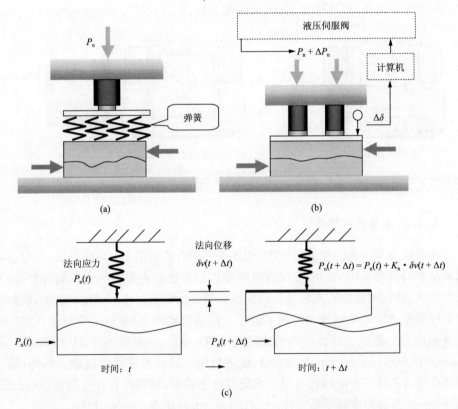

图 2.7　剪切试验装置中 CNS 边界条件的模拟

值,具体为

$$\Delta P_{n} = K_{n}\Delta\delta_{n} \tag{2.2}$$

$$P_{n}(t + \Delta t) = P_{n}(t) + \Delta P_{n} \tag{2.3}$$

式中，ΔP_n 为法向荷载的变化量；$\Delta\delta_n$ 为法向位移的变化量。

　　数据采集和法向刚度的设定通过集成在计算机内的 16 位 A/D 板和 D/A 板实现，该试验装置的软件系统可以同时检测和控制 16 个输入通道和 32 个输出通道。在试验中所采集的数据主要包括法向荷载、剪切荷载、法向位移、水平位移以及加载油缸的冲程。相应的数据采集和监测程序基于 LabVIEW 语言编写，可快速地完成系统的交互控制。在系统中，数据采样频率设为 100Hz。

　　控制系统包含大约 100 个子程序，总容量约为 26.4MB。主程序只包含了最高阶层的子程序，但可以调用所有子程序（分别对应特定的操作和试验控制）。控制系统的图形化界面由面板和框图组成。其中，面板上设有一组控制按钮和指示符，以及两个显示窗口（用于绘制和显示各种曲线）。具体的控制参数，如伺服控制速度、时间间隔和采样频率等，通过键盘输入。当控制参数设定完毕后，用户通过单击开始按钮启动试验，同时系统的子程序自动启动并保持运行，直到用户手动中止程序。在试验过程中，剪切应力-剪切位移曲线和剪切应力-法向应力曲线可以实时地显示在控制面板上，同时由两个虚拟的 LED 指示器来反馈数据采集的状态。当试验结束后，可以人为设置数据保存参数，如法向应力、剪切应力和剪切位移等，这些数据会自动保存为 Excel 格式，以便于后期整理和分析。

　　基于 LabVIEW 语言编写的程序操作界面如图 2.8 所示。用户在此界面上控

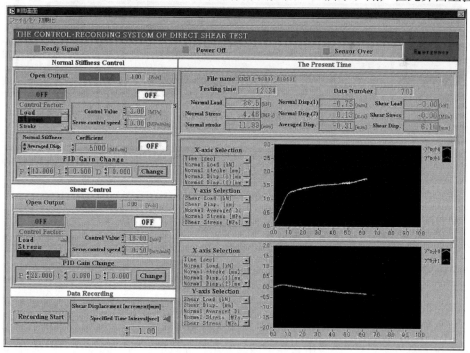

图 2.8　控制程序的操作界面

制和设置 CNS 边界条件。在图中,试验装置的状态信息以及采集的数据曲线在显示器中表示。另外,PID 控制器反馈计算的信息(包括剪切加载和法向加载过程中的反馈计算)如图 2.9 所示。采用上述硬件和软件系统,试验环境可以得到很大的改善。与以往的控制软件相比,新开发的软件系统具有更友好的用户界面,操作也更为简便。用户可以根据屏幕显示的信息控制试验进程。另外,该软件系统还可以显著地提高试验精度。

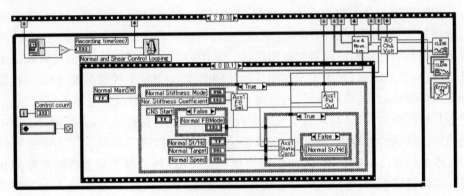

(a) 法向加载控制的反馈计算

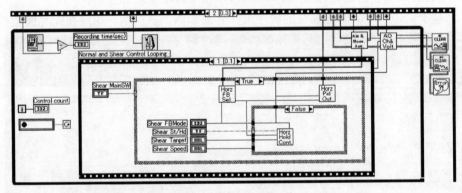

(b) 剪切加载控制的反馈计算

图 2.9　PID 控制器反馈计算框图

2.1.3　岩石裂隙的剪切力学行为的试验研究

1. 裂隙试件的制备

目前,新开发的直剪试验装置及其控制系统已经被成功地应用于裂隙剪切力学行为的调查和评价中。当采用真实岩体材料开展试验时,对试验结果的解释往往变得非常复杂,这主要是由岩体结构的复杂性导致的。为了克服这个困难,在试验中研制了新型的类岩石材料。由该材料制作的试件具有标准的性状和尺寸，同时节理面的粗糙度也可以人为控制，因此采用类岩石试件进行试验可以较为准确地模拟节理的剪切行为。

　　新研制的类岩石材料有三种，分别记为 TR1 材料、TR2 材料和 RC 材料。其中，TR1 材料由石膏、水和缓凝剂按照重量配合比 1∶0.2∶0.005 混合而成，可用于模拟软岩；TR2 材料由石膏、砂、水和缓凝剂按配比 1∶1∶0.28∶0.005 混合而成，可用于模拟中硬岩；而 RC 材料为树脂混凝土，其物理力学性质与一般的硬岩接近。根据单轴压缩试验的结果，TR1、TR2 和 RC 材料的抗压强度分别为47.4MPa、89.5MPa 和 107.7MPa。上述三种类岩石材料的物理力学性质如表2.1 所示。

表 2.1　类岩石材料的物理力学性质

参数	符号	单位	TR1(软岩)	TR2(中硬岩)	RC(硬岩)
密度	ρ	g/cm³	2.066	2.069	2.247
抗压强度	σ_c	MPa	47.4	89.5	107.7
弹性模量	E	MPa	28700	26200	27100
泊松比	ν	—	0.23	0.29	0.24
抗拉强度	σ_t	MPa	2.5	4.5	10.3
黏聚力	c	MPa	5.3	9.9	15.9
内摩擦角	φ	°	63.3	64.4	57.0

　　裂隙等结构面的强度和变形特征与其接触面的粗糙程度有关。在岩体力学中，裂隙面的粗糙程度可用节理粗糙度系数(joint roughness coefficient，JRC)进行定量地描述，如图 2.10 所示。在先期的试验研究中，采用三种标准裂隙轮廓线加工裂隙试件。例如，在 TR1 和 TR2 试件中，裂隙面的 JRC 值分别为 4～6(较光滑)、8～10(中等粗糙度)和 12～14(较粗糙)。另外，试验中还根据三个真实的裂隙岩体样本(取自日本某地下抽水蓄能电站的围岩)制作了相应的类岩石试件，试件内裂隙面的粗糙度系数由激光轮廓扫描仪进行测定。除此之外，在 RC 类岩石试件中，所含裂隙的 JRC 值分别为 1.5、3.6 和 8.5。表 2.2 给出了所有类岩石试件的 JRC 值、试验边界条件和初始应力。

　　所有类岩石试件的尺寸为：宽×长×高为 100mm×200mm×100mm。裂隙面位于试件的中部位置，将试件分为上下两部分(记为 A 部分和 B 部分)，如图 2.11所示。试件制备的主要步骤：首先，组装模具，模具的粗糙表面用来生成裂隙面；然后，在模具内浇注类岩石材料，以制作试件的 A 部分(试件下半部)；最后，以 A 部分作为模具浇注试件 B 部分(试件上半部)。制备而成的类岩石试件如图 2.12 所示。其中，图 2.12(a)和图 2.12(b)为剪切试验前的试件照片；图 2.12(c)和图 2.12(d)

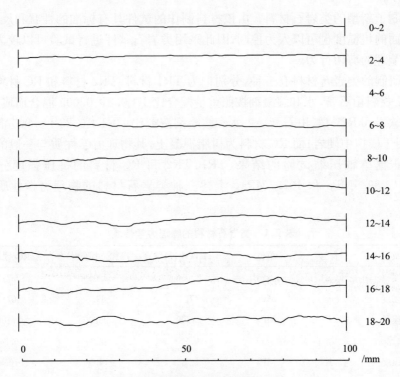

图 2.10　标准裂隙面轮廓线及其对应的 JRC 值

表 2.2　裂隙试件的制备及加载条件

试件	边界条件		裂隙粗糙度(JRC)			
TR1(软岩)	CNL (σ_n/MPa)	2.0	4～6	8～10	12～14
		5.0	4～6	8～10	12～14
		10.0	4～6	8～10	12～14
	CNS (K_n/GPa·m^{-1})	3.0	4～6	8～10	12～14
		7.0	4～6	8～10	12～14
TR2(中硬岩)	CNL (σ_n/MPa)	2.0	4～6	8～10	12～14
		5.0	4～6	8～10	12～14
		10.0	4～6	8～10	12～14
	CNS (K_n/GPa·m^{-1})	7.0	4～6	8～10	12～14
		14.0	4～6	8～10	12～14
RC(硬岩)	CNL (σ_n/MPa)	2.0	4～6	8～10	12～14
		5.0	4～6	8～10	12～14
		10.0	4～6	8～10	12～14
	CNS (K_n/GPa·m^{-1})	5.4	4～6	8～10	12～14

为剪切试验结束后裂隙面的破坏状况。另外,根据某地下抽水蓄能电站硐室围岩内裂隙样本制作的类岩石试件见图 2.13。

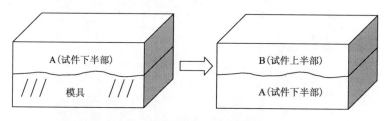

图 2.11　裂隙试件的制备过程

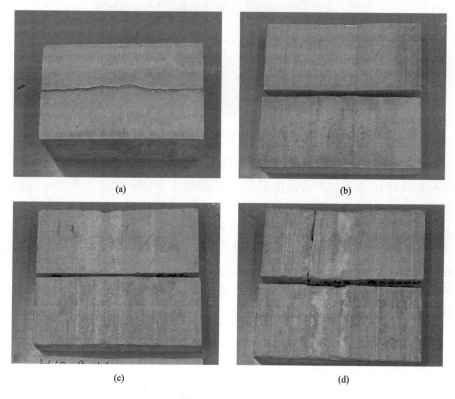

图 2.12　裂隙试件

图(a)和图(b)为试验前的照片;图(c)为在低法向应力条件下裂隙面的剪切破坏状况;

图(d)为在高法向应力条件下裂隙面的剪切破坏状况

2. 试验装置的调试

首先基于不同的边界条件(CNL 和 CNS)开展了三组验证试验。试验中所采用的试件为 TR1 材料试件(模拟软岩),其内部裂隙的 JRC 值为 4~6。作用在裂

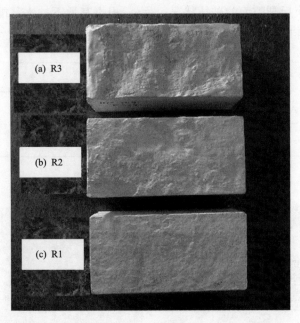

图 2.13　根据某地下抽水蓄能电站硐室围岩内裂隙样本制作的三个类岩石试件

隙面上的初始法向应力分别设为 2MPa、5MPa 和 10MPa。另外,在采用 CNS 边界条件开展试验时,裂隙试件的法向刚度 k_n 分别设为 3GPa/m 和 7GPa/m。试验采用速率控制加载模式,加载速率为 0.5mm/min。

　　在试验中测得的法向应力-法向位移关系曲线如图 2.14 所示。当采用 CNL 边界条件开展试验时,裂隙试件所承受的法向应力保持不变。当采用 CNS 边界条件时,法向应力与法向位移呈线性关系,根据试验曲线斜率计算得出的裂隙法向刚度 K_n 与设定值(3GPa/m 或 7GPa/m)非常接近。由此可见,采用该新型直剪试验装置可以很好地模拟裂隙岩体的 CNL 和 CNS 边界条件。

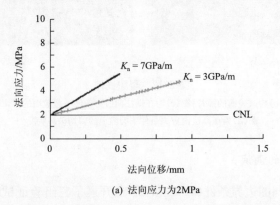

(a) 法向应力为2MPa

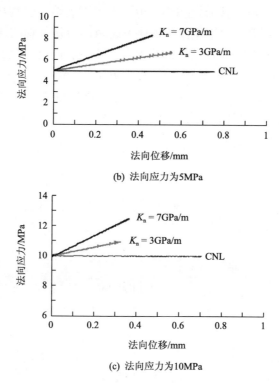

(b) 法向应力为5MPa

(c) 法向应力为10MPa

图 2.14　在 CNL 和 CNS 边界条件下裂隙法向应力与法向位移之间的关系
（TR1 试件，JRC 为 4～6）

3. 人工裂隙面的剪切力学行为

人工裂隙面是指根据 JRC 标准裂隙轮廓线加工的裂隙面。在本研究中，共制备和测试了 54 个含人工裂隙面的类岩石试件。其中，27 个试件由 TR1 材料制备，用来调查软岩中裂隙的剪切力学行为。TR1 试件又分成三组进行试验：第一组含 9 个试件，用于研究 CNL 边界条件下裂隙面的剪切行为试件的法向刚度 $K_n=0$；第二组含 9 个试件，用来研究 CNS 边界条件下的裂隙行为，试件的法向刚度 $K_n=$ 3GPa/m；同样的，第三组试验也在 CNS 边界条件下进行测试，试件的法向刚度 $=$ 7GPa/m。另外的 27 个人工裂隙面试件由 TR2 材料制备，其分组情况与 TR1 试件相同。在直剪试验中，试件的法向应力分别设为 2MPa、5MPa 和 10MPa。

TR1 裂隙试件的剪切试验结果如图 2.15 所示。图 2.15（a）给出了试件剪切过程中剪切位移与剪切应力的关系。试验结果表明，在 CNL 边界条件下，裂隙存在明显的剪切强度（曲线有明显的峰值）。然而在 CNS 边界条件下，裂隙的剪切应力曲线并不存在明显的峰值，剪切应力随剪切位移、初始法向应力和岩体刚度的增大而持续增大。由此可以认为,在 CNS 边界条件下裂隙会表现出应变硬化行为。
图 2.15(b)给出了 CNL 和 CNS 边界条件下裂隙的剪切位移与法向应力的关系。
在 CNL 边界条件下,裂隙试件的法向应力保持不变。同时,剪切应力将逐渐增大
并到达其最大值(峰值剪切强度),随后剪切应力逐渐降低。在 CNS 边界条件下,
试件的法向应力在试验初始阶段保持恒定,随后则随着逐渐增大。图 2.15(c)给
出了剪切位移与法向位移的关系。试验结果表明,CNS 边界对裂隙的剪胀有显著

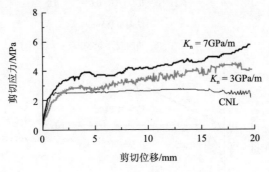

(a) 剪切位移-剪切应力曲线

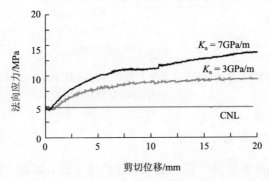

(b) 剪切位移-法向应力曲线

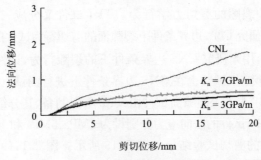

(c) 剪切位移-法向位移曲线

图 2.15 CNL 和 CNS 边界条件下裂隙的剪切力学行为

(TR1 试件,JRC 为 4~6,σ_{n0}=5MPa)

的抑制作用。另外,边界条件对裂隙剪胀的抑制作用还与试验中所设置的法向刚度有关。

另外,裂隙的剪切力学特性还与裂隙面的粗糙程度有关。图 2.16 给出了不同试件的法向应力与剪切应力之间的关系(分别对应在最大剪切位移、剪切位移为 5mm 和剪切位移为 10mm 时的试验结果)。试验结果表明,裂隙的内摩擦角和黏聚力随着裂隙面 JRC 值的增大而增大。然而,峰值应力对应的裂隙内摩擦角不受岩体法向刚度的影响。当剪应力处于峰值时,裂隙的黏聚力随着裂隙粗糙程度的

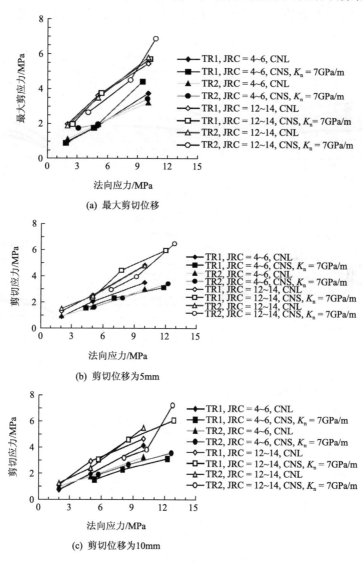

(a) 最大剪切位移

(b) 剪切位移为5mm

(c) 剪切位移为10mm

图 2.16　法向应力与剪切应力的关系

提高而显著增加,然而在残余应力阶段(峰值应力之后),裂隙面粗糙程度对裂隙力学特性的影响并不明显。这些规律与以往的试验结果类似,从而表明本研究中所采用的试验材料和裂隙加工方法适用于各种裂隙岩体力学特性的研究。

4. 自然裂隙面的剪切力学行为

为了调查在 CNL 和 CNS 边界条件下自然裂隙面的剪切力学特性,在不同初始法向应力下(2MPa、5MPa 和 10MPa)对前面所述的树脂混凝土(RC)试件进行剪切试验,试验结果如图 2.17 所示。图 2.17(a)给出了具有不同粗糙度的裂隙面

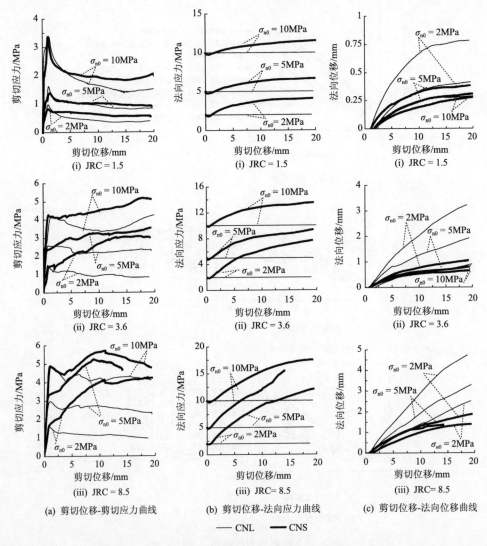

图 2.17　CNL 和 CNS 边界条件下自然裂隙面的剪切力学行为($K_n = 5.4$GPa/m)

在不同法向应力作用下的剪切位移-剪切应力关系曲线。在 CNL 边界条件下,较小的剪切位移便会导致剪切应力达到一个较小的峰值。而在 CNS 边界条件下,以岩体法向刚度 $K_n = 5.4\text{GPa/m}$ 的情况来说明法向刚度对节理剪切特性的影响。在剪切过程中由于法向应力的增大,所得到的剪切应力峰值要大于在 CNL 边界下测得的最大剪应力(图 2.17(b))。这同时也表明,法向刚度的增大会提高法向应力水平,从而抑制粗糙裂隙面的剪胀行为。进一步的分析表明,法向应力和法向刚度的变化与某些参数之间存在一定的联系。例如,在裂隙剪切过程中,最大剪应力在很大程度上受法向应力和法向刚度的影响,然而,法向位移和膨胀角却保持不变。法向位移和剪切位移之间的关系如图 2.17(c)所示。可以发现,法向刚度和剪切位移对裂隙的力学开度有显著的影响。此外,裂隙开度还受 JRC 的影响,并且裂隙开度在 CNS 边界条件下的变化幅度要小于其在 CNL 边界条件下的变化幅度。

图 2.18 给出了在 CNL 和 CNS 边界条件下,不同粗糙度裂隙试件的法向应

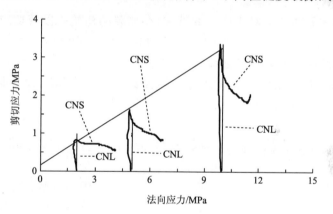

(a)　JRC = 1.5, K_n = 5.4 GPa/m

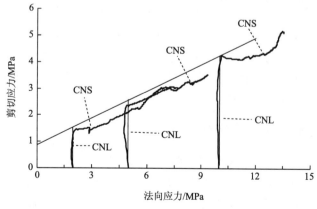

(b)　JRC = 3.6, K_n = 5.4 GPa/m

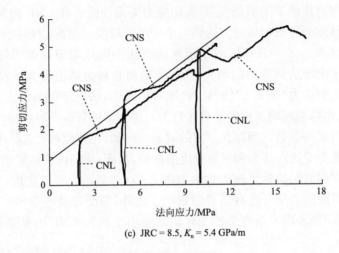

(c) JRC = 8.5, K_n = 5.4 GPa/m

图 2.18　不同粗糙度裂隙试件的法向应力-剪切应力关系曲线

力-剪切应力关系曲线。对于所有的试件，在加载的初始阶段剪切应力都逐渐增大。在 CNL 边界条件下，剪切应力在达到峰值后将逐渐减小。由于 CNL 边界认为应力是不变的，所以图中的曲线垂直于横轴方向。然而，在 CNS 边界条件下，在残余应力阶段（峰值强度之后）的剪应力仍然缓慢增加。另外，CNS 曲线的第一个峰值点位于 CNL 峰值剪应力的回归线上。

2.2　结构面剪切破坏细观机理数值模拟研究

随着计算机技术的发展，数值模拟已经与理论分析和模型试验一起成为科学研究的三大支柱。针对岩石节理面力学特性的研究，数值模拟已经成为一种有效的研究手段。目前国内外采用的方法主要有有限元法[11,12]、边界元法[13]和离散元法[14-17]，但是主要还是以恒定法向荷载的边界条件为主。

针对当前的研究现状，本节基于颗粒流理论，借助 PFC[2D] 程序的 wall 刚性边界和 clump 刚性边界分别实现了岩石节理面直接剪切试验恒定法向荷载（CNL）和恒定法向刚度（CNS）两种边界条件，并分别从宏观和细观角度深入探讨节理在不同边界条件下剪切过程中的力学演化规律和破坏机制。

2.2.1　岩石材料的颗粒流程序表达

PFC[2D][18]是由 Itasca 公司开发的商业离散元软件，现已广泛用于岩石力学问题的研究。利用刚性圆形颗粒集合体来表征材料，其中颗粒之间独立运动，只在接触节点上相互作用。PFC[2D]涉及的计算只需要简单的力-位移定律、牛顿运动定律和几个参数来控制颗粒、接触的相互作用。通过力-位移定律更新接触力，通过牛顿运动定律寻求颗粒与边界的位置,构成颗粒新的接触,其基本原理如图 2.19所示。

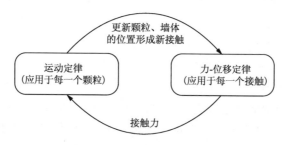

图 2.19　颗粒流理论计算循环过程

在 PFC^{2D} 中,材料的本构关系是通过接触的本构模型来模拟的。颗粒之间的接触本构模型有接触刚度模型、滑动模型和黏结模型。接触刚度模型提供了接触力和相对位移的弹性关系;滑动模型则控制切向和法向接触力的关系,使得接触颗粒可以发生相对移动;而黏结模型是限制总的切向力和法向力,使得颗粒在黏结强度范围内保持接触。

1. 颗粒流理论基本原理

1) 力-位移定律

力-位移定律在颗粒与颗粒或颗粒与墙体(边界)的接触处起作用,它通过接触处的法向刚度和切向刚度将接触力的分量与法向和切向相对位移联系起来。其中法向分量与法向位移的关系式为

$$F_i^n = K_n U_n n_i \tag{2.4}$$

式中,F_i^n 为接触力法向分量;K_n 为接触点法向刚度;U_n 为接触位移量; n_i 为接触面单位法向量。

接触力切向分量与位移的关系式为

$$\Delta F_i^s = - K_s \Delta U_i^s \tag{2.5}$$

式中,F_i^s 为接触力切向分量;k_s 为接触点颗粒切向刚度;ΔU_i^s 为接触位移增量的切向分量。

2) 运动方程

在计算出作用在颗粒上的合力和合力矩后,可以用颗粒内一点的平移运动和转动运动来描述颗粒的状态。而平移和转动则分别由位移 x_i、速度 $\dot{x}_i$、加速度 $\ddot{x}_i$ 和角速度 ω_i、角加速度 $\dot{\omega}_i$ 来描述。任一颗粒的运动方程的矢量形式可分别表示为合力与平移运动及合力矩与转动的关系:

$$F_i = m(\ddot{x} - g_i) \tag{2.6}$$

$$\boldsymbol{M}_i = \dot{\boldsymbol{H}}_i \tag{2.7}$$

式中，$\boldsymbol{F}_i$ 为施加于颗粒上的外部合力；m 为颗粒质量；$\boldsymbol{g}_i$ 为重力加速度；$\boldsymbol{M}_i$ 为合力矩；$\dot{\boldsymbol{H}}_i$ 为角动量。

3）应力-应变的计算

在连续介质中，应力一般为作用于单位面积上的力，而对于松散介质，由于介质中的力是非连续的，变化幅度大，应变也存在同样的问题。因此松散介质中采用平均应力和平均应变的概念来表示连续介质中的相应物理量。在 PFC[2D] 中以某一点为圆心做量测圆，计算量测圆内部的平均应力和应变张量。在体积 V 内平均应力张量 $\bar{\boldsymbol{\sigma}}_{ij}$ 为

$$\bar{\boldsymbol{\sigma}}_{ij} = \frac{1}{V} \oint_V \boldsymbol{\sigma}_{ij} \, \mathrm{d}V \tag{2.8}$$

式中，$\boldsymbol{\sigma}_{ij}$ 为整个体积内应力张量。颗粒材料应力只存在于颗粒中，这样，积分可以由体积 V 内 N_p 个颗粒求和代替：

$$\bar{\boldsymbol{\sigma}}_{ij} = \frac{1}{V} \sum_{N_\mathrm{p}} \bar{\boldsymbol{\sigma}}_{ij}^{(\mathrm{p})} V^{(\mathrm{p})} \tag{2.9}$$

式中，$\bar{\boldsymbol{\sigma}}_{ij}^{(\mathrm{p})}$ 为颗粒 p 的平均应力张量。为减小计算误差，应尽量使颗粒直径与量测圆直径之比缩小。

2. 颗粒流方法的基本假设

（1）颗粒单位为刚性体。

（2）接触发生在很小的范围内，即点接触。

（3）接触特性为柔性接触，接触处允许有一定的"重叠"量；"重叠"量的大小与接触力有关，与颗粒大小相比，"重叠"量很小。

（4）接触处有特殊的连接强度。

（5）颗粒单元为圆盘形（或球形）。

3. 黏结模型

对于模拟岩石材料，需要设置黏结模型来表征颗粒之间胶结物的存在。黏结模型分为接触黏结和平行黏结[19]。接触黏结模型可以看做一对作用在接触点的具有恒定法向和切向刚度的弹簧；平行黏结模型可以看做一组均匀分布在接触面上以接触点为中心的具有恒定法向和切向刚度的弹簧（图 2.20）。在 PFC[2D] 中，颗粒可以在法向和切向自由运动，并且颗粒之间可以发生旋转。这一旋转会使颗粒之间产生矩，但是接触黏结不能抵抗矩（只能传递力），而平行黏结既可以传递力又可以传递矩。当使用接触黏结模型时，由于黏结断裂后只要颗粒还保持接触，接触刚度仍然有效，所以接触黏结的断裂不会对宏观刚度产生太大影响，这与岩石的破

裂机制不符。当使用平行黏结模型时,宏观刚度由接触刚度和黏结刚度组成,因此,黏结破裂立即导致宏观刚度的下降。从这个意义上来讲,平行黏结通过在拉伸或剪切断裂时刚度相应的降低更逼真地模拟岩石类材料。因此本节的数值模拟研究中选用平行黏结模型。

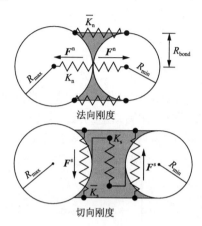

图 2.20　平行黏结模型示意图

R_{max}、R_{min} 分别为两接触颗粒中较大颗粒半径和较小颗粒半径;K_n、K_s 分别为颗粒法向和切向接触刚度;$\bar{k}_n$、$\bar{k}_s$ 分别为平行黏结的法向和切向刚度;R_{bond} 为平行黏结半径;F^n、F^s 分别为颗粒之间的法向和切向接触力

平行黏结模型中黏结的受力遵循力与位移的关系。平行黏结的受力-位移关系由法向及切向刚度 $\bar{K}_n$、$\bar{K}_s$,抗拉及抗剪强度 $\bar{\sigma}_c$、$\bar{\tau}_c$,黏结半径因子 $\bar{\lambda}$ 等参数得到。作用于平行黏结上的合力和合力矩可以用 $\bar{F}_i$ 和 $\bar{M}_i$ 表示。合力和合力矩又由法向和切向方向的分量组成,可以表示为

$$\bar{F}_i = \bar{F}^n n_i + \bar{F}^s t_i \tag{2.10}$$

$$\bar{M}_i = \bar{M}^n n_i + \bar{M}^s t_i \tag{2.11}$$

式中,$\bar{F}^n$ 和 $\bar{F}^s$ 分别表示作用在平行黏结上的轴向力和切向力;$\bar{M}^n$ 和 $\bar{M}^s$ 则表示作用在平行黏结上的轴向弯矩和切向弯矩。

平行黏结一旦形成,$\bar{F}_i$ 和 $\bar{M}_i$ 将会被初始化为零。随后的相对位移增量和相对转动增量所引起的弹性力和力矩将会被叠加到当前数值上,由相对位移增量和相对转动增量所产生的弹性力和力矩的表达式为

$$\Delta \bar{F}^n = \bar{K}_n A \Delta U_n \tag{2.12}$$

$$\Delta \bar{F}^s = -\bar{K}_s A \Delta U_s \tag{2.13}$$

$$\Delta \bar{M}^s = -\bar{K}_n I \Delta \theta_s \tag{2.14}$$

式中,A、I 分别表示平行黏结横截面的面积、惯性矩。在 PFC^{2D} 中其计算公式为

$$A = 2\bar{R}t, \quad t = 1 \tag{2.15}$$

$$I = \frac{2}{3}\bar{R}^3t, \quad t = 1 \tag{2.16}$$

作用在平行黏结上的最大拉伸应力和剪切应力是由梁弯曲理论得到的,即

$$\bar{\sigma}_{max} = \frac{\bar{F}^n}{A} + \frac{|\bar{M}^s|\bar{R}}{I} \tag{2.17}$$

$$\bar{\tau}_{max} = \frac{|\bar{F}^s|}{A} \tag{2.18}$$

当作用在黏结上的最大拉伸应力超过了黏结本身的极限抗拉强度时,黏结就会断裂,并产生张拉裂纹;当作用在黏结上的最大剪切应力超过了黏结本身的极限抗剪强度时,黏结也会断裂,产生剪切裂纹。黏结的破裂过程如图 2.21 所示[18]。PFC[2D] 可以通过内置 FISH 语言实现对计算过程中裂纹的监测。

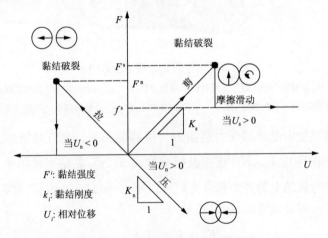

图 2.21 平行黏结破裂机理分析图

2.2.2 岩石压缩破坏过程的细观模拟研究

1. 双轴压缩试验的实现

在进行颗粒流模拟试验时,首先生成试件模型墙体将颗粒包围,然后通过移动墙体模拟施加围压和加载过程,给定模型顶、底部墙体的速度来模拟应变控制加载方式,侧向墙体的运动由伺服控制程序自动控制,在整个试验过程中围压保持不变。记录整个试验过程中墙体的位移和不平衡力,通过后处理得到试件的宏观变形过程数据。颗粒流模型尺寸与室内试验试件尺寸一致,选用 ϕ50mm×100mm 的花岗岩试件及 PFC 模型见图 2.22。计算模型中,最小颗粒半径取 0.3mm,粒径比选为 1.66[20]。

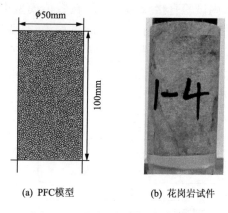

(a) PFC模型　　　　　(b) 花岗岩试件

图 2.22　花岗岩试件及 PFC 模型

1) 细观物理力学性质参数初始值确定方法

模型颗粒的细观参数主要有颗粒接触模量 E_c、颗粒法向刚度与切向刚度比值 K_n/K_s、摩擦系数 f，平行黏结模型的细观参数有平行黏结半径因子 $\bar{\lambda}$、平行黏结模量 $\bar{E}_c$、黏结法向刚度与切向刚度比值 $\bar{K}_n/\bar{K}_s$ 和法向、切向黏结强度 $\bar{\sigma}_c$、$\bar{\tau}_c$。

首先，通过室内试验确定材料的宏观力学参数，即弹性模量 E、泊松比 ν 和抗压强度值 σ_c 及抗剪强度参数 c、φ。本节选用的是三轴压缩试验结果，选取抗压强度值为岩石三轴抗压强度。通过对宏观力学参数进行分析，初步确定颗粒接触模量 E_c 和平行黏结模量 $\bar{E}_c$，这里的接触模量不同于宏观的弹性模量，往往比宏观弹性模量大[18,21]。

颗粒刚度初始值为

$$K_n = 2tE_c, \quad t = 1 \tag{2.19}$$

$$K_s = \frac{K_n}{(K_n/K_s)} \tag{2.20}$$

$$\bar{R} = \frac{R^{[A]} + R^{[B]}}{2} \tag{2.21}$$

式中，$R^{[A]}$、$R^{[B]}$ 为两接触颗粒的半径。

平行黏结刚度初始值为

$$\bar{K}_n = \frac{\bar{E}_c}{\bar{R}^{[A]} + \bar{R}^{[B]}} \tag{2.22}$$

$$\bar{K}_s = \frac{\bar{K}_n}{(\bar{K}_n/\bar{K}_s)} \tag{2.23}$$

2) 花岗岩细观物理力学性质参数确定

由于 PFC^{2D} 模拟采用细观物理力学性质参数表征颗粒及黏结的力学性质，且这些细观参数无法从室内试验直接获取，所以，在数值模型进行计算之前，需要对模型的细观物理力学性质参数进行标定。在此过程中，需要进行一系列与室内试验或现场条件类似的模型试验，并将模拟结果与室内试验或原位测试结果进行对比，采用"试错法"反复改变细观参数[18]，直至模型的宏观力学响应满足要求。其基本过程如图 2.23 所示。

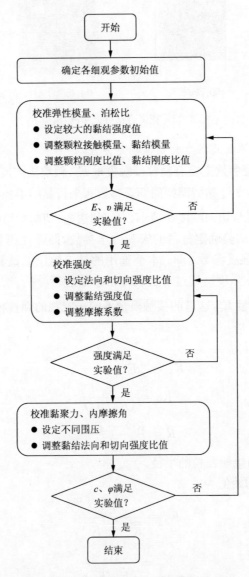

图 2.23　细观物理力学性质参数校准过程

本节选用黄岛国家石油储备库地下水封石油洞库花岗岩的力学参数，室内三轴压缩试验采用长春朝阳试验仪器有限公司研制的 TAW-2000 微机控制电液伺服岩石三轴试验机。颗粒流程序中通过"试错法"反复调整对比，使得颗粒流模型的宏观力学参数接近花岗岩室内试验力学参数，最终确定细观物理力学性质参数，见表 2.3。校核后，花岗岩室内试验与 BMP 模型模拟宏观弹性力学参数吻合较好，弹性模量和泊松比分别为 28.7MPa、28.4MPa 和 0.230、0.228。

表 2.3　花岗岩细观物理力学性质参数

参数	量值	参数	量值
最小粒径/mm	0.3	平行黏结模量/GPa	43
粒径比	1.66	平行黏结法向强度值/MPa	88±10
密度/(kg/m³)	2800	平行黏结切向强度值/MPa	160±10
颗粒接触模量/GPa	5	平行黏结法向刚度/切向刚度	3.0
颗粒接触法向刚度/切向刚度	3.0	平行黏结半径因子	1.0
摩擦系数	0.8		

2. BPM 模型模拟与室内试验宏观参数校核对比

将标准校正的细观物理力学性质参数用于颗粒流模型中，在围压 3MPa、6MPa、10MPa 作用下分别进行了花岗岩压缩试验模拟。对比图 2.24 中 BPM 模型及花岗岩室内试验应力-应变曲线可以看出，随着围压的增加，试件的屈服应力和峰值强度都有所增加，且 BPM 模型与花岗岩试验结果有较好的吻合。

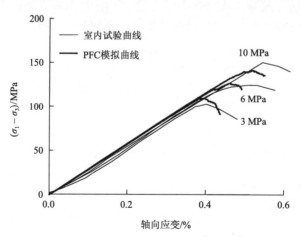

图 2.24　不同围压模型应力-应变曲线

图 2.25 为花岗岩试件与 BPM 模型在不同围压作用下的破坏形态。从模拟结果与试验结果可以看出，由于围压较小，试件主要表现为单斜面剪切破坏，且两

　(a) 围压 3 MPa　　　　　　　　(b) 围压 6 MPa　　　　　　　(c) 围压 10 MPa

图 2.25　花岗岩试件及 BPM 模型破坏形态

者有较好的吻合。

　　峰值强度包络线反映出峰值强度与围压的变化关系[13]，可以用摩尔-库仑准则来表征岩石的峰值强度包络线，采用以下形式：

$$\sin\varphi = \frac{\sigma_1 - \sigma_3}{\sigma_1 + \sigma_3 + 2c\sin\varphi} \tag{2.24}$$

式中，σ_1 为最大主应力；σ_3 为最小主应力；c 为黏聚力；φ 为内摩擦角。

　　表 2.4 为在不同围压作用下花岗岩及 BPM 模型的峰值强度值。应用式(2.24)处理得到花岗岩及 BPM 模型的黏聚力和内摩擦角如图 2.26 所示。对比分析可知，BPM 模型的黏聚力比花岗岩的大，而内摩擦角比花岗岩的小。这一差异主要是 BPM 模型采用圆形颗粒造成的，Cho 等[19]、Potyondy 等[20] 曾指出 BPM 模型存在这一问题。从宏观力学参数、应力-应变曲线及试件破坏形态对比来看，BPM 模型模拟结果与室内试验结果具有良好的一致性。

表 2.4　不同围压作用下花岗岩与 BPM 模型的峰值强度

峰值强度/MPa	围压/MPa		
	3	6	10
试验值	110.4	130.5	162.6
模拟值	112.6	132.8	151.2

3. 花岗岩微裂纹破裂演化及能量变化规律

　　以围压为 10MPa 的 BPM 模型双轴压缩为例，通过分析微裂纹破裂演化及能量变化规律对花岗岩的破坏机制进行更加深入的研究。

　　1) 花岗岩压缩过程中微裂纹破裂演化规律

　　BPM 模型在受力过程中，当颗粒间的黏结强度小于颗粒间所传递的强度时，颗粒黏结就会发生断裂，即对应于岩石内部的微裂纹[22]。裂纹扩展过程中应变能

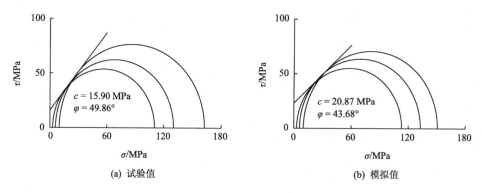

图 2.26　摩尔-库仑强度包络线

将以弹性波的方式快速释放,产生次声波、声波或超声波,即声发射现象(AE)。一般声发射过程曲线如图 2.27 所示[23]。图 2.28 为 BPM 模型的轴向应力-应变曲线、裂纹数量变化曲线及轴向应力与体积应变的关系曲线。图 2.29 为声发射频度曲线。为研究模型内部裂纹分布演化规律,在应力-应变曲线中设置了 5 个监测点 $A\sim E$,分别对应于轴向应变 0、0.169%、0.388%、0.507%、0.939%。图 2.30 为各监测点对应试件的裂纹分布。

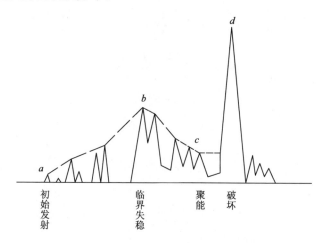

图 2.27　一般声发射过程曲线

由图 2.28~图 2.30 可以看出,当受到外部荷载作用后,试件在 B 测点(34% σ_c,宏观上的启裂强度,σ_c 为峰值强度)开始产生微裂纹,发出第一次声发射,在声发射过程线上定义为初始发射点 a,见图 2.27 和图 2.29。从初始发射到应力屈服点 C(78.6% σ_c),声发射事件一直比较稀疏,振幅随着裂纹的张开、扩展有所增大,主要在 0~8 次变化,表明试件由弹性阶段向稳定破裂传播阶段过渡。此阶段体积应变表现出线性变化且体积随荷载增大而逐渐减小,试件呈现受压缩状态。

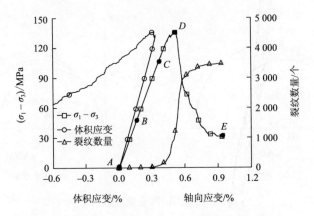

图 2.28　BPM 模型轴向应力-应变曲线及力学特性

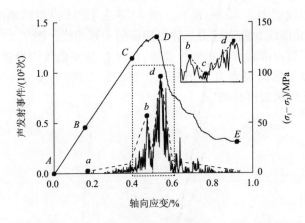

图 2.29　BPM 模型轴向应力-应变曲线及声发射频度曲线

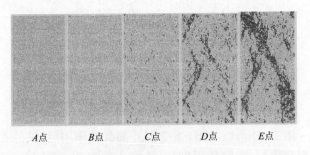

图 2.30　BPM 模型在变形破坏过程中微裂纹发育状态

　　当荷载超过屈服应力点 C 后,试件从稳定破裂传播阶段转向非稳定破裂传播阶段,其应力-应变曲线呈下凹型,变形增大,体积应变曲线经过短暂的不变阶段后出现反弯,开始发生体积膨胀,产生不可逆的塑性变形,裂纹进一步增加、扩展,声发射事件呈现快速增长趋势,其值增加到 57 次,说明试件已经达到临界失稳点 b,见图 2.27 和图 2.29。超过 b 点以后,声发射事件反而会有所衰减,主要是由于此时裂纹扩展产生的新自由面急剧增加而消耗部分能量,在声发射过程线上则呈现出能量的吸收谷,其底点定义为聚能点,见图 2.27 和图 2.29 上 c 点。待裂纹扩展暂时平衡之后,随着荷载增加,裂纹重新开始压密,能量开始再次积聚。这一阶段体积膨胀的主要原因是:在不断加载的过程中,由于颗粒间破裂的发生,微裂隙的增加、扩展、贯通等现象出现,试件内部孔隙不断地增加,促使其在宏观上表现为体积增大。

当轴向应力超过峰值 D 点(σ_c)以后,试件表现出脆性发展特征,轴向应力大幅度下降,裂纹数量急剧增加,微裂纹进一步扩展为宏观裂缝,声发射事件出现最大值 92 次,见图 2.27 和图 2.29 上 d 点。随后轴向应力曲线平稳发展,裂纹数量保持恒定的速率增长,声发射事件降至较低水平,主要在 0~10 次变化,表明试件又恢复了稳定破裂的发展态势。此阶段试件破坏主要是沿着宏观裂缝产生摩擦滑动,最终形成宏观断裂面,如图 2.30 中 E 点所示。

2) 花岗岩压缩过程中能量耗散规律

图 2.31 为 BPM 模型在双轴压缩过程中能量耗散曲线。由图 2.31 可见,屈服应力(图 2.29 中 C 点)之前,摩擦能、动能、应变能和黏结能的和基本与边界能相等。黏结能和应变能所占比例较大,这部分能量与裂纹的产生和驱动有关,其消长与模型材料的劣化有关。代表裂纹作用的摩擦能则与之相反,它们之间是此消彼长的关系。因为裂纹产生要克服黏结能,然后在应变能的驱动下扩展,裂纹产生以后,摩擦部分才开始起作用。当试件达到峰值强度后,黏结能和应变能急剧减小,摩擦能急剧增加,摩擦能所占比例随裂纹进一步扩展逐步提高,由此可以看出,摩

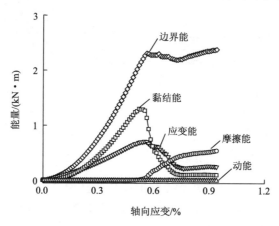

图 2.31　BPM 模型破裂过程中能量耗散曲线

擦作用是残余强度的主要提供者。试件整个变形过程中动能所占比例不大,与加载过程及试件内部动态平衡有关,说明试件变形不是很剧烈,裂纹稳定扩展贯通。

通过对花岗岩试件微裂纹演化规律及能量耗散规律的研究,从能量的角度揭示了其受压变形破坏的细观力学机制:在轴压和围压的共同作用下,花岗岩内部能量开始发生积聚,颗粒之间首先克服黏结能产生微裂纹,然后在应变能驱动下微裂纹进一步扩展,摩擦作用渐渐开始起作用且其比例随着裂纹的进一步扩展逐步提高。当达到峰值强度后,应变能和黏结能急剧释放,摩擦能随着裂纹的扩展、贯通急剧增加且居主导地位。残余阶段黏结能在边界能和应变能的驱动下多转化为其他能量形式,颗粒间很难再克服黏结强度产生大量新的裂纹,岩石最终的失效形式主要是沿宏观裂缝滑动破坏。

2.2.3　岩石节理面剪切破坏细观机理研究

1. 岩石节理面直接剪切模拟试验

1) 直接剪切数值试验模型的建立

岩石试件的大小为 $100\text{mm} \times 36\text{mm}$,孔隙率设置为 0.16[20]。CNL 边界条件下的剪切盒由 8 块刚性墙体组成,见图 2.32(a),其中 1 号、2 号、3 号、8 号墙体组成下剪切盒,4 号、5 号、6 号、7 号墙体组成上剪切盒;CNS 边界条件下的剪切盒中用 clump 墙体替代 CNL 边界条件下的 6 号墙体,见图 2.32(b)。其中,v 为剪切方向施加的速度,σ 为施加的法向应力。试样生成之后,初始化试件内部应力场至 0.1MPa。

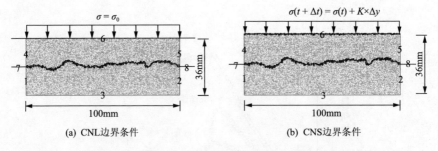

(a) CNL边界条件　　　　　　　　　(b) CNS边界条件

图 2.32　不同边界条件下岩石节理直接剪切试验数值模型

通过剖面线的点坐标文件建立连续的墙体来还原节理面轮廓线,将与连续墙体接触的颗粒进行标记并定义为组,再将组的细观参数改变,从而实现节理面。将节理面的平行黏结强度设置为 0。

2）边界条件的实现

在 PFC^{2D}中，模型边界有两种形式：一种是 wall 刚性边界；另一种是颗粒集合体边界。由于 wall 刚性边界不能参与运动方程的计算，所以荷载只能以速度的方式施加，而不能直接施加力或力矩，但是可以通过借助 FISH 函数的伺服机制[18]来实现力的施加。颗粒集合体边界的一种方式是将颗粒定义为组（group），然后直接对其施加速度、力或力矩，但是这样会存在边界变形问题，无法实现刚性边界；另一种方式是将边界颗粒定义为 clump，既能对其直接施加速度、力或力矩，又可将其运动看做单一刚体运动。

（1）恒定法向荷载边界条件。通过伺服机制调整墙体的速度来实现恒定荷载的施加，从而实现恒定法向荷载边界条件（CNL），其基本原理如下。

首先给定法向荷载 σ^{required}，然后通过监测 6 号墙体上不平衡力大小获得其上的实际应力 σ^{measured}。然后通过式（2.25）换算该墙体上所需施加的速度 $\dot{u}$ 为

$$\dot{u}^{[\text{w}]} = G(\sigma^{\text{measured}} - \sigma^{\text{required}}) = G\Delta\sigma \tag{2.25}$$

式中，G 是伺服控制参数，通过以下过程获取。

每一时步内由 6 号墙体移动所引起的墙体不平衡力的最大增量为

$$\Delta F^{[\text{w}]} = K_{\text{n}}^{[\text{w}]} N_{\text{c}} \dot{u}^{[\text{w}]} \Delta t \tag{2.26}$$

式中，N_{c} 为 6 号墙体上的接触数；$K_{\text{n}}^{[\text{w}]}$ 为上述接触的平均刚度。

因此，6 号墙体上平均应力的改变量为

$$\Delta\sigma^{[\text{w}]} = \frac{K_{\text{n}}^{[\text{w}]} N_{\text{c}} \dot{u}^{[\text{w}]} \Delta t}{A} \tag{2.27}$$

式中，A 为 6 号墙体的面积。为了模型计算过程中的稳定性，$\Delta\sigma^{[\text{w}]}$ 的绝对值需小于 $\Delta\sigma$ 的绝对值。因此引入松弛系数 α（取值为 0~1），可得

$$|\Delta\sigma^{[\text{w}]}| < \alpha |\Delta\sigma| \tag{2.28}$$

将式（2.25）、式（2.27）代入式（2.28）中整理可得伺服控制参数 G 为

$$G = \frac{\alpha A}{K_{\text{n}}^{[\text{w}]} N_{\text{c}} \Delta t} \tag{2.29}$$

再将式（2.29）代入式（2.25）即可得到施加在 6 号墙体上的法向加载速度，从而实现恒定荷载的施加。

（2）恒定法向刚度边界条件。由于恒定法向刚度边界条件（CNS）要求施加的荷载随法向变形量的变化时刻改变，所以荷载是随时间变化的量，在 PFC^{2D}中需要借助 FISH 循环语句来实现。如果使用 wall 刚性边界，由于伺服机制也是借助 FISH 循环语句施加，从而增加了计算的复杂性，且在两个循环相互嵌套的过程中无法预测对结果造成的影响，所以选用 clump 刚性边界来实现恒定法向边界条件。其基本计算原理如式（2.1）~式（2.3）所示。

将 clump 刚性边界的不平衡力实时反馈至式（2.25），从而实时改变施加在

clump 上的荷载值,从而实现恒定法向刚度边界条件。

3）直接剪切数值试验的实现

在剪切过程中,下剪切盒固定不动,4 号墙体作为剪切加载墙,其水平方向位移量作为剪切位移,水平方向不平衡力除以节理面的水平投影面积作为剪切应力。在 CNL 边界条件下,6 号墙体用伺服控制保证恒定法向应力,其垂直方向位移量作为法向位移。在 CNS 边界条件下,使用 clump 刚性边界替代 6 号刚性墙体来实现恒定法向刚度,其垂直方向位移量作为法向位移,垂直方向不平衡力除以节理面的水平投影面积作为法向应力。

试验过程中,需要保持整个过程为拟静力加载状态,这样才能使系统能够及时对试件内部产生的不平衡力重新进行调整,保证结果的可靠性[17]。因此,经过不断调试,本节最终确定选用的水平方向加载速率为 0.05m/s,即相应于试验中的 4.25×10^{-8} s/步,剪切 1.0mm 需要加载 493300 步,这一加载速率已足够使整个剪切过程保持在拟静力的状态下。

4）直接剪切模拟试验值与经验公式对比

1977 年 Barton 和 Choubey 根据大量的试验,在统计分析的基础上提出了 CNL 边界条件下的经验公式,同时考虑了正应力和不规则结构面表面特征对剪切强度的影响,是目前应用最为广泛的强度公式[3]。Barton 结构面抗剪强度 τ 的经验公式为

$$\tau = \sigma_n \tan\left[JRC \cdot \lg\left(\frac{JCS}{\sigma_n}\right) + \varphi_b \right] \tag{2.30}$$

式中,σ_n 为作用于节理面上的法向应力;JRC 为节理面粗糙度系数;JCS 为节理面壁的抗压强度;φ_b 为基本内摩擦角。其中,JCS 与节理面的风化程度有关,未风化节理面的抗压强度可选为完整岩石的单轴抗压强度[24]。根据模拟结果得到岩石的单轴抗压强度为 102MPa,基本内摩擦角 φ_b 选取经验值 $37°$[25]。节理面选取 Barton 和 Choubey[3] 提出的粗糙面曲线中的 5 条作为研究对象,分别是 JRC 为 2~4、6~8、12~14、16~18 和 18~20 的粗糙面曲线,如图 2.33 所示。

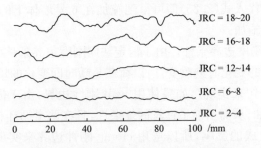

图 2.33　计算中采用的粗糙节理剖面图

CNL 边界条件下的数值模拟结果与 JRC-JCS 经验模型预测值的对比如图 2.34 所示。对比模拟值与经验公式预测值可以看出，当 JRC 较小时，模拟值与预测值相差相对较大，这主要是由 PFC 中颗粒模拟节理面时本身具有一定的粗糙性造成的，JRC 越小，颗粒模拟节理面本身的粗糙性表现得越明显。总体上岩石节理面的数值模拟结果与 JRC-JCS 经验公式预测结果具有良好的一致性，从而验证了模型的正确性。

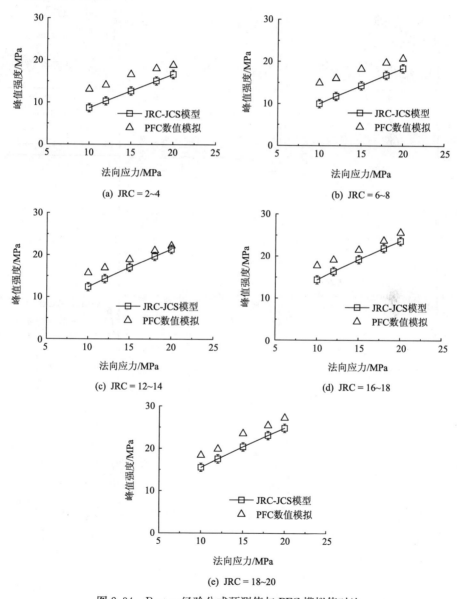

(a) JRC = 2~4　　　　　　　　　(b) JRC = 6~8

(c) JRC = 12~14　　　　　　　　(d) JRC = 16~18

(e) JRC = 18~20

图 2.34　Barton 经验公式预测值与 PFC 模拟值对比

5）不同边界条件下直接剪切数值试验结果分析

参照表 2.3 中花岗岩的力学参数，选取受影响围岩的范围为 2m，根据公式(2.1)求得法向刚度为 12GPa/m。对 JRC 为 2～4、6～8、12～14 的节理面在不同边界条件、初始法向应力为 10MPa、12MPa、15MPa、18MPa、20MPa 作用下进行直接剪切模拟研究，图 2.35 列出了部分模拟结果。

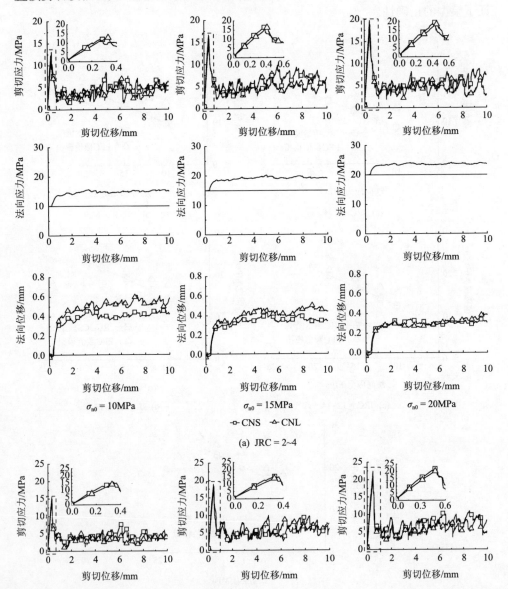

$\sigma_{n0} = 10\text{MPa}$　　　　　$\sigma_{n0} = 15\text{MPa}$　　　　　$\sigma_{n0} = 20\text{MPa}$

$\square$ CNS　　$\triangle$ CNL

(a) JRC = 2～4

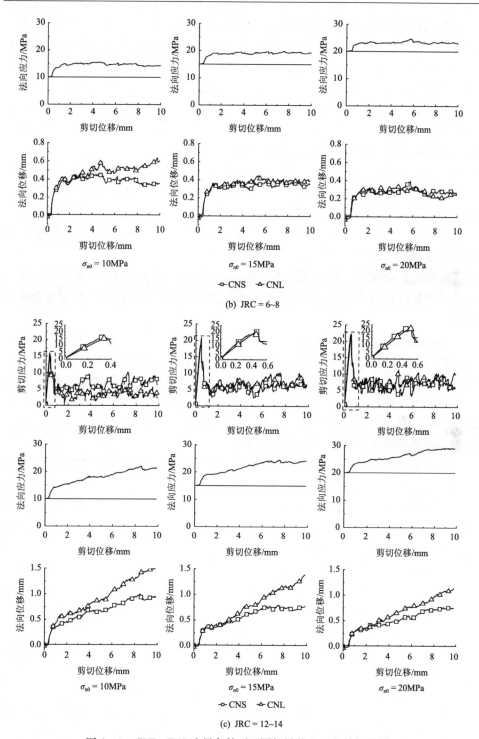

图 2.35　CNL、CNS 边界条件下不同粗糙节理面的剪切特性

　　在 CNL 边界条件下,当法向应力为 10MPa、12MPa、15MPa、18MPa、20MPa时,岩石节理面的剪切特征具体表现为:①JRC 为 2~4 的岩石节理面的峰值剪切应力分别为 13.11MPa、14.13MPa、16.64MPa、18.07MPa、18.87MPa,相应的剪切位移分别为 0.3375mm、0.3607mm、0.4055mm、0.4425mm、0.4529mm,残余强度分别为 0.30MPa、0.34MPa、0.40MPa、0.42MPa、0.45MPa;②JRC 为6~8的岩石节理面的峰值剪切应力分别为 14.95MPa、16.05MPa、18.27MPa、19.77MPa、20.74MPa,相应的剪切位移分别为 0.3676mm、0.3929mm、0.4471mm、0.4783mm、0.4915mm,残余强度分别为 0.30MPa、0.35MPa、0.44MPa、0.50MPa、0.60MPa;③JRC 为 12~14 的岩石节理面的峰值剪切应力分别为 15.72MPa、16.93MPa、18.98MPa、21.12MPa、22.25MPa,相应的剪切位移分别为 0.3537mm、0.3780mm、0.4242mm、0.4650mm、0.4873mm,残余强度分别为 0.35MPa、0.40MPa、0.55MPa、0.59MPa、0.65MPa。

　　对比上述数据可以看出,随着恒定法向应力增加,岩石节理面的抗剪强度及其对应的剪切位移以及残余强度都相应增加;抗剪强度随粗糙度系数增加会明显增加。

　　分析法向位移-剪切位移曲线可以看出:在剪切初始阶段,法向位移变化较小,且为负值(取节理相对的两个面垂直移向对方为负),表明节理面处于压密阶段;随着剪切过程的进行,法向位移开始由负变为正,且随剪切位移的增加逐渐增加,表明节理面发生剪胀。对比不同法向应力作用下的法向位移-剪切位移曲线可以看出:法向应力越大,剪切初始阶段的压密效应越明显;在剪胀阶段,法向应力越小,法向位移增加的速率越快,法向膨胀量越大。

　　在 CNS 边界条件下,当法向应力为 10MPa、12MPa、15MPa、18MPa 和 20MPa时,岩石节理面的剪切特征具体表现为:①JRC 为 2~4 的岩石节理面的峰值剪切应力分别为 12.26MPa、13.60MPa、16.72MPa、18.33MPa、19.77MPa,相应的剪切位移分别为 0.2781mm、0.3020mm、0.3713mm、0.4082mm、0.4302mm,残余强度分别为 0.35MPa、0.40MPa、0.43MPa、0.47MPa、0.50MPa;②JRC 为6~8 的岩石节理面的峰值剪切应力分别为 15.71MPa、17.07MPa、19.02MPa、21.39MPa、22.41MPa,相应的剪切位移分别为 0.3410mm、0.3703mm、0.4076mm、0.4596mm、0.4854mm,残余强度分别为 0.45MPa、0.50MPa、0.55MPa、0.60MPa、0.70MPa;③JRC 为 12~14 的岩石节理面的峰值剪切应力分别为 15.99MPa、17.67MPa、21.01MPa、21.39MPa、21.95MPa,相应的剪切位移分别为 0.3159mm、0.3789mm、0.4259mm、0.4738mm、0.4406mm,残余强度分别为 0.65MPa、0.70MPa、0.73MPa、0.77MPa、0.80MPa。

　　从 CNS 边界条件下的试验结果可以看出,剪切应力、法向位移随剪切位移的变化趋势与 CNL 边界条件下的基本一致;但 CNS 边界条件下法向应力随法向位移增加而增大,其增加量会随初始法向应力增大而相应降低,因而法向位移的增加量会相应减小。

综合对比 CNL 和 CNS 两种边界条件下的剪切试验结果可以看出,CNL 边界条件下的峰值剪切应力要低于 CNS 边界条件下的峰值剪切应力;CNS 边界条件下的残余强度比 CNL 边界条件下有所提高。由法向应力、法向位移与剪切位移对比曲线可以看出,在 CNS 边界条件下,由于法向应力的增加,其法向位移与 CNL 边界条件下相比,会明显地降低。

分析图 2.36 中不同粗糙度下的峰值剪切应力随初始法向应力的变化趋势可以看出,节理面的摩擦角会随粗糙度系数的增加而增加,黏聚力同样随粗糙度系数的增加而增加。边界条件的变化只是影响两者数值大小,而对整体变化趋势影响不大。

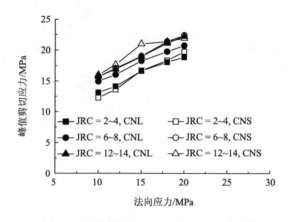

图 2.36　峰值剪切应力与法向应力关系曲线

2. 试件细观力学响应及破坏机理

以 JRC 为 12~14 的岩石节理面为例,详细研究岩石节理面在不同边界条件下直接剪切过程中的细观力学响应及破坏机理。

1) 粒间接触力分布及细观裂纹发育特征

试验过程中对试件内部的接触力分布和裂纹的发育分布进行了动态跟踪。图 2.37 是在不同边界条件、初始法向应力为 10MPa、12MPa、15MPa、18MPa、20MPa 作用下,剪切位移达到 10.0mm 时试件内部的接触力分布和裂纹发育状况。

由图 2.37 可以看出,接触力集中现象主要发生在节理面凸起位置,且以接触压力为主。正因为如此,细观裂纹也主要分布在节理面两侧,主要聚集在凸起的位置且张拉裂纹占绝对优势。这一点符合"压致张拉裂纹"的力学机制[20,26]。节理

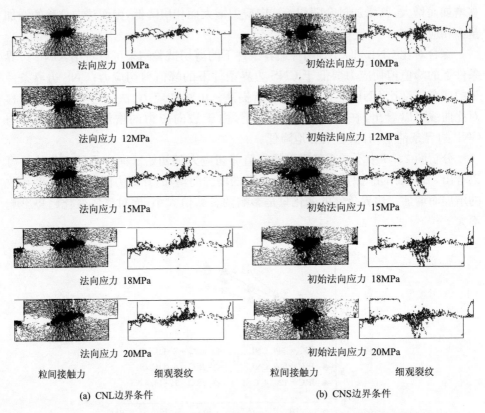

图 2.37　不同边界条件下剪切位移达到 10.0mm 时试件内部接触力及裂纹分布

面凸起位置的接触力集中程度随初始法向应力的增加而加剧且范围加大;裂纹数量也随初始法向应力的增加迅速增加,且分布范围向节理面的延伸方向和试件的纵深方向扩展。

对比同一初始法向应力、不同边界条件下试件内部粒间接触力及裂纹分布可以看出,CNS 边界条件下由于法向应力随法向位移增加而增大,所以接触力集中程度加剧,从而裂纹的数量也明显增加且纵深向扩展范围加大。在剪切过程中,法向应力不断变化,其微观接触状态也不断变化,从而导致产生的裂纹纵深向扩展方向与 CNL 边界条件下的有所不同。

2) 粒间接触力及细观裂纹演化特征

图 2.38 是在不同边界条件、20MPa 初始法向应力作用下剪切应力、法向位移、裂纹数目和破断频数随剪切位移的演化曲线。为了研究剪切过程中试件内部粒间接触力和细观裂纹的演化特征,在图中设置编号为 $A(a)\sim G(g)$ 的 7 个监测点,分别对应于剪切位移 0.00mm、0.26mm(0.18mm)、0.35mm(0.32mm)、0.49mm(0.44mm)、1.0mm、5.00mm 和 10.00mm(图中未标注)。图 2.39 为监测

点 $A(a)$ 至 $F(f)$ 对应的粒间接触力和细观裂纹分布情况。

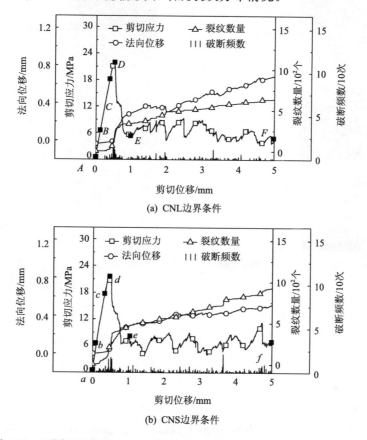

(a) CNL边界条件

(b) CNS边界条件

图 2.38　不同边界条件、20MPa 初始法向应力作用下剪切应力、法向位移、
裂纹数量与破断频数演化曲线

由图 2.38 可知,在剪切初始阶段,剪切应力曲线基本呈线弹性,且此阶段没有裂纹产生,破断频数为 0。当剪切应力达到 $B(b)$ 点(宏观上的启裂强度)时,试件开始产生细观裂纹,在应力到达屈服点 $C(c)$ 之前,破断频数一直比较稀疏,振幅随着裂纹的张开、扩展有所增大,表明试件进入稳定破裂传播阶段。当剪切应力从 $C(c)$ 点发展到 $D(d)$ 点时,剪切应力曲线呈非线弹性,并伴有小幅度的突降,直到达到峰值剪切应力。此阶段裂纹数量明显增加,且破断频数呈现快速增长趋势,表明试件从稳定破裂传播阶段转向非稳定破裂传播阶段。当剪切应力超过峰值 $D(d)$ 点以后,试件表现出脆性发展特征,剪切应力大幅度下降,裂纹数量急剧增加,破断频数出现最大值。随后剪切应力曲线平稳发展,裂纹数量保持恒定的速率增长,破断频数降至较低水平,表明岩石又恢复了稳定破裂的发展态势。

由图 2.39 可以看出,当剪切位移为 0.00mm 时,即点 $A(a)$ 处,试件完成初始

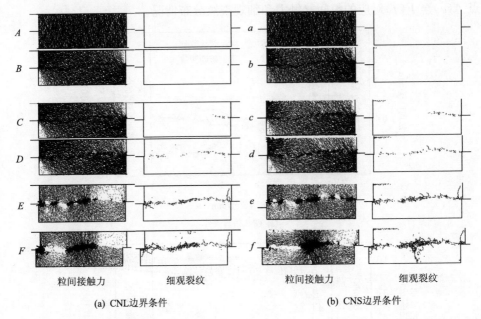

（a）CNL边界条件　　　　　　　　　　　（b）CNS边界条件

图 2.39　不同边界条件、20MPa 初始法向应力作用下粒间接触力和细观裂纹分布

法向荷载加载，由于只有法向荷载作用，此时粒间接触力是压力，且沿竖直方向均匀分布，此阶段没有细观裂纹产生。当试件剪切至 $B(b)$ 点时，节理面附近开始出现裂纹。在 CNS 边界条件下，由于试件上部 clump 加载板刚度大，与加载板接触的颗粒之间产生少量的裂纹。由于受剪切荷载的影响，粒间接触力的方向发生明显偏转。4 号墙体作为施力边界，造成上部试件左边接触力明显大于右边，且接触力的方向从左往右逐渐由水平方向向节理面偏转，节理面上的接触力向荷载加载端偏转。由于试件下部固定，所以其粒间接触力分布与上部恰好相反。此阶段，节理面附近开始出现接触压力集中现象，但是不明显，CNL 边界条件和 CNS 边界条件下最大接触力分别为 6.986×10^4 N 和 7.048×10^4 N。

　　随着剪切的进行，试件内部接触力偏转现象更加明显。当剪切经过 $C(c)$ 点和 $D(d)$ 点时，节理面附近接触压力集中程度加剧，最大接触力由 $C(c)$ 点的 1.260×10^5 N(CNL)、1.468×10^5 N(CNS) 增加到 $D(d)$ 点的 1.694×10^5 N(CNL)、1.847×10^5 N(CNS)。受不断增大的接触力作用，节理面凸起发生破坏，产生大量的裂纹。当剪切至峰值 $D(d)$ 点时，裂纹基本贯穿整个节理面，此现象在 CNS 边界条件下更加明显。

　　当剪切超过 $D(d)$ 点以后，剪切进入峰后阶段。此时较大的凸起已被剪断，接触压力的集中位置逐渐转移至次一级的凸起，因此在 CNL 边界条件下，剪切峰后的 D、E、F 点及其以后更大剪切位移点的接触力会出现波动上升的趋势，见

表 2.5。但是在 CNS 边界条件下,由于法向应力的不断变化,峰后接触力不会出现波动上升的趋势,而是持续的增加,见表 2.6,这也说明了 CNS 边界条件下细观裂纹数较多的原因。

表 2.5　20MPa 恒定法向力作用下粒间最大接触力

监测点	剪切位移/mm	最大接触力/N
A	0.00	2.977×10^4
B	0.26	9.689×10^4
C	0.35	1.260×10^5
D	0.49	1.694×10^5
E	1.00	2.379×10^5
F	5.00	2.106×10^5
G	10.00	2.587×10^5

表 2.6　20MPa 初始法向力作用下粒间最大接触力

监测点	剪切位移/mm	最大接触力/N
a	0.00	2.977×10^4
b	0.18	7.048×10^4
c	0.32	1.468×10^5
d	0.44	1.847×10^5
e	1.00	2.418×10^5
f	5.00	2.512×10^5
g	10.00	3.425×10^5

随着剪切位移的逐渐加大,节理面上凸起大量被剪断压碎,从而沿节理延伸方向产生大量裂纹,同时逐渐向试件的纵深方向扩展,最终形成一条较为明显的宏观剪切破碎带。

2.3　裂隙表面形态数学描述及特性研究

2.3.1　裂隙表面形态特征函数

裂隙表面形态描述主要分为高度函数描述和纹理函数描述两大类。高度函数主要是描述表面形态在高度方向上的变化特征和分布规律的统计函数;纹理函数则主要是描述表面形态中点与各点之间的位置和相互关系的统计量或统计函数[27]。

1. 裂隙表面形态高度特征函数

全坐标高度函数分布函数 $\varphi(z)$ 能够较为合理地描述裂隙粗糙表面形态的高度变化,表面形态高度 z 被视为一个随机变量,随机高度变量 z 在高度间隔 z 和 $z+\mathrm{d}z$ 之间的概率密度函数可以表示为

$$\varphi(z) = \lim_{\mathrm{d}z \to 0} \frac{P(\xi < z + \mathrm{d}z) - P(\xi < z)}{\mathrm{d}z} \tag{2.31}$$

式中, $P(\xi < z)$ 是随机变量 ξ 小于 z 的概率密度函数。

标准正态分布是最为常用的进行随机粗糙表面高度描述的分布密度函数,表达式为

$$\varphi(z) = \frac{1}{\sqrt{2\pi}\sigma} \mathrm{e}^{-\frac{z^2}{2\sigma^2}} \tag{2.32}$$

裂隙表面形态高度分布函数也可以用各阶相关的矩进行描述,高度分布函数的 n 阶矩定义为

$$M = \int_{-\infty}^{\infty} z^n \varphi(z) \mathrm{d}z \tag{2.33}$$

2. 裂隙表面形态高度变化特征参数

1) 中心线平均高度

中心线平均高度 z_0 反映的是表面形态在取样长度 L 内随机高度偏离概率分布中心的绝对值的平均状况,剖面中线可以取剖面的最小二乘线,表达式为

$$z_0 = 2\int_0^{\infty} |z| \varphi(z) \mathrm{d}z \tag{2.34}$$

2) 均方根或高度均方根

高度均方根 z_1 反映的是表面形态的离散性和波动性,高度均方根对较大和较小的高度值较为敏感,与表面轮廓到中线的高度偏差有关,其表达式为

$$z_1 = \sqrt{\int_{-\infty}^{\infty} z^2 \varphi(z) \mathrm{d}z} \tag{2.35}$$

3) 偏态系数

偏态系数 S 表示的是高度概率密度函数偏离原点而失去对称性时的性质,偏态系数是高度密度函数三次矩与均方差三次方的比值,其表达式为

$$S = \frac{\int_{-\infty}^{\infty} z^3 \varphi(z) \mathrm{d}z}{\sigma^3} \tag{2.36}$$

对称分布(如正态分布)的偏态系数为 0[27]。

4) 峰态系数

峰态系数 K 是高度分布函数四次矩与均方差四次方的比值,表示高度分布曲

线凸起的程度或概率的分散与集中程度,具体的表达式为

$$K = \frac{\int_{-\infty}^{\infty} z^4 \varphi(z) \mathrm{d}z}{\sigma^4} \tag{2.37}$$

当高度分布曲线为标准正态分布时,$K=3$;若 $K<3$,表示低峰态或者负峰态,表示高度分布概率密度函数分散;若 $K>3$,表示高峰态或者正峰态,表示高度分布概率密度函数集中。

在实际研究应用中,通常采用离散的数据来计算各统计量,计算公式如下:

$$Z_0 = \frac{1}{n} \sum_{i=1}^{n} |z_i| \tag{2.38}$$

$$Z_1 = \sigma = \sqrt{\frac{1}{n} \sum_{i=1}^{n} z_i^2} \tag{2.39}$$

$$S = \frac{\frac{1}{n} \sum_{i=1}^{n} z_i^3}{\sigma^3} \tag{2.40}$$

$$K = \frac{\frac{1}{n} \sum_{i=1}^{n} z_i^4}{\sigma^4} \tag{2.41}$$

5) 十点平均高度

十点平均高度 R_z 是测量剖面轮廓上的五个最高峰值点与五个最低谷点之间的算术平均距离,表达式为

$$R_z = \frac{(h_2 + h_4 + h_6 + h_8 + h_{10}) - (h_1 + h_3 + h_5 + h_7 + h_9)}{5} \tag{2.42}$$

式中,下标为偶数的坐标表示五个最高点的高度坐标;下标为奇数的坐标表示五个最低点的高度坐标。表面形态可以认为是由一定数量的不同高度的“峰”和同样数量的不同高度的“谷”构成的,“峰”和“谷”的特征可用相应的分布密度函数描述。

中心线平均高度 z_0、高度均方根 z_1、偏态系数 S、峰态系数 K 和十点平均高度 R_z 是将表面形态高度作为随机变量,并从概率统计的角度描述形态在高度上的相对偏差。

3. 裂隙表面形态纹理特征参数和函数

具有相同中心线平均高度 h_0 或高度均方根 h_1 的剖面却可以拥有不同的纹理构造,如图 2.40 所示。由此可见,还需要表面纹理形态的纹理参数进行补充描述。

1) 裂隙表面形态纹理特征参数

(1) 坡度均方根。坡度均方根 z_2 表示表面形态形状变化程度的统计特征,表面形态曲线一阶导数的均方根为

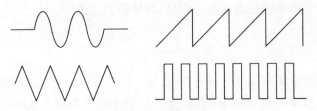

图 2.40　具有相同 h_1 值的粗糙表面形态示意图

$$z_2 = \sqrt{\frac{1}{L} \int_0^L \left(\frac{\mathrm{d}z}{\mathrm{d}x}\right)^2 \mathrm{d}x} \qquad (2.43)$$

其离散形式为

$$z_2 = \sqrt{\frac{1}{n-1} \sum_{i=1}^n \left(\frac{z_{i+1} - z_i}{\Delta}\right)^2} \qquad (2.44)$$

坡度均方根的物理意义是裂隙粗糙表面的基本平面的平均梯度模,梯度模等于每个细观平面局部倾斜角的几何平方根。

有时候也常用坡角均方根 φ 来表述表面形态变化的程度,其表达式为

$$\varphi = \arctan(z_2) \qquad (2.45)$$

(2) 曲率均方根。曲率均方根 z_3 表示在取样长度 L 内表面形态曲线的二阶导数的均方根:

$$z_3 = \sqrt{\frac{1}{L} \int_0^L \left(\frac{\mathrm{d}^2 z}{\mathrm{d}x^2}\right)^2 \mathrm{d}x} \qquad (2.46)$$

其离散形式为

$$z_3 = \sqrt{\frac{1}{(n-2)\Delta^4} \sum_{i=1}^{n-2} (z_{i+2} - 2z_{i+1} + z_i)^2} \qquad (2.47)$$

坡度均方根 z_2 和曲率均方根 z_3 可表述表面形态的形状,当中心线平均高度 z_0 或坡度均方根 z_2 相等时,其曲率均方根 z_3 的值可能相差很大。

(3) 形态正反向差异系数。形态正反向差异系数 z_4 是由沿着剖面线正向的距离与负向的距离总和的差值除以剖面线的总长度,其表达式为

$$z_4 = \frac{\sum (\Delta x_i)_+ - \sum (\Delta x_i)_-}{L} \qquad (2.48)$$

式中, $\sum (\Delta x_i)_+$ 和 $\sum (\Delta x_i)_-$ 分别表示正、负坡向所对应的剖面线基线长度之和。

形态正反向差异系数描述表面的各向异性特性, $-1 \leqslant z_4 \leqslant 1$ 。各向同性表面的形态正反向差异系数为零,负值表明在整个测量长度范围内,负坡度的基线长比正坡度的基线长占的比例更大,即负坡度较缓。

当应用于节理的剪切强度性质时,若形态正反向差异系数不为零,则说明节理

的表面形态是各向异性的,其正、反两个方向的剪切强度是不一样的,若形态正反向差异系数为负值,则负坡度较缓,其正向剪切时,将有更大的爬坡角。

2) 裂隙表面形态纹理特征函数

(1) 自相关函数。自相关函数 $R(\tau)$ 表示在 x 与 $x+\tau$ 处的高度 $z(x)$ 与 $z(x+\tau)$ 成绩的平均值,当 $L \rightarrow \infty$ 时,该成绩的平均值接近一个正确的自相关函数,表示为

$$R(\tau) = \int_{-\frac{L}{2}}^{\frac{L}{2}} z(x)z(x+\tau)\mathrm{d}x \qquad (2.49)$$

式中,τ 是长度的延滞量。

对于离散高度数据的表面形态序列,延滞量 τ 取一定采样步数的间距,其自相关函数表示为

$$R(\tau) = \frac{1}{n-\tau}\sum_{i=1}^{n-\tau} z_i z_{i+t} \qquad (2.50)$$

则存在如下关系式:

$$R(0) = z_1^2 = \sigma^2 \qquad (2.51)$$

标准自相关函数 $\rho(\tau)$ $(0 \leqslant \rho(\tau) \leqslant 1)$ 定义为

$$\rho(\tau) = \frac{R(\tau)}{R(0)} = \frac{R(\tau)}{\sigma^2} \qquad (2.52)$$

对于任一延滞量 τ,标准自相关函数 $\rho(\tau)$ 表示在相隔长度为 τ 的一对值之间的相关数,其反映了表面上某点的形态与间隔长度 τ 的另一点形态的相似程度,这对于揭示表面形态特征具有重要的意义。延滞量 τ 增大,表明两点的相关性降低,自相关函数具有衰减的总趋势,说明表面形态随机分量具有粗糙性的特性;而函数中的振荡分量则表明了形态中的固有分量,即周期性起伏度的特性。自相关函数与形态函数本身具有相同的周期。含周期性起伏度的表面形态的自相关函数可分为两部分:随机分量(衰减项)用负指数描述,周期分量用三角函数描述[27]。

(2) 粗糙表面形态频率谱密度函数。裂隙岩体粗糙表面形态高度函数可以视为由一系列不同周期和幅值的波形叠加而成,由此可以通过研究各种波形出现的频率,再利用频率谱来分析表面的形态特征。功率谱密度函数是通过粗糙性振幅与波长或频率的关系来评价粗糙表面的,功率谱密度将粗糙表面的轮廓还原成傅里叶分量或空间频率。频率谱密度函数 $G(\omega)$ 与自相关函数 $R(\tau)$ 是傅里叶变换与傅里叶逆变换的关系:

$$G(\omega) = F\{R(\tau)\} = 2\int_0^\infty R(\tau)\cos\tau\mathrm{d}\tau \qquad (2.53)$$

$$R(\tau) = F^{-1}\{G(\omega)\} = \frac{1}{\pi}\int_0^\infty G(\omega)\cos\omega\mathrm{d}\omega \qquad (2.54)$$

式中,ω 是角频率;$F(\ )$ 和 $F^{-1}(\ )$ 分别是频率域的傅里叶变换和空间域的傅里

叶逆变换。在理论分析和应用中,使用较多的是频率谱密度函数 $G(\omega)$ 的 n 阶矩:

$$M_n = \int_0^\infty \omega^n G(\omega) \mathrm{d}\omega \tag{2.55}$$

频率谱密度函数 $G(\omega)$ 的零阶矩是表面高度函数的方差 z_1^2,谱密度函数的二阶矩是粗糙形态坡度的方差 z_2^2,谱密度函数的四阶矩是粗糙形态曲率的方差 z_3^2。

(3)粗糙表面结构函数。裂隙岩体粗糙节理剖面曲线的模拟常采用曲线的结构函数来进行分析,结构函数 $V(\tau)$ 可以理解为沿着 x 方向,从起始点到终点,用来计算测量间距为 τ 的前后两点高差的平方的均值,其具体表达式为

$$V(\tau) = \int_{-\frac{L}{2}}^{\frac{L}{2}} \left[z(x+\tau) - z(x) \right]^2 \mathrm{d}x \tag{2.56}$$

粗糙表面结构函数的离散形式为

$$V(\tau) = \frac{1}{n-\tau} \sum_{i=1}^{n-\tau} (z_{i+t} - z_i)^2 \tag{2.57}$$

表面结构函数是描述表面纹理特性的重要参数,其与名义平均面无关,所以,其对于处理非平稳的表面形态特征等问题有着理论和实际上的优点。

4. 裂隙表面形态特征函数(参数)之间的关系

通过全坐标高度分布密度函数和自相关函数可以推导求得大部分表面形态参数。通过全坐标高度分布密度函数的各阶矩可以求得表面的高度起伏参数:中心线平均高度 z_0、高度均方根 z_1、偏态系数 S、峰态系数 K。

频率谱密度函数 $G(\omega)$ 是自相关函数的傅里叶变换,通过频率谱密度函数各阶矩可以计算出表面形态高度和纹理特征参数,频率谱密度函数 $G(\omega)$ 的零阶矩是高度的方差 σ^2,二阶矩是轮廓坡度的方差 h_2^2,四阶矩是轮廓曲率的方差 h_3^2。

对于一定高度分布密度函数,对于正态分布,h_0 和 h_1 之间有如下关系式:

$$h_1 = 1.55 h_0 \tag{2.58}$$

若表面形态高度分布不对称,高度均方根对较小和较大的高度敏感度较高,h_1 和 h_0 的比值也随之增加。

对于平稳随机表面,粗糙表面结构函数 $V(\tau)$ 与自相关函数 $R(\tau)$ 有如下关系:

$$V(\tau) = 2\sigma^2 [1 - \rho(\tau)] = 2[\sigma^2 - R(\tau)] \tag{2.59}$$

Reeves 推导了坡度均方根 h_2、曲率均方根 h_3、高度均方根 h_1、采样间隔 Δ、标准自相关函数 $\rho(\tau)$ 之间的关系:

$$h_2 = \frac{h_1}{\Delta} \sqrt{2[1 - \rho(\Delta)]} \tag{2.60}$$

$$h_3 = \frac{h_1}{\Delta^2} \sqrt{2[3 - 4\rho(\Delta) + \rho(2\Delta)]} \tag{2.61}$$

Barton 提出了裂隙粗糙度系数 JRC 与坡度均方根 h_2 之间的关系：

$$\mathrm{JRC} = 32.2 + 32.47 \lg(h_2) \tag{2.62}$$

2.3.2　裂隙表面形态特征理论研究

裂隙节理表面形态可以视为由不同粗糙度和起伏度组合而成，真实的节理可以看做由随机的起伏度和粗糙度分量叠加而成[28]，粗糙度是由节理面的随机不规则的微凸体构成的，起伏度由节理面上波动趋势较大的起伏组成。在工程地质中，粗糙度按照粗糙等级分成粗糙的、平坦的和光滑的三个等级，起伏度按照节理的表面形态分为平面形、波浪形和台阶形三大类，根据粗糙度和起伏度预测裂隙岩体的抗剪强度参数。本节通过研究粗糙度和起伏度中的两种特例，从纯粗糙度和纯起伏度的形态特征入手，通过二者的叠加来研究真实裂隙的表面特征[27]。

1. 起伏度和粗糙度数学描述

选择合理的高度分布函数对于研究粗糙表面的形态特征具有重要的意义，高度分布函数数学形式上既要简单易于分析，又要能够真实地反映出表面高度起伏的分布特征。常见的高度分布函数有正态分布、均匀分布和线性分布，如表 2.7所示[27]。

表 2.7　几种常见的高度分布密度函数形式

分布形式	分布函数表达式	z_0	$q = z_1/z_0$
正态分布	$\dfrac{1}{\sqrt{2\pi}\sigma} e^{\frac{z^2}{2\sigma^2}}$	$\sqrt{\dfrac{2}{\pi}}\sigma$	$\dfrac{\sqrt{2\pi}}{2}$
均布分布	$\dfrac{1}{2\sqrt{3}\sigma}$	$\dfrac{\sqrt{3}\sigma}{2}$	$\dfrac{2\sqrt{3}}{3}$
线性分布	$\dfrac{1}{\sqrt{6}\sigma} - \dfrac{z}{6\sigma^2},\ [0,\sqrt{6}\sigma]$ $\dfrac{1}{\sqrt{6}\sigma} + \dfrac{z}{6\sigma^2},\ [-\sqrt{6}\sigma,0]$	$\dfrac{\sqrt{6}\sigma}{3}$	$\dfrac{\sqrt{6}}{2}$

随机粗糙表面的自相关函数 $R(\tau)$ 的常用表示形式是负指数函数或多项式表示形式，其随延滞步长的增大而衰减，负指数形式的自相关函数 $R(\tau)$ 为

$$R(\tau) = \sigma_0^2 e^{-\frac{\tau}{\tau_0}} \tag{2.63}$$

式中，τ_0 为相关距离，是描述表面形态自相关性的特征量，表示的是自相关函数衰减到 e^{-1} 时的延滞长度值。

国际岩石力学学会专业委员会(International Society for Rock Mechanics)提出了波浪形、平面形和台阶形三种起伏度。平面形的起伏度可视为光滑的平面。

正弦波形和等腰梯形用来描述波浪形和台阶形的起伏度,这两种起伏度的几何形状可以用解析函数来表示,以此推导出高度分布函数和自相关函数。

正弦起伏度的波形函数为

$$z = A\sin(2\pi\omega x) \tag{2.64}$$

式中,A 和 ω 分别表示波形的幅值和频率;x 是均匀分布在 $0 \leqslant x \leqslant \dfrac{1}{\omega}$ 的随机变量,其分布密度函数为

$$\varphi(x) = \omega, \qquad 0 \leqslant x \leqslant \frac{1}{\omega} \tag{2.65}$$

高度 z 的分布密度函数表示形式为

$$\varphi(z) = \frac{1}{\pi \sqrt{A^2 - z^2}}, \qquad -A \leqslant z \leqslant A \tag{2.66}$$

具有台阶起伏度的波形函数可以表示为

$$z(x) = \begin{cases} \dfrac{4A\omega}{1-c}x - A, & 0 < x \leqslant \dfrac{1-c}{2\omega} \\[2mm] A, \dfrac{1-c}{2\omega} < x \leqslant \dfrac{1}{2\omega}, & \dfrac{1-c}{2\omega} < x \leqslant \dfrac{1}{2\omega} \\[2mm] -\dfrac{4A\omega}{1-c}\left(1 - \dfrac{1}{2\omega}\right) + A, & \dfrac{1}{2\omega} < x \leqslant \dfrac{2-c}{2\omega} \\[2mm] -A, & \dfrac{2-c}{2\omega} < x \leqslant \dfrac{1}{\omega} \end{cases} \tag{2.67}$$

对于台阶起伏度,x 是均匀分布在 $0 \leqslant x \leqslant \dfrac{1}{\omega}$ 的随机变量,其分布密度函数为

$$\varphi(x) = \omega, \qquad 0 \leqslant x \leqslant \frac{1}{\omega} \tag{2.68}$$

高度 z 的分布密度函数 $\varphi(z)$ 为

$$\varphi(z) = 1 - \frac{c}{2A}, \qquad -A < z < A \tag{2.69}$$

式中,c 为台阶系数,$c=0$ 为锯齿形起伏度,$c=1$ 为矩形起伏度。

2. 粗糙面和起伏度组合形态特征函数

岩石粗糙节理表面是由不同粗糙度和起伏度的函数组合叠加而成的,可以将其视为两个相互独立的随机变量,服从独立的概率密度函数,表面形态为二者的叠加[27]。

假设随机粗糙表面的粗糙度的高度分布密度函数为 $\varphi_r(z_r)$,起伏度的高度分布密度函数为 $\varphi_w(z_w)$,实际节理的高度 $h(z = z_r + z_w)$ 的高度分布密度函数为

$$F = \int_{-\infty}^{\infty} dz_r \int_{-\infty}^{z-z_r} \varphi(z_r, z_w) dz_w \tag{2.70}$$

两边对 h 微分可获得 h 的概率分布密度函数：

$$\varphi(z) = \int_{-\infty}^{\infty} \varphi_r(z_r, z - z_r) \mathrm{d}z_r = \int_{-\infty}^{\infty} \varphi_w(z_w, z - z_w) \mathrm{d}z_w \qquad (2.71)$$

由于 z_r 和 z_w 是彼此相互独立的随机变量，则有

$$\varphi(z) = \int_{-\infty}^{\infty} \varphi_r(z_r) \varphi_w(z - z_r) \mathrm{d}z_r = \int_{-\infty}^{\infty} \varphi_w(z_w) \varphi_r(z - z_w) \mathrm{d}z_w \qquad (2.72)$$

由自相关函数的定义可知，节理表面形态自相关函数可表示为

$$R(\tau) = \int_{-\frac{L}{2}}^{\frac{L}{2}} z(x) z(x + \tau) \mathrm{d}x = \int_{-\frac{L}{2}}^{\frac{L}{2}} [z_r(x) + z_w(x)][z_r(x + \tau) + z_w(x + \tau)] \mathrm{d}x$$

$$(2.73)$$

由于 $z_r(x)$ 和 $z_w(x)$ 是相互独立的随机变量，则式(2.73)中的交叉项为 0，故

$$R(\tau) = R_r(\tau) + R_w(\tau) \qquad (2.74)$$

$$\rho(\tau) = k_r \rho_r(\tau) + k_w \rho_w(\tau) \qquad (2.75)$$

$$k_r = \frac{z_{1r}^2}{z_1^2}, \quad k_w = \frac{z_{1w}^2}{z_1^2} \qquad (2.76)$$

式中，ρ_r 和 ρ_w 分别表示粗糙度和起伏度的标准自相关函数；z_{1r} 和 z_{1w} 分别表示粗糙度和起伏度的高度均方根；z_1 是总的表面形态的高度均方根；k_r 和 k_w 是标准自相关函数各分量的权重，其值等于各点对应分量高度均方根平方与总均方根平方的比值，即高度方差与总方差之比。

由上述分析可知，两个独立随机变量的相关函数等于各个分量相关函数之和，粗糙裂隙表面自相关函数等于粗糙度和起伏度的自相关函数的和。但是，粗糙度和起伏度各自的标准自相关函数则是各自的方差比值的加权平均。

真实裂隙节理的表面形态可表达为更一般的形式：

$$z(x) = \sum_{i=1}^{n} A_i \sin 2\pi \omega_i (x + \varphi_i) + \varepsilon_r(x) \qquad (2.77)$$

显然，若 $i = 1$，当 $\varepsilon_r(x) \equiv 0$ 时，此时起伏度为波浪形的表面；当 $A_i \equiv 0$ 时，表面为纯粗糙度表面。当 $n \to \infty$ 时，若 A_i 和 ω_i 之间有某些特定的关系，则第一部分具有精细的结构，是一种具有统计自相似的分形。

3. 节理表面形态特征参数性质研究

为了选择合理的形态特征参数，建立其与研究物理量之间的关系，需要在分析节理面各高度特征参数和纹理特征参数与基本形态参数（起伏度和粗糙度）关系的基础上，研究节理面的形态特征。

1) 节理表面高度特征参数性质研究

节理表面高度特征参数与基本形态参数的关系如表 2.8 所示[27]。

表 2.8　表面高度特征参数与基本形态参数关系

表面形态		z_0	z_1	K	K 的范围
粗糙度		$\sqrt{\dfrac{2}{\pi}}\sigma$	σ	3	3
起伏度	波浪形	$\dfrac{2}{\pi}$	$\dfrac{\sqrt{2}}{2}A$	$\dfrac{3}{2}$	$\dfrac{3}{2}$
	矩形	A	A	1	1
	锯齿形	$\dfrac{1}{2}A$	$\dfrac{\sqrt{3}}{3}A$	$\dfrac{9}{5}$	$\dfrac{9}{5}$
	台阶形	$\dfrac{1+c}{2}A$	$\dfrac{\sqrt{1+2c}}{3}A$	$\dfrac{9(1+4c)}{5(1+2c)^2}$	$\left[1,\dfrac{9}{5}\right]$
复合表面			$\sqrt{z_{1w}^2+z_{1r}^2}$	$\dfrac{K_w+6g+K_rg^2}{(1+g)^2}$	$[K_{wmin},K_{rmax}]$

（1）纯粗糙度表面。中心线平均高度 z_0 与粗糙度高度均方根 z_1 成正比,粗糙度的高度均方根 z_1 与中心线平均高度 z_0 的比值 q 与高度分布密度函数的形式有关,对于给定的粗糙度的高度分布,峰态系数 K 为常数,即它只与高度分布密度函数的形式有关。

（2）纯起伏度表面。中心线平均高度 z_0 和粗糙度高度均方根 z_1 与起伏度的幅值和形状有关,并且与起伏度的幅值成正比。对于给定的起伏度,峰态系数 K 是常数,其与起伏度的类型有关,规则起伏度的峰态系数变化的范围较小,为 1.0 ~1.8,均小于随机正态分布的峰态系数。对于纯起伏度表面,其高度特征参数与起伏度的频率无关。

（3）复合表面。中心线平均高度 z_0 和粗糙度高度均方根 z_1 既与起伏度的幅值和形状有关,也与粗糙度的高度均方根有关,其中,高度均方根是粗糙度分量和起伏度分量均方根的几何平均。峰态系数 K 只与起伏度的形态和粗糙度与起伏度的方差比 g 有关。峰态系数的取值为 1~3,均小于随机正态分布时的峰态系数,表明起伏度的存在将使表面形态的峰值系数变小。复合表面的高度特征参数与起伏度频率无关。

2）节理表面纹理特征参数性质研究

节理表面纹理特征参数与基本形态参数的关系如表 2.9 所示[27]。

表 2.9 中 η 和 β 分别表示峰点密度和峰顶平均半径,其计算公式为

$$\eta=\left(\dfrac{n_p}{\Delta n}\right)^2 \tag{2.78}$$

$$\beta=\sqrt{\dfrac{1}{n_p}\sum_{i=1}^{n_p}\beta_i^2} \tag{2.79}$$

式中，n 为数据点的数量；n_p 为表示表面上峰点总数；Δ 为采样间隔；β_i 为采用三点定圆法计算的凸点峰顶的曲率半径。

表 2.9　表面纹理特征参数与基本形态参数关系

表面形态		z_2	z_3	η	β
粗糙度		$\dfrac{\sigma}{\Delta}\sqrt{2\left(1-\exp\left(-\dfrac{\Delta}{\tau}\right)\right)}$	$\dfrac{\sigma}{\Delta^2}\sqrt{2\left(3-4\exp\left(-\dfrac{\Delta}{\tau}\right)-\exp\left(-\dfrac{2\Delta}{\tau}\right)\right)}$		
起伏度	波浪形	$\dfrac{A}{\Delta}\sqrt{1-\cos(2\pi\omega\Delta)}$	$\dfrac{\sigma}{\Delta^2}\sqrt{3-4\cos(2\pi\omega\Delta)+\cos(2\pi\omega\Delta)}$	ω^2	$\dfrac{1}{2\pi\omega^2 A}$
	矩形	$\dfrac{2A}{\Delta}\sqrt{\omega\Delta}$	$\dfrac{2A}{\Delta^2}\sqrt{2\omega\Delta}$	ω^2	0
	锯齿形	$\dfrac{2\sqrt{6}A}{3\Delta}\sqrt{3\omega\Delta-8(\omega\Delta)^3}$	$\dfrac{8\sqrt{3}A}{3\Delta^2}\sqrt{\omega\Delta+4(\omega\Delta)^3}$	ω^2	0
复合表面		$z_2^2=z_{2r}^2+z_{2w}^2$	$z_3^2=z_{3r}^2+z_{3w}^2$	$\eta^2=\eta_r^2+\eta_w^2$	$\beta^2=\beta_r^2+\beta_w^2$

（1）纯粗糙度表面。坡度均方根 z_2 和曲率均方根 z_3 与粗糙度的均方差 σ 成正比，并随相关距离 τ 的增大而近似呈负指数衰减。峰点密度和峰顶平均半径与粗糙度均方差无关。

（2）纯起伏度表面。坡度均方根 z_2 和曲率均方根 z_3 与起伏度幅值 A 成正比，因此也与起伏度的高度均方根 z_1 成正比，近似与起伏度频率 ω 的平方根成正比，即坡度均方根 z_2 和曲率均方根 z_3 随频率的增大而增大，而且随着频率的增大，变化趋于平缓，这表明 z_2 和 z_3 对高频分量敏感，对低频分量不敏感。峰点密度 η 与起伏度频率 ω 的平方成正比；对于波浪形起伏度，峰顶平均半径 β 反比于起伏度的幅值 A。

（3）复合表面。坡度均方根 z_2 和曲率均方根 z_3 分别为粗糙度分量和起伏度分量对应特征的几何平均，而它们与粗糙度的相关距离和起伏度频率的关系与纯粗糙度的情况基本一致。

2.4　粗糙节理面随机强度模型

天然岩体中一般都含有大量的裂隙、断层等各种不连续面，在多数情况下它们的力学响应均依赖于这些不连续面的力学特征。因此，正确评价裂隙岩体的剪切强度特征对地下洞室的开挖、稳定性分析等工程建设具有重要的实际意义。

影响节理岩体剪切强度的因素可以大致分为两大类：内在影响因素，如节理裂隙的基本力学性质、几何特征和表面粗糙度等；外在影响因素，如法向荷载、位移约束和温度等。基于颗粒流理论的数值仿真模拟分析表明,表面形态对岩石节理面剪切强度具有决定性影响。为了系统地研究合理评估岩石节理面剪切强度的方法,本章把岩石节理面的粗糙表面结构概化为由一系列高度方向不同的微小长方体凸起组成,并基于每个长方体凸起剪胀破坏和非剪胀破坏两种不同破坏模式下的剪切强度,综合考虑所有凸起的破坏作用,应用概率密度函数定量描述节理表面高低起伏分布的影响,推导节理面的宏观剪切强度理论计算公式,建立粗糙节理面随机强度评价模型。并基于该随机强度模型编制 Matlab 计算程序求解自然粗糙节理面的峰值剪切强度以及残余剪切强度,并将计算结果与本章试验结果进行对比分析。

2.4.1　单个长方体凸起剪切破坏分析

由于本章把节理面的粗糙结构概化为由一系列微小长方体组成,为了确定节理面整体剪切特性,首先需要对每个微小长方体凸起的受力情况进行单独分析。由于节理面长方体凸起的尺寸相对整个节理面几何形状是微小的,所以可以应用刚体平衡理论分析每个凸起的剪切受力情况。首先假设节理面是刚体,并且不考虑节理表面局部应力的影响,那么在剪力作用下每个长方体凸起存在两种破坏模式,即剪胀破坏模式和非剪胀破坏模式,如图 2.41 所示。

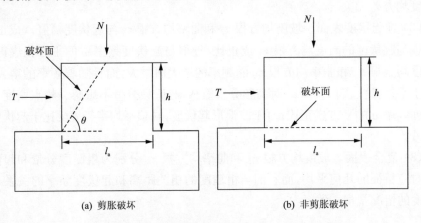

(a) 剪胀破坏　　　　　　　　　　　(b) 非剪胀破坏

图 2.41　长方体凸起两种不同的剪切破坏模式

这两种破坏模式可以通过长方体的高度(h)和长度(l_a)比值 α 的大小进行区分。当 α 小于某一临界值 α_c 时,凸起与剪切方向成 θ 角发生破坏。该破坏角由完整岩石的峰值摩擦角 φ_f[29] 来决定,其大小为 $45° - \varphi_f/2$[29]。而当 α 大于该临界值 α_c 时,凸起便直接沿剪切方向发生破坏。临界角 α_c 可根据式(2.80)进行计算[30]:

$$\alpha_c = \frac{c + \sigma_n \tan\varphi_f}{2c\tan(45° + \varphi_f/2) + \sigma_n \tan^2(45° + \varphi_f/2)} \qquad (2.80)$$

式中，σ_n 为作用在凸起上的法向应力；c 和 φ_f 分别为完整岩石的黏聚力和峰值摩擦角。

1. 单个长方体凸起的峰值剪切强度

根据力的平衡理论，节理面在上述两种破坏模式下所对应的峰值剪切强度 τ_f 大小为[30]

$$\tau_f = \begin{cases} 2\alpha \cdot c\tan(45° + \varphi_f/2) + \alpha \cdot \sigma_n \tan^2(45° + \varphi_f/2), & \alpha < \alpha_c \\ c + \sigma_n \tan\varphi_f, & \alpha \geqslant \alpha_c \end{cases} \qquad (2.81)$$

由该式可得，节理面的破坏模式和峰值强度受法向应力和比值 α 的影响表现为双线性破坏包络线，如图 2.42 所示。由图 2.42(b)可知，随着比值 α 的增加，节理面的峰值强度呈线性增加，当达到临界值 α_c 后，峰值强度将保持不变，即 α_c 所对应的强度为节理面所能承受的峰值强度上限。在误差允许范围内，这种双线性破坏模式可以用来估计节理面的峰值强度。

2. 单个长方体凸起的剪切残余强度

节理面的残余强度大小与滑动摩擦力有关。当长方体凸起破坏后进入最终的残余阶段时，对应的残余剪切强度为

$$\tau_r = \sigma_n \tan\varphi_r \qquad (2.82)$$

式中，φ_r 为节理残余摩擦角。

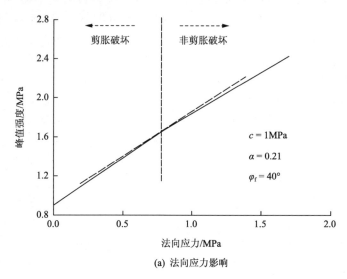

(a) 法向应力影响

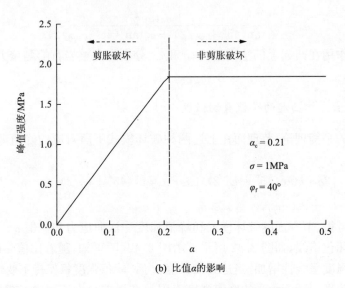

(b) 比值α的影响

图 2.42　长方体凸起破坏的双线性包络线

2.4.2　随机强度模型建立

1. 节理面形貌假设

假设自然节理表面由 n 个长、宽相同而高度不同的长方体凸起组成。长方体凸起相对节理面尺寸微小,并基于节理面三维形貌测试数据确定其高度,如图 2.43 所示。假设上块岩石受到外部剪力作用,下块岩石固定不动,在剪力作用下,上下节理面沿剪切方向的相邻长方体凸起高度差(即下节理面后一长方体凸起高度减去上节理面前一长方体凸起高度,如图 2.44 中 Δh_k 所示。)决定着节理面的破坏。为了得出剪切过程中剪应力大小,需单独分析上块岩石或者下块岩石受力破坏状态。对下块岩石节理面分析,由图 2.44 可知,当高度差 $\Delta h_k > 0$ 时,下节理面对应的长方体凸起将发生破坏;当高度差 $\Delta h_k \leqslant 0$ 时,下节理面对应的长方体凸起不会发生剪断现象。根据得到的剪切方向上下节理面所有相邻长方体凸起高度差离散值,可以得到近似表达这些离散值的概率密度函数 $f(\Delta h)$。

节理岩石发生剪切破坏之前,上下节理面相邻长方体凸起之间的作用力与其接触面积成正比。假设模型中长方体凸起宽度相等,则长方体凸起之间的作用力与长方体凸起高度成正比。由图 2.42(b)可知,长方体凸起的强度随着高度的增加呈线性增加,当达到临界高度(临界比 α 对应的高度)后,长方体凸起强度将不再改变。由于在剪切过程中发生非剪胀破坏的长方体受力较大,将比发生剪胀破坏的长方体凸起先达到剪切强度而发生破坏,且高度较高的长方体首先发生破坏。当发生非剪胀破坏模式的长方体完全破坏后,发生剪胀破坏的长方体凸起将同时

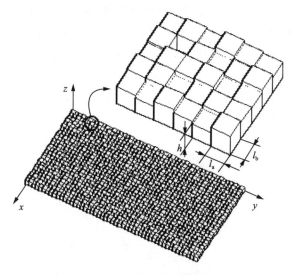

图 2.43　节理面细观模型

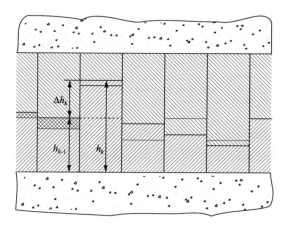

图 2.44　上下节理断面作用示意图

被剪坏。由于上下节理面沿剪切方向的相邻长方体凸起高度差假设为分布函数形式，因此对于非剪胀破坏模式，可以假设高度在一定微小区段内的长方体凸起同时发生破坏。

2. 峰值剪切强度确定

在剪切过程中，上下节理面相邻长方体凸起之间存在三种状态：第一种为发生破坏的长方体凸起，它们之间的作用力基于单个长方体凸起峰值剪切应力公式确定，如公式（2.83）（以高度在 $l_a \alpha_c \sim (l_a + \Delta x) \alpha_c$ 范围内的长方体凸起发生破坏为例,其中 Δx 意义为高度在 Δx 区段内的长方体凸起同时发生破坏);第二种为已经发生破坏的长方体凸起,它们之间的作用力基于单个长方体凸起残余剪切强度确定,如公式(2.84);第三种为未发生破坏的长方体凸起,它们之间的作用力基于力的平衡确定,如公式(2.85)。计算时还应考虑上下节理面长方体凸起之间的滑动摩擦力,如公式(2.86)。综合上述所有长方体凸起之间的作用力可以得到整个岩石节理面的剪应力,即公式(2.87)。

$$F_1 = \int_{l_a \alpha_c}^{(l_a + \Delta x)\alpha_c} nf(\Delta h)\tau_f \mathrm{d}h \cdot l_a l_b \tag{2.83}$$

$$F_2 = \int_{(l_a + \Delta x)\alpha_c}^{\infty} nf(\Delta h)\tau_r \mathrm{d}h \cdot l_a l_b \tag{2.84}$$

$$F_3 = F_1 \frac{\int_0^{l_a \alpha_c} nh f(\Delta h)\mathrm{d}h}{\int_{(l_a + \Delta x)\alpha_c}^{\infty} nh f(\Delta h)\mathrm{d}h} \tag{2.85}$$

$$F_4 = \int_{-\infty}^{\infty} nf(\Delta h)\sigma_n \tan\varphi_r \mathrm{d}h \cdot l_a l_b \tag{2.86}$$

$$\tau = \frac{F_1 + F_2 + F_3 + F_4}{A} \tag{2.87}$$

根据上述求解过程编制 Matlab 程序,求解每个微段对应的剪应力,其中最大值即峰值剪切强度。

3. 残余剪切强度确定

节理面长方体凸起完全破坏后对应的剪切应力为残余剪切强度,此时作用力为上下节理面长方体凸起之间的滑动摩擦力,残余强度计算公式为

$$\tau = \frac{\int_{-\infty}^0 nf(\Delta h)\sigma_n \tan\varphi_r \mathrm{d}h \cdot l_a l_b}{A} + \frac{\int_{l_a \alpha}^{\infty} nf(\Delta h)\tau_r \mathrm{d}h \cdot l_a l_b}{A}$$
$$+ \frac{\int_0^{l_a \alpha} nf(\Delta h)\tau_r [l_a - \Delta h \tan(45° + \varphi_f)] l_b \mathrm{d}h}{A} \tag{2.88}$$

同样,根据式(2.88)编制 Matlab 程序,即可求解出残余剪切强度。

2.4.3　物模试验验证

为了验证该随机模型的正确性,结合本章试验结果及已发表论文[31]中的另外两组不同法向应力试验结果进行分析。由于剪切过程中试件两端的水头差仅为0.1m,且剪切试验时间较短,可忽略水化学作用影响;试验过程中水压力小且流速很慢,水流通过对节理面剪切强度影响非常小,可以忽略不计,因此可以作为验证随机模型计算结果的依据。本章所需要的关于试验类岩石材料的基本力学参数见

表 2.10，几组试验边界条件见表 2.11。J1、J2 和 J3 三组节理上下面相邻高度差的概率密度 $f(\Delta h)$ 假设为正态分布函数形式，根据三维形貌数据可以得到节理上下面相邻高差的近似正态分布函数，如图 2.45 所示。

表 2.10　类岩石材料的物理力学特性

泊松比 ν	密度 ρ/(g/cm³)	黏聚力 c/MPa	峰值摩擦角 φ_f/(°)	残余摩擦角 φ_r/(°)
0.23	2.066	5.3	60	22

表 2.11　试验边界条件

试件	JRC	法向应力/MPa
J1	0~2	1.0
		1.5
J2	12~14	1.0
		2.0
J3	16~18	1.0

随机模型计算时选取 $l_a=l_b=2\text{mm}$，其他参数见表 2.10。五组试验结果统计如表 2.12 所示。模型计算结果与试验结果对比见图 2.46。节理面峰值剪切强度主要受法向应力和表面形貌影响，图 2.46(a)、图 2.46(b) 分别为同一节理面不同法向应力对其峰值强度的影响。随着法向应力的增加，随机模型计算所得峰值强

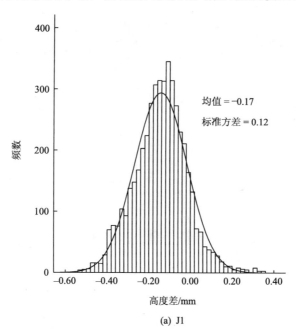

均值 = -0.17
标准方差 = 0.12

(a) J1

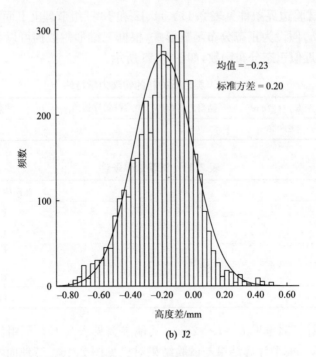

(b) J2

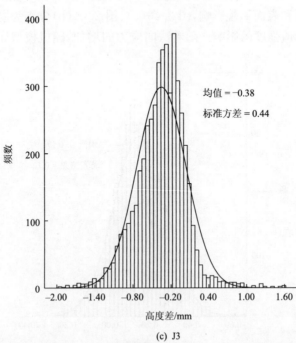

(c) J3

图 2.45 试件 J1～J3 相邻高差的近似正态分布函数

度增大,这与试验结果趋势一致。图 2.46(c)是在法向应力为 1MPa 下不同节理面的峰值强度对比,试件表面越粗糙,随机模型计算的峰值强度越大,与试验结果也相符。综合比较表明,随机模型计算的峰值强度一般会比试验结果稍微偏大,但误差在都在 15% 之内,分析原因主要是该随机模型是基于节理面局部破坏推导的,

表 2.12　试件 J1～J3 试验结果

试件	法向应力/MPa	峰值强度/MPa	残余强度/MPa
J1	1	0.44	0.34
	1.5	0.789	0.58
J2	1	0.621	0.481
	2	1.119	0.802
J3	1	0.926	0.61

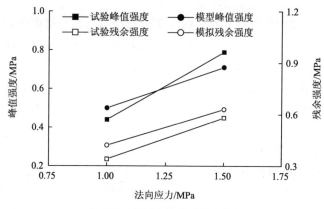

(a) 试件J1剪切强度受法向应力影响

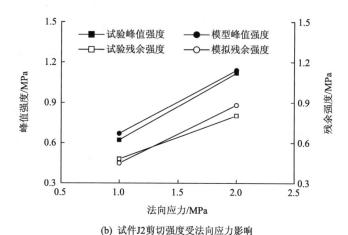

(b) 试件J2剪切强度受法向应力影响

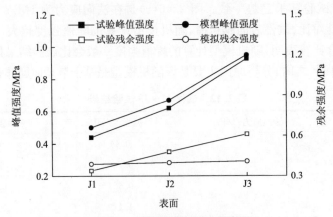

(c) 试件J1~J3表面粗糙度对剪切强度影响

图 2.46　模型计算结果与试验结果对比

在实际剪切时,节理面局部凸起有可能会直接被绕过而没有被剪断,导致了剪应力的降低。由图 2.46(c)可看出,由于表面 J3 突起较多,JRC 达到 18,在剪切过程中表面凸起大部分被剪断,直接绕过的比例相对较小,所以随机模型计算的峰值剪切强度与试验值也最接近。

节理面残余强度也主要受法向应力和表面形貌影响,图 2.46(a)和图 2.46(b)中,随着法向应力的增加,随机模型计算所得的残余强度增大,与试验结果一致。图 2.46(c)中试验结果表明,随着表面粗糙度的增加,节理面残余强度有所提高,但随机模型计算结果增加不是很明显。分析其原因,主要是该随机模型计算的残余强度是基于节理面完全破坏后上下节理面滑动摩擦得到的,不同表面破坏后接触形态差别不大,所以理论模型计算的残余强度大小主要取决于法向应力,受表面影响相对较小,因此在图 2.46(c)中残余强度增加不是很明显,但在工程误差允许的范围内,该模型仍可以用于预测粗糙节理面残余强度。总体来看,模型预测结果与试验结果拟合良好,可以用来预测粗糙节理面的峰值剪切强度和残余强度。

2.4.4　随机模型中参数影响

在应用该随机模型进行计算时,长方体凸起尺寸选取有一定的随机性。为了研究尺寸选取所造成的影响,以试件 J1 为研究对象,取长方体凸起长、宽相等并依次为 1mm、2mm、4mm、6mm、10mm,分析在法向应力分别为 1MPa 和 1.5MPa 作用下该理论模型计算结果的差异。

计算结果如图 2.47 所示。分析长方体凸起不同尺寸对随机模型峰值强度计算结果影响,当长度小于 4mm 时,理论模型计算结果变化较小,在误差允许范围内均可以计算峰值强度。当长度继续增加时,计算结果与试验值偏离会增大。分析其原因,主要是随着尺寸的增加,表面覆盖的长方体凸起数目减小,这一方面使得理论模型计算表面与实际表面的差异增大,另一方面是数据点的减小,得到的节理上下面相邻高差正态分布函数与已知数据拟合变差,也造成了模型结果与实际值的偏离。当长方体凸起尺寸增加到一定程度时,由于节理面的临界比 α_c 是一定的,导致长方体凸起的破坏形式主要集中于剪胀破坏模式,使得计算的峰值强度降低。这些原因都造成了图 2.47 中当长方体凸起长度大于 4mm 后,峰值强度迅速下降,其强度值仅稍大于节理面残余强度。

由于该模型在计算残余强度时是基于长方体凸起破坏后上下节理面的滑动摩擦计算得到的,不同节理面破坏后接触形态差别较小,残余强度主要受法向应力的影响,因此,当长方体凸起尺寸变化时,理论模型计算的残余强度受到的影响较小,因此图 2.47 中当法向应力保持恒定时,长方体凸起尺寸的变化对节理面残余强度的影响不明显。

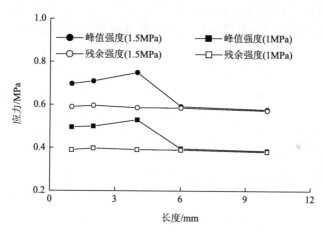

图 2.47 不同尺寸下的剪切强度

大量的表面形貌测量表明许多岩石表面形貌具有统计相似性[32],节理上下面相邻高差分布一般都可以用概率密度函数表示,因此该随机模型具有广泛适用性。

该理论模型计算残余强度是在长方体凸起破坏后上下节理面的滑动摩擦计算得到的,而不同表面破坏后接触形态差别较小,因此计算的残余强度受表面形貌影响不是很明显,而主要体现在法向应力影响。因此,对该模型最终破坏后状态还可以做进一步的优化,使模型计算结果与实际更相符。

2.5 地下洞室围岩裂隙开裂判断方法及其应用

2.5.1 工程研究背景

我国是个多山的国家,随着西电东送和南水北调等重大工程建设项目的逐步实施,我国将修建更多的地下大型洞室群、长大隧道、高陡边坡等大型岩体工程[33-36]。由于这些岩体工程规模巨大、建造成本高,如何保证这些岩体工程的稳定性和安全性就成为目前工程界和学术界最关心的问题。在地应力及岩体开挖等因素的影响下,洞室围岩会产生一定范围的屈服破坏,甚至裂隙的产生和扩展。国内外无数次的岩体工程实践表明,岩体工程的失稳破坏很多都是在环境应力作用下,原生及次生节理裂隙的产生、扩展、滑移贯通造成的[37-39]。例如,法国的弥帕塞大坝的失稳破坏(1959 年)是由于坝基片麻岩中的微裂隙扩展造成的,意大利的瓦依昂边坡滑移(1963 年)及我国长江三峡奉节段某处滑坡等事故都与其自身裂隙的扩展有关。

目前,岩体裂隙产生、扩展机制的研究依赖于室内外试验方法、数值模拟方法与解析方法的共同推进,这三种方法相辅相成、互为补充。随着计算机技术的快速发展,数值模拟方法作为一种有效的分析研究手段越来越多地应用于岩土工程问题的分析中。岩土力学的数值方法主要包括有限差分法、有限单元法、离散单元法、边界元法等[40]。有限元在连续性分析方面取得了很大的成功,但同时也遇到了一些本身难以克服的困难。为了充分考虑岩土介质的非连续性、非均匀性和多相性等特点,数值方法仍在不断更新和发展中,如无单元法[41]、数值流行元方法[42]和无网格方法[43],但这些方法在实际工程中的应用还处于发展阶段。

节理岩体的数值模拟最早是采用分布式裂隙模拟方法,该方法以连续介质力学为基础,采用应变软化模型来模拟裂隙的扩展演化过程[44]。在该类方法中,实际岩体结构的破坏形式仍以连续的形式表现出来的。对于当岩体结构破坏时,整体或局部的相互分离没有考虑。利用上述方法无法真实地模拟岩体结构的实际破坏过程。其次是采用离散式裂隙模拟方法,该方法以断裂力学中裂隙尖端应力和位移场为基础,与局部或整体网格重构相互耦合来完成裂隙扩展分析[45]。但该方法只适合模拟少数几条裂隙的扩展,对于多条裂隙,该方法在网格重构时会遇到麻烦。再次是以非连续变形为基础的模拟方法,该方法主要假定岩体内的不连续状态是事先存在的,且以不连续为基础把岩体分割成若干相互联系的、可动的块体,该方法在节理岩体模拟方面的研究近年来明显增加[46,47]。

本节根据 Griffith 理论和 Mohr-Coulomb 屈服准则,得出材料在剪切和拉伸条件下的裂隙产生及其扩展的判据。在数值计算中,以离散单元方法为基础,在

UDEC 变形块体(block)内预设潜在节理面,应用其内嵌的 FISH 语言,对二维离散元程序[48](UDEC)进行二次开发,将判据与离散元程序进行耦合,依据节理面受力状态判断节理面是否开裂,并将计算方法应用于地下洞室群稳定性分析中。

2.5.2　裂隙扩展判据

1. 裂隙扩展主应力张量计算方法

因为裂隙的产生与预设潜在节理面的位置相关,所以这里需首先确定潜在裂隙面的位置。预设裂隙面存在于连续介质内,当介质内主应力(σ_1,σ_3)超过强度判断准则时,连续介质将沿预设裂隙面发生裂隙的开裂。根据潜在裂隙面附近的岩石的应力张量,求得 Airy 应力函数 $\Phi(X,Y)$,即

$$\Phi = \frac{a}{6}X^3 + \frac{b}{2}X^2Y + \frac{c}{2} + XY^2 + \frac{d}{6}Y^3 \tag{2.89}$$

式中,四个未知数决定于潜在裂隙面附近岩体的应力张量 (σ_X,τ_{XY},σ_Y),如图 2.48所示,由节理面两侧临近节理面附近分别两个位置的应力张量 (σ_X,τ_{XY}, σ_Y),共四个方程解出四个参数,从而求得节理裂隙面的应力张量。最后根据潜在裂隙的应力函数,潜在裂隙位置的代表点即潜在节理位置中心点的坐标(X,Y),由式(2.90)求出潜在裂隙面的应力张量 (σ_X,τ_{XY},σ_Y)。

$$\sigma_X = \frac{\partial^2 \Phi}{\partial Y^2}$$
$$\tau_{XY} = -\frac{\partial^2 \Phi}{\partial X \partial Y} \tag{2.90}$$
$$\sigma_Y = \frac{\partial^2 \Phi}{\partial X^2}$$

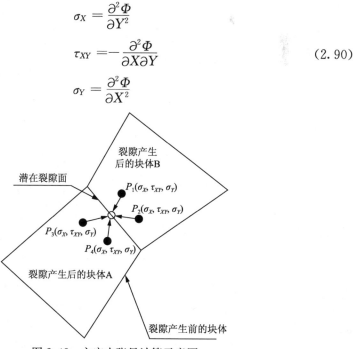

图 2.48　主应力张量计算示意图

式中,应力张量在弹性状态下自动满足,在计算中假设岩体和裂隙面处于弹性状态,直到通过判断条件判断潜在裂隙开始开裂。最后根据应力张量 $(\sigma_X, \tau_{XY}, \sigma_Y)$ 求出主应力张量 (σ_1, σ_3)。

2. 新生裂隙扩展判据

1921 年 Griffith 研究脆性物体的破坏时指出,脆性物体的破坏是由物体内部存在的裂隙所决定的。岩石的破坏过程属于裂隙的扩展过程,有的为劈裂破坏,有的为剪切破坏。在平面应力场中,Griffith 准则的表达式为

$$\sigma_1 + 3\sigma_3 > 0, \quad (\sigma_1 - \sigma_3)^2 - 8K(\sigma_1 + \sigma_3) = 0 \tag{2.91}$$

$$\sigma_1 + 3\sigma_3 < 0, \quad \sigma_3 = -K \tag{2.92}$$

式中,K 为与裂纹的尺寸和材料性质有关的常数。在式(2.92)中,当 $\sigma_1 = 0$ 时,$\sigma_3 = \sigma_t$,抗拉强度 $\sigma_t = -K$;在式(2.91)中,当 $\sigma_1 = \sigma_c, \sigma_3 = 0$ 时,抗压强度 $\sigma_c = 8K$。式(2.91)和式(2.92)在 $\sigma\tau$ 平面上的描述如图 2.49 所示,表示抗压强度和抗拉强度的应力包络线,即式(2.93)所表示的二次抛物线。此处即抗压强度和抗拉强度比值为 8 时的 Mohr 准则。

$$\tau^2 + 4\sigma_t\sigma = 4\sigma_t^2 \tag{2.93}$$

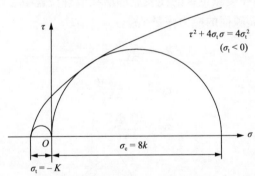

图 2.49　抗拉压强度比为 8 时的 Mohr 准则破坏包络线

岩石的抗压强度和抗拉强度比值通常为 10 左右,因岩石的种类不同而变化,式(2.94)引入参数 n 来表示岩石的抗压和抗拉强度比值,使其趋于一般化,即 Mohr 准则,图 2.50 为 Mohr 准则破坏包络线。

$$\tau^2 + \left(\frac{n}{2}\right)\sigma_t\sigma = \left(\frac{n}{2}\right)^2\sigma_t^2 \tag{2.94}$$

式(2.94)结合抗压和抗拉强度的共同破坏准则,利用材料 c、φ 值判断材料的剪切破坏,以及关于最大抗拉强度 σ_t 的拉破坏。图 2.51 为 Mohr-Coulomb 准则破坏包络线,如

$$fs = (1 - \sin\varphi)\sigma_1 + (1 - \sin\varphi)\sigma_3 - 2c\cos\varphi \tag{2.95}$$

$$ft = \sigma_t - \sigma_3 \tag{2.96}$$

在这里认为岩石基质是各向匀质的,式(2.95)表述了剪切条件下的裂纹产生判据,式(2.96)适用于拉伸条件下裂纹产生的判据。c、φ 和 σ_t 为判断裂纹产生的材料强度值。

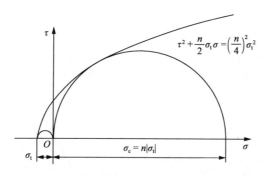

图 2.50　Mohr 准则破坏包络线

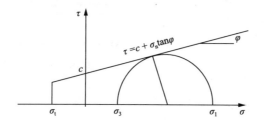

图 2.51　Mohr-Coulomb 准则破坏包络线

2.5.3　裂隙扩展判断方法与计算流程

通用离散单元程序(universal discrete element code,UDEC)是以离散单元法为基础编制的通用离散元有限差分程序,主要根据牛顿第二定律和力-位移定律处理岩块及节理面的力学行为。首先根据牛顿第二定律计算块体的运动,由已知作用力求出岩块运动的速度和位移;再配合力-位移定律,根据所求得的岩块位移,计算出岩体中不连续面间的作用力,作为下一时阶计算循环时所需的初始边界条件。

本节在变形块内预设潜在节理面,应用 UDEC 内嵌的 FISH 语言,依据节理面受力状态和上述判据,判断节理面的开裂,裂隙开裂过程如图 2.52 所示。节理面开裂后,应用 UDEC 内嵌的节理模型(库仑滑动模型)模拟其节理面的变形性质。节理面开裂后根据其破坏形式降低其力学参数。潜在节理面的判断循环流程和 UDEC 计算流程分别如图 2.53 和图 2.54 所示。

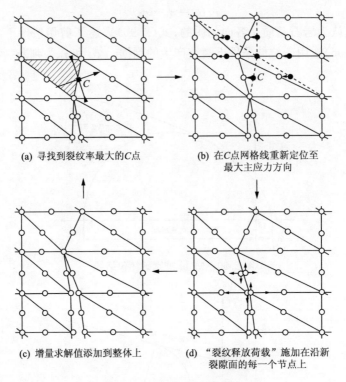

(a) 寻找到裂纹率最大的C点　　　　(b) 在C点网格线重新定位至
　　　　　　　　　　　　　　　　　　　最大主应力方向

(c) 增量求解值添加到整体上　　　　(d) "裂纹释放荷载"施加在沿新
　　　　　　　　　　　　　　　　　　　裂隙面的每一个节点上

图 2.52　潜在裂隙开裂判断模型

2.5.4　工程应用概况

1. 工程概况

琅琊山抽水蓄能电站位于安徽省滁州市西南郊琅琊山北侧,地下厂房布置于条形山体内,为首部地下式厂房。主厂房、安装间和主变室呈一字形布置,厂房轴线为 NW285°。厂房洞室开挖尺寸(长×宽×高)为 $156.7\text{m}\times21.5\text{m}\times46.2\text{m}$。电站引水系统采用一洞一机的布置方式,尾水系统采用一洞两机的布置方式。电站总装机容量为 600MW。

厂区地层岩性主要为琅琊山组 C_3Ln 岩层,以薄层夹中厚层灰岩为主。工程区灰岩岩体中发育有不同规模的断裂结构面,其中断层是规模较大的结构面。对地下厂房影响较大的断层有 F209、F15、F208、F44,但均分布在厂房外围,其中断层 F209、F208、F44 分布在厂房近侧。

2. 计算模型

计算中,选取地质剖面具有代表性的 1 号机组剖面进行计算。计算坐标系 X

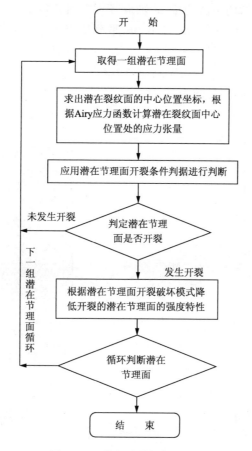

图 2.53　裂隙开裂判断流程图

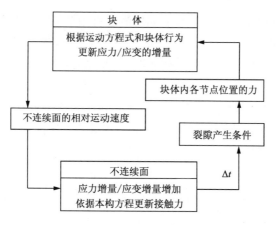

图 2.54　UDEC 计算流程图

轴取垂直边墙方向,指向下游为正;Y 轴取竖直方向,竖直向上为正。计算范围为 $-150.0\text{m}\leqslant X\leqslant 150.0\text{m}$,$Y$ 为从 -150.0m 取到地表。计算时,对邻近 1 号机组的 F209、F207、F44 等断层进行实际模拟。厂房分层开挖步骤和网格的剖分情况分别如图 2.55 和图 2.56 所示。由实测地应力场和地应力回归可知[36],当埋深小于 50m 时,取自重应力场;当埋深大于 50m 时,考虑构造应力,侧压系数取 0.9。

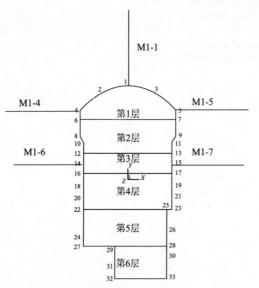

图 2.55　层开挖示意图

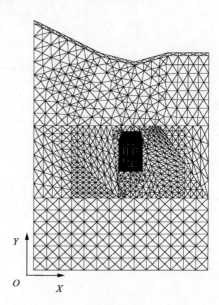

图 2.56　计算模型(单元剖分图)

3. 计算参数

根据设计院提供的基本参数和前期反演分析的结果[36],数值计算中采用的岩层材料力学参数如表 2.13 所示。在计算中采用 UDEC 中的节理单元来模拟工程岩体的既存断层,节理面力学性质如表 2.14 所示,围岩内裂隙开裂判据参数如表 2.15 所示。

洞室支护采用挂钢筋网、喷射混凝土支护和锚杆(索)支护。锚杆采用 Φ28mm 的高强螺纹钢筋,间距为 2.5m×3.0m,锚杆长度为 6m 或 8m,间隔布置,锚杆钢筋弹性模量 $E=200\text{GPa}$。

表 2.13　各岩层力学参数

岩性	变形模量/GPa	泊松比	黏聚力/MPa	内摩擦角/(°)	抗拉强度/MPa	容重/(kN·m⁻³)
灰岩岩体	16.36	0.3	1.0	42.25	0.9	27.0
风化层	1.18	0.3	0.7	21	0.1	27.0

表 2.14　结构面强度指标

抗剪强度		切向刚度/(MPa·m⁻¹)	法向刚度/(MPa·m⁻¹)
摩擦因数	黏聚力/MPa		
0.70	0.5	2000	6500

表 2.15　判据参数

黏聚力/MPa	内摩擦角/(°)	抗拉强度/MPa
1.0	42.25	0.9

2.5.5　数值模拟计算与分析

1. 开挖过程中洞室围岩裂隙扩展特征

施工过程引起深部地下结构围岩损伤,在围岩一定范围内产生破损区,甚至裂隙的开裂。图 2.57 为在洞室毛洞开挖过程中围岩的裂隙开裂情况。由图可知,洞室毛洞开挖后,洞室围岩逐步出现裂隙开裂现象。第 1 层毛洞开挖完毕,洞室围岩内几乎没有产生裂隙开裂;从第 2 层毛洞开挖开始,洞室围岩内逐步产生裂隙开裂,且开裂的裂隙主要集中在洞室两侧边墙处。下游边墙由于受断层 F207、F209的影响,其裂隙开裂明显多于上游边墙,但未出现明显贯通的大裂缝;上游边墙由于受倾斜断层 F44 的影响,裂隙向断层方向发展较多,由此可见三条断层对围岩

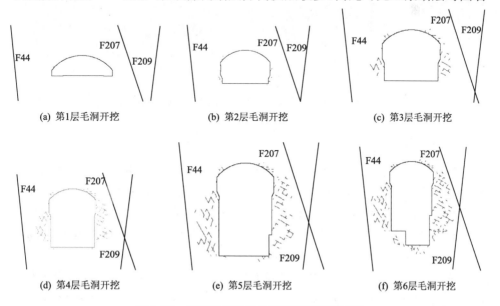

(a) 第1层毛洞开挖　　　　　　(b) 第2层毛洞开挖　　　　　　(c) 第3层毛洞开挖

(d) 第4层毛洞开挖　　　　　　(e) 第5层毛洞开挖　　　　　　(f) 第6层毛洞开挖

图 2.57　洞室开挖引起的围岩裂隙开裂过程

内裂隙扩展的影响。至第 6 层开挖完毕,上下游边墙产生的裂隙开裂都位于洞室周围 4.6m 半径范围内,处于洞室衬砌和锚杆(索)作用范围内,及时进行锚杆(索)支护,应该能够控制围岩内裂隙的开裂,不会对围岩稳定性造成大的影响。

2. 应力结果

洞室开挖对围岩产生扰动,围岩应力重分布,洞室围岩径向应力释放、环向应力增加,围岩不同部位出现应力集中。图 2.58、图 2.59 分别为机组剖面第 3 层、第 6 层开挖支护后主应力矢量图。由图可知,第 3 层开挖支护后洞周压应力集中值达到 13.14MPa,拉应力达到 0.6025MPa;第 6 层开挖支护后洞周压应力集中值达到 15.96MPa,拉应力达到 0.8498MPa。在洞室开挖过程中,围岩内逐步出现拉应力区,主要集中于洞室边墙中下部位。

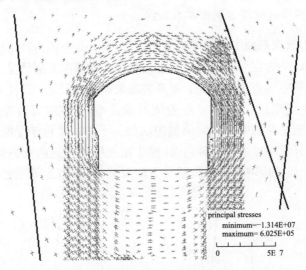

图 2.58　第 3 层开挖支护后的主应力矢量图

3. 位移场特征

洞室开挖后,围岩将发生偏向洞内的位移。在支护后,支护结构有效限制了围岩内裂隙的开裂,局部过大变形得到限制,洞室周围围岩变形趋于平均,最大位移值达到 18.592mm,位于下游边墙中部,第 3 层、第 6 层开挖支护后洞室围岩位移矢量图如图 2.60 和图 2.61 所示。洞室周边各关键点位置位移值如表 2.16 所示(洞室周边的关键点位置如图 2.55 所示)。

洞室开挖过程中,在围岩中安装多套多点位移计监测洞室开挖过程中洞室围岩变形量。M1-1、M1-4、M1-5、M1-6、M1-7 分别为布置于洞室围岩内的多点位移计(其布置位置如图 2.55 所示)。图 2.62 为第 6 层开挖支护结束后,各多点位移

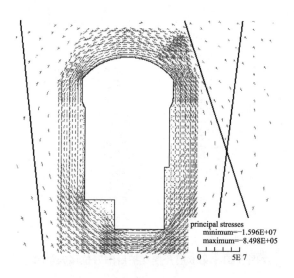

图 2.59 第 6 层开挖支护后的主应力矢量图

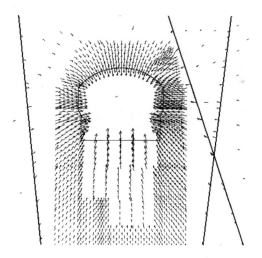

图 2.60 第 3 层开挖支护后围岩位移矢量图

计的计算值和监测值对比。由以上比较可知,监测点的数值计算位移值要稍大于监测位移值,这是由于多点位移计在安装前和安装过程中损失一部分岩体变形。综合以上监测点的数值计算值和监测值对比结果,可得出计算结果和监测结果规律上一致,量值也比较接近,二者吻合良好。

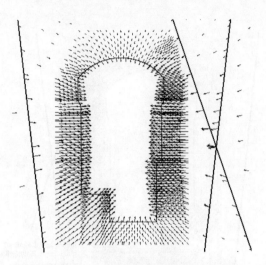

图 2.61　第 6 层开挖支护后围岩位移矢量图

表 2.16　关键点位移植

节点号	位移值/mm	节点号	位移值/mm
1	5.657	18	14.201
2	5.863	19	18.592
3	5.387	20	14.105
4	8.141	21	18.513
5	8.820	22	14.020
6	9.788	23	16.699
7	10.674	24	12.455
8	11.517	25	16.732
9	13.473	26	17.845
10	12.437	27	10.452
11	14.681	28	13.711
12	12.967	29	16.805
13	15.254	30	13.310
14	13.586	31	13.374
15	16.491	32	6.883
16	13.951	33	5.392
17	16.617	—	—

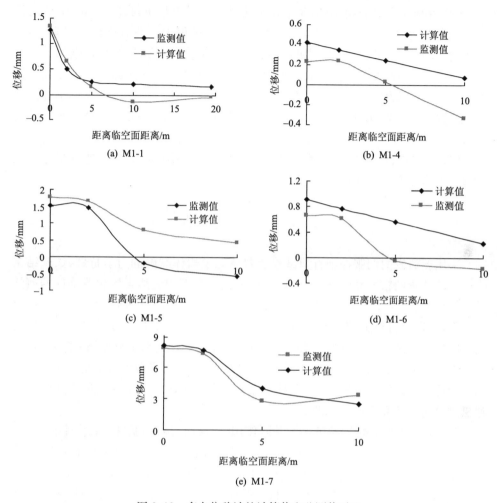

图 2.62　多点位移计的计算值和监测值对比

2.5.6　分析和讨论

本节针对深部地下施工过程结构围岩的损伤现象,提出了可模拟裂隙扩展的新方法。并将该计算方法应用于地下厂房洞室开挖支护的计算中,分析洞室开挖后围岩内的裂隙开裂特征、应力场和位移场;最后将关键点位移的数值计算值和现场多点计量测值进行对比分析,充分验证了计算方法的可靠性。可以得到如下结论。

(1)岩层力学特性对洞室群的稳定性起着决定性作用,从开挖计算结果来看,随着洞室高边墙的逐步形成,断面高边墙内开裂裂隙逐渐增多。因此在洞室开挖过程中应及时进行支护,在高边墙处及时进行长锚索(杆)支护。

（2）在洞室群计算范围内，位于洞室边墙附近的断层 F44、F207 和 F209 对洞室边墙内的裂隙开裂有较大的影响，因此在开挖过程中应适时进行长锚索支护。由开挖支护后洞室围岩的位移场特征可知，断层不会影响洞室整体稳定性。

（3）从全部开挖结束后的计算结果看，机组下游边墙的上部和下部裂隙开裂明显多于上游边墙，上游边墙中部裂隙扩展的范围稍大。但裂隙的扩展都在洞室支护控制范围之内，没有造成不稳定的扩展贯通，不会对洞室的稳定性有根本性的影响。

（4）监测点位移的计算值和监测值吻合良好，说明该计算方法能够很好地反映洞室围岩的变形破坏特征。

2.6　本章小结

采用新研发的伺服控制直剪试验装置研究了岩体裂隙的力学特性，试验结果验证了该装置的精度和优越性。同时，基于大量人工和天然岩体裂隙试件的剪切试验结果表明，岩体的法向刚度对剪切强度和裂隙开度有显著影响；在 CNL 边界条件下，可以获得裂隙的最大剪切应力；但在 CNS 边界条件下，裂隙将会出现应变硬化特性并导致岩体刚度的增大；较大的法向刚度同样会抑制裂隙的剪胀效应。

作为室内试验的补充与完善，基于颗粒流理论，采用颗粒流方法构建完整岩石及节理面岩石的颗粒流模型，实现对完整岩石及节理面岩石受力变形特征的宏细观机理分析。研究表明以下两点。

（1）完整岩样在轴压和围压的共同作用下，花岗岩内部能量开始发生积聚，颗粒之间首先克服黏结能产生微裂纹，然后在应变能驱动下微裂纹进一步扩展，摩擦作用渐渐开始起作用且其比例随着裂纹的进一步扩展逐步提高；达到峰值强度以后，应变能和黏结能急剧释放，摩擦能随着裂纹的扩展，贯通急剧增加且居主导地位；残余阶段黏结能在边界能和应变能的驱动下多转化为其他能量形式，颗粒间很难再克服黏结强度产生大量新的裂纹，岩石最终的失效形式主要是沿宏观裂缝滑动破坏。

（2）岩石节理面在剪切应力和法向应力的影响下，初始阶段接触力均匀分布，试件内部不存在裂纹；弹性阶段当剪切到一定位移时，粒间接触力发生重分布，出现接触力集中现象并主要发生在节理凸起位置，且以接触压力为主，此时较大凸起位置产生裂纹且张拉裂纹占绝对优势；剪切进一步发展，较大凸起被剪断，接触力逐渐向次一级凸起转移，从而沿节理延伸方向产生大量裂纹，同时逐渐向试件的纵深方向扩展，最终形成一条较为明显的宏观剪切破碎带。

同时本章选择了较为合理的表面形态参数，对裂隙的表面形态进行了数学描述，应用数学方法研究了粗糙表面形态特征参数的性质及其相互关系，建立了裂隙表面形态特征参数与相应物理量之间的定量关系。对节理的起伏度和粗糙度进行了数学描述，给出了起伏度和粗糙度组合形态特征函数。

通过全坐标高度分布密度函数的各阶矩可以求得表面的高度起伏参数：中心线平均高度 z_0、高度均方根 z_1、偏态系数 S、峰态系数 K；两个独立随机变量的相关函数等于各个分量相关函数之和，粗糙裂隙表面自相关函数等于粗糙度和起伏度的自相关函数的和；粗糙度和起伏度各自的标准自相关函数则是各自的方差比值的加权平均。

为了更加系统地研究岩石节理面剪切强度的确定方法，把岩石节理面概化为一系列高度不同的微小长方体凸起组成的粗糙表面结构，其中每个微小凸起有剪胀破坏和非剪胀破坏两种模式，综合考虑所有长方体凸起破坏作用，并且应用概率密度函数描述节理面表面起伏分布的影响，推导了节理面宏观剪切强度理论公式，建立粗糙节理面随机强度模型。基于随机强度模型编制 Matlab 计算程序求自然粗糙节理面的剪切强度，并将计算结果与试验结果进行对比分析。研究表明，粗糙节理面随机强度模型综合了粗糙节理面表面形态和法向应力对节理剪切强度的影响机理，理论计算值与试验数据吻合良好，可以较好地计算粗糙节理的峰值剪切强度和残余剪切强度。该随机模型可作为进一步深入研究的一个重要基础，分析结构面的连续剪切过程，建立更完善的节理面强度模型。

针对深部地下施工过程引起结构围岩损伤的现象，提出了可模拟裂隙开裂的新方法。根据断裂力学 Griffith 理论和经典的强度理论 Mohr-Coulomb 准则，得出材料在剪切和拉伸条件下裂隙开裂的判据；并且以离散元程序 UDEC 为基础，应用其内嵌的 FISH 语言对软件进行二次开发，将该判据耦合到计算过程中。数值计算中，在 UDEC 块体内部预设潜在节理面，根据潜在节理面的受力状态，依据判断准则判断节理面的开裂与否，节理开裂后利用其内嵌的节理模型（库仑滑动模型）模拟岩体中节理面的变形性质。把上述计算方法应用于某地下洞室群稳定性分析中，模拟在洞室开挖过程中，洞室围岩的裂隙扩展过程及其扩展状态，根据裂隙扩展情况来分析地下洞室围岩和结构的稳定性，有效地进行围岩支护，以确保洞室结构的稳定性；并将最终计算的位移结果与现场多点位移计的监测结果进行对比，二者吻合良好，验证了该计算方法的有效性。

参 考 文 献

[1] Patton F D. Multiple modes of shear failure in rock. Proceedings of the 1st international congress on rock mechanic. Lisbon: International Society for Rock Mechanics, 1966.

[2] Ladany B, Archambault G. Simulation of shear behavior of a jointed rock mass. Proceedings of 11th US symposium on rock mechanics, Berkeley: American Rock Mechanics Association, 1970.

[3] Barton N, Choubey V. The shear strength of rock joints in theory and practice. Rock Mechanics, 1977, 10(1-2): 1-54.

[4] Plesha M E. Constitutive models for rock discontinuties with dilatancy and surface degradation. International Journal for Numerical and Analytical Methods in Geomachanics, 1987, 11(4): 345-362.

[5] Lee H S, Park Y J, Cho T F. Influence of asperity degradation on the mechanical behavior of rough rock joints under cyclic shear loading. International Journal of Rock Mechanics and Mining Sciences, 2001, 38(7): 967-980.

[6] Jaeger J C. Friction of rocks and stability of rocks slopes. Geotechnique, 1971, 21(2): 97-134.

[7] Jing L, Stephansson O, Nordlund E. Study of rock joints under cyclic loading conditions. Rock Mechanics and Rock Engineering, 1993, 26(3): 215-232.

[8] Brahim B, Gerard B. Laboratory of shear behavior of rock joints under constant normal stiffness conditions. International Journal of Rock Mechanics and Uining Science Abstracts, 1989, 27(5): 899-906.

[9] Indraratna B, Haque A, Aziz N. Laboratory modeling of shear behavior of soft joints under constant normal stiffness conditions. Geotechnical and Geological Engineering, 1998, 16(1): 17-44.

[10] Jiang Y, Xiao J, Tanabashi Y, et al. Development of an automated servo-controlled direct apparatus applying a constant normal stiffness conditon. International Journal of Rock Mechanics & Mining Sciences, 2001, 41(2): 275-286.

[11] Selvadural A P S, Yu Q. Mechanics of a discontinuity in a geomaterial. Computers and Geotechnics, 2005, 32(2): 92-106.

[12] 王长军, 杨远志, 李勇会, 等. 接触面力学性能研究及数值分析. 水利与建筑工程学报, 2008, 6(4): 74-76.

[13] Beer G, Poulsen B A. Efficient numerial modeling of faulted rock using the boundary element method. International Journal of Rock Mechanics and Mining Sciences & Geomechanics Abstracts, 1997, 31(5): 485-506.

[14] Park J W, Song J J. Numerical simulation of a direct shear test on a rock joint using a bonded-particle model. International Journal of Rock Mechanics & Mining Sciences, 2009, 46(8): 1314-1328.

[15] 夏才初, 宋应龙, 唐志成, 等. 粗糙节理剪切性质的颗粒流数值模拟. 岩石力学与工程学报, 2012, 31(8): 1545-1552.

[16] 周喻, Misra A, 吴顺川, 等. 岩石节理直剪试验颗粒流宏细观分析. 岩石力学与工程学报, 2012, 31(6): 1245-1256.

[17] Asadi M S, Rasouli V, Barla G. A bonded particle model simulation of shear strength and asperity degradation for rough rock fracture. Rock Mechanics and Rock Engineering, 2012, 45(5): 649-675.

[18] Itasca Consulting Group Inc. Manual of Particle Flow Code in 2-Dimension(Version 3. 10). Minneapolis: Itasca, 2004.

[19] Cho N, Martin C D, Sego D C. A clumped particle model for rock. International Journal of Rock Mechanics & Mining Sciences, 2007, 44(7): 997-1010.

[20] Potyondy D O, Cundall P A. A bonded-particle model for rock. International Journal of Rock Mechanics & Mining Sciences, 2004, 41(8): 1329-1367.

[21] 徐小敏, 凌道盛, 陈云敏, 等. 基于线性接触模型的颗粒材料细-宏观弹性常数相关关系研究. 岩土工程学报, 2010, 32(7): 991-998.

[22] Hazzard J F, Young R P, Maxwell S C. Micromechanical modeling of cracking and failure in brittle rocks. Journal of Geophysical Research (Solid Earth), 2000, 105(7): 1978-2012.

[23] 龙湘桂, 汪瑞强. 岩石力学试验中的声发射测试. 岩土工程学报, 1981, 3(2): 69-74.

[24] 赵坚. 岩石节理剪切强度的 JRC-JMC 新模型. 岩石力学与工程学报，1998，17(4)：349-357.

[25] 叶金汉，郗绮霞，夏万仁，等. 岩石力学参数手册. 北京：水利电力出版社，1991.

[26] Cundall P A, Potyondy D O, Lee C A. Micromechanics-based models for fracture and breakout around the mine-by tunnel. Proceedings of the Excavation Disturbed Zone Workshop, Designing the Excavation Disturbed Zone for a Nuclear Repository in Hard Rock. Toronto: Canadian Nuclear Society, 1996.

[27] 夏才初，孙宗颀. 工程岩体节理力学. 上海：同济大学出版社，2002.

[28] Nayak P R. Some aspects of surface roughness measurement. Wear, 1973, 26(2): 165-174.

[29] Kwon T H, Baak S H, Cho G C. Shear behaviour of idealized rock joints-microscale analysis. Tunnelling and Underground Space Technology, 2004, 19(4-5): 535-535.

[30] Kwon T H, Hong E S, Cho G C. Shear behavior of rectangular-shaped asperities in rock joints. KSCE Journal of Civil Engineering, 2010, 14(3): 323-332.

[31] 李博，蒋宇静. 岩石单节理面剪切与渗流特性的试验研究与数值分析. 岩石力学与工程学报，2008，27(12)：2431-2439.

[32] Brown S R, Scholz C H. Closure of random elastic surfaces in contact. Journal of Geophysical Research, 1985, 90(B7): 5531-5545.

[33] Xia Y L, Peng S Z, Gu Z Q, et al. Stability analysis of an underground power cavern in a bedded rock formation. Tunnelling and Underground Space Technology, 2007, 22: 161-165.

[34] Li Z K, Liu H, Dai R, et al. Application of numerical analysis principles and key technology for high fidelity simulation to 3-D physical model tests for underground caverns. Tunnelling and Underground Space Technology, 2005, (20): 390-399.

[35] 李术才，朱维申. 三峡船闸高边坡岩体稳定性断裂损伤模型研究. 人民长江，1998，29(12)：3-6，47.

[36] 李术才，王刚，王书刚，等 加锚断续节理岩体断裂损伤模型在洞室开挖与支护中的应用. 岩石力学与工程学报，2006，25(8)：1582-1590.

[37] Hao Y H, Azzam R. The plastic zones and displacements around underground openings in rock masses containing a fault. Tunnelling and Underground Space Technology, 2005, 20: 49-61.

[38] Jiang Y, Tanabashi Y, Li B, et al. Influence of geometrical distribution of rock joints on deformational behavior of underground opening. Tunnelling and Underground Space Technology, 2006, 21(5): 485-491.

[39] Jiang Y, Li B, Tanabashi Y. Estimating relationship between surface roughness and mechanical properties of rock joints. International Journal of Rock Mechanics and Mining Science, 2006, 43(6): 837-846.

[40] Jing L. A review of techniques, advances and outstanding issues in numerical modelling for rock mechanics and rock engineering. International Journal of Rock Mechanics and Mining Sciences, 2003, 40: 283-353.

[41] Nayroles B, Touzot G, Villon P. Generalizing the finite element method: diffuse approximation and diffuse elements. Computational Mechanics, 1992, 10(5): 307-318.

[42] Shi G H. Discontinuous deformation analysis: a new numerical model for the static and dynamics of block systems. A dissertation submitted in partial satisfaction of the requirements for the degree of Doctor of Philosophy. Berkeley: University of Califonria, 1988.

[43] Belytschko T, Krongauz Y, Organ D, et al. Meshless methods: An overview and recent developments. Computer Methods in Applied Mechanics and Engineering, 1996, 139(1): 3-47.

[44] Simo J C, Oliver J, Armero F. An analysis of strong discontinuities induced by strain softening in rate-

independent inelastic solids. Computational Mechanics, 1993, 12(5): 277-296.

[45] Ortiz M, Leroy Y, Needleman A. A finite element method for localized failure analysis. Computer Methods in Applied Mechanics and Engineering, 1987, 61: 189-214.

[46] Ghaboussi J. Fully deformable discrete element analysis using a finite element approach. International Journal of Computers and Geotechnics, 1997, 5(3): 175-195.

[47] Shi G H, Goodman R E. Generalization of two-dimensional discontinuous deformation analysis for forward modeling. International journal for Numerical and Analytical Methods in Geomechanics, 1989, 13(4):359-380.

[48] Itasca Consulting Group Inc. Universal Distinct Element Code. Minnesota: Itasca Consulting Group In, 1996.

第3章　粗糙节理面剪切渗流耦合试验及数值模拟研究

为了更真实地模拟地下工程地质环境,探讨裂隙岩体渗透特性和污染物在深层裂隙水中的运移情况,一个重要的基础就是展开对粗糙节理面剪切渗流耦合机理的研究和探讨,其中通过试验手段进行研究一直是国内外学者普遍关注的问题。另一方面,数值模拟方法可以弥补试验过程中的直接测量和观测方法难以实现等缺陷,有效弥补了试验分析的不足。因此,本章通过制作一系列表面粗糙度不同的类岩石材料,进行剪切渗流耦合试验,研究粗糙节理面的剪切行为,探索剪切作用下裂隙渗透性的变化规律;基于试验所得的剪切作用下法向位移变化曲线和节理面三维扫描数据,应用有限元方法求解剪切过程中裂隙开度分布及其演化。通过把空间变化的开度赋予各裂隙单元,从而考虑裂隙面的自然粗糙特性,模拟裂隙中水流流动特征,形象地描述出剪切过程中曲折流场的演化过程,为进一步建立定量评价模型提供试验基础。

3.1　岩石节理水力耦合特性研究

裂隙大量存在于天然岩体中,严重地影响着岩体的力学性质和渗流特性。在裂隙岩体渗流与应力耦合分析中,最为关键的是单一裂隙面渗流与应力耦合关系的研究。

裂隙岩体中空隙的尺寸和连通程度一般都远小于岩体中节理裂隙,而且裂隙的水力传导系数远大于完整岩石中孔隙的渗透系数,因此节理裂隙是岩体中水运动的主要通道[1,2]。裂隙岩体中存在的节理裂隙等缺陷严重影响着岩体的渗透特性。岩体渗流特性的研究在各种地质工程应用中占有重要的地位,如水利水电工程、采矿和石油工程、核废料储存工程。法国 Malpasset 拱坝在初次蓄水时发生溃坝、意大利的瓦依昂边坡失稳等事故引起了人们对裂隙岩体渗流问题的高度重视。在当前日益增长的环境控制条件下,流入开挖区域水量的估计和污染矿水的排泄程序都是地下工程的发展和运营时期的重要影响因素;在核废料储存工程中,地下水的辐射污染也需要特别注意和预防。裂隙岩体的渗流场受应力环境的影响,而渗流场的变化反过来又对应力场产生影响,这种相互影响称为应力渗流耦合。渗流场与应力场相互耦合是岩体力学中的一个重要特性。在岩体工程实践中,节理变形影响节理开度及其渗流性质,从而使围岩的渗透和变形性质也发生了变化。

例如,煤矿生产中的工作面顶板或底板突水,就是岩体受到应力重分布影响,改变了岩体渗透性,使地下水沿新裂隙进入工作面作业空间;在海底隧道建设中,隧道开挖卸荷引起隧道围岩应力重分布,改变了节理裂隙的渗透特性,引起涌水和突水事故的发生。要发展一种适合裂隙岩体应力渗流耦合分析模型,充分理解岩石裂隙内水的流动机制是非常关键的。因此,为研究岩石水力学和合理预测工程岩体中复杂的渗流状态,必须从单裂隙面的渗流特性这一基础性课题入手,首先对单一裂隙的水力特性进行研究。

3.1.1　节理裂隙水力学性质描述

根据实际情况,节理开度通常可以定义为力学开度(几何上测量得到)和水力等效开度(可以通过渗流计算分析得到)。

1. 力学开度

对于理想的平行板裂隙,其开度为常数,而岩石中存在的实际裂隙开度是变化的。当裂隙尺寸相对不大时,假定裂隙的中间面是一个平面,以该平面为参考平面的局部坐标系为 XOY,则裂隙开度是该局部坐标的函数 $E(x,y)$。力学开度(E)定义为两个岩石节理表面上垂直于参考平面的相对点之间距离的平均值,如图 3.1 所示。如果节理表面被认为在 XY 平面上是平行的,那么节理开度就是沿 Z 方向的。通常用一个平均值来定义节理开度,即均值开度 $\bar{E}$。设节理面的尺寸为 $L_x \times L_y$,则均值开度定义为

$$\bar{E} = \frac{1}{L_x L_y} \int_0^{L_x} \int_0^{L_y} E(x,y) \mathrm{d}x \mathrm{d}y \tag{3.1}$$

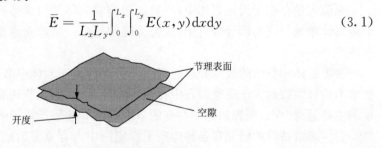

图 3.1　节理力学开度

但是这也可能引起节理开度描述的相对单调,节理面的开度分布仅在一定的有效应力和空隙压力状态下才是有效的。如果有效应力或者节理面间的侧向位置发生了变化,节理开度也往往发生变化。节理在正应力作用下产生压缩,开度减小。处于初始零应力状态的裂隙在压力作用下的最大闭合值称为最大力学开度(E_{max})。试验研究表明[3,4],当裂隙在正应力作用下,其压缩值达到最大节理开度(E_{max})时,仍有流量通过裂隙,表明裂隙仍有类似沟槽的间隙存在。这时候的开度称为残留开度,也可以认为是裂隙的最小水力等效开度,可由立方定理反求。

在节理压缩强度(JCS)和节理粗糙系数(JRC)值的基础上,Barton 等[5,6]提出了经验方法来计算节理的力学开度,即

$$E = \left[\frac{\text{JRC}}{5}\right][0.2\sigma_c/\text{JCS} - 0.1] \tag{3.2}$$

式中, E 为力学开度,mm; σ_c 为单轴抗压强度。

2. 水力等效开度

水力特性符合立方定理的裂隙开度称为水力等效开度。通过室内的渗流试验[7]或者现场钻孔泵压试验[8],测出给定水力梯度时透过裂隙的流量 Q,应用立方定理可以反求水力等效开度:

$$e = \left(\frac{Q}{i}\frac{12\nu}{gw}\right)^{1/3} \tag{3.3}$$

式中, w 为平行板间流动区域的宽度; ν 为流体的运动黏度系数(20℃纯水的运动黏度系数为 $1 \times 10^{-6}\,\text{m}^2/\text{s}$); g 为重力加速度。

公式简洁明了,仅涉及一个未知参数值,然而该公式在自然节理裂隙中应用的有效性已经被众多的研究者关心和讨论[7]。研究发现,在加卸载过程中,由于节理壁摩擦和节理面曲折弯曲,实际不规则节理裂隙的力学开度(E)(几何上测量得到)通常大于理想的平行板裂隙的水力开度(e),也就是说在相同的水力传导能力条件下,粗糙裂隙应该比平滑裂隙具有更大的开度[9]。

3. 裂隙内流体流动描述

控制岩体内流体流动的主要因素通常有流体性质、节理裂隙面几何形状和节理裂隙边界上的流体压力。节理裂隙面的几何形状(即节理面凸起的起伏状况)决定于岩体的地质历史,一般能用几何参数来描述,如开度、频率分布、凸起空间分布关系和接触面积[10]。这些参数以其各自的方式影响着节理裂隙的几何形状及其裂隙内水的流动。如图 3.2 所示。各参数的基本描述如下面所述。

1) 节理裂隙表面特性描述

(1) 开度——两个岩石节理表面上垂直于参考平面相对点之间的距离。

(2) 粗糙度——表面凸起分布或者节理裂隙的表面形状。

(3) 接触面积——两个节理表面间接触且能传递应力的面积。

2) 地质历史描述

(1) 匹配度——两个节理表面间相互啮合的程度。

(2) 起伏状况——节理裂隙表面凸起的起伏变化情况。

3) 流动特性描述

(1) 曲折率——节理裂隙开度变化引起的裂隙内流线的弯曲变化。

图 3.2　断裂节理特性的影响因素

（2）沟道效应——节理开度变化引起的沿着特定路径流动速度的变化。

4）力学特性描述

刚度——通过考查法向荷载作用下节理裂隙的闭合值研究节理的刚度或力学性质。

4. 节理开度的测量技术

　　节理岩体内的渗流研究逐渐成为众多工程领域的研究焦点，如石油工程、采矿工程、水文地质工程和核废料储存工程。在低渗透性岩石内，岩体内的渗流流动主要通过节理网络来实现。除了流体性质和应用的水头压力，控制渗流流动的关键因素就是节理开度。断裂节理的尺寸和连通性控制着节理岩体内的渗流量和渗流速度。量测节理开度的方法主要可分为直接测量方法和间接测量方法（图 3.3）。直接测量方法在量测局部部位的节理开度方面比较有优势，但由于节理表面非常不规则，节理开度的直接准确测量往往非常困难。而且对于高度不规则节理面的节理，其力学开度也随剪切位移发展变化。断裂节理岩体内节理开度的变化可以从 $1\mu m$ 到 $1m$ 变化。一般情况下，节理的力学开度大于水力开度，除非节理在较高的应力状态下达到残余节理开度。

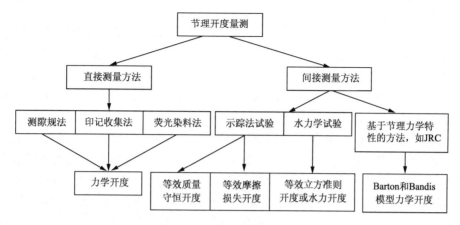

图 3.3　节理面量测方法分类

3.1.2　自然岩石节理渗流性质研究

1. 立方准则在自然岩石节理渗流中的应用

岩体裂隙几何特性十分复杂。为了方便研究,最早的研究是将裂隙简化为由两块光滑平行板构成的缝隙。Ломизе 等[11-13]对缝隙水力学进行过开创性的试验及理论研究,建立了通过裂隙的流量与隙宽三次方成比例的经典公式,即著名的立方定理:

$$Q = \frac{g}{\nu} \frac{we^3}{12} J \tag{3.4}$$

式中,J 为无量纲的水力梯度;w 为平行板间流动区域的宽度;ν 为流体的运动黏度系数(20℃纯水的运动黏度为 $1 \times 10^{-6}\,\mathrm{m^2/s}$);$e$ 为水力开度。此公式即通常所说的立方定理(图 3.4)。此公式严格上只适用于开阔的渠流,即两平面保持平行且没有任何的点接触。对于岩石节理间的渗流,一般把节理看做理想的平行板裂隙,并且裂隙内的渗流被认为是稳定的,单项不可压缩层流。相应的水力传导系数(K_j)可以表示为

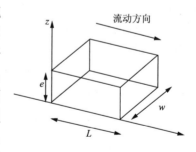

图 3.4　立方定理图示

$$K_j = \frac{ge^2}{12\nu} \tag{3.5}$$

式中,K_j 为相应的水力传导系数。节理水力传导性作为参数来描述在摩擦损失、曲折率、沟道效应等影响下节理内的渗流,并且这些参数取决于流动通道的几何形

状和流体黏度。

由于实际的裂隙面远非光滑面,在平行板裂隙水力特性试验成果的基础上,很自然地就进入实际粗糙裂隙的试验研究。因此立方定理必须根据裂隙面粗糙度进行修正,许多学者[14-16]从不同的角度进行了裂隙面粗糙度对过流能力影响的研究。自然断裂节理面的粗糙和不规则使节理只在部分离散点上接触。大量的试验研究[17]表明,立方定理也能应用于低围压下粗糙自然断裂节理内的流体流动;然而,在较高围压条件下,由于节理面接触面积的增多,立方定理的应用遇到了困难。相关研究者[15,18-20]建议引入一个调整参数,来考虑与平行光滑板理论的理想状态的偏差。以上研究中提出的经验公式都是基于裂隙流为层流建立起来的。Sharp和Maini在进行宽裂隙试验研究后,提出了非达西流的存在;Lomize[21]和Louis[22]提出了紊流范围的计算公式。但目前仍广泛采用的是达西线性流公式。天然裂隙水流大多为层流,Louis和Wittke也认为,在裂隙中遇到紊流,但实际上可以不考虑这种紊流状态而按层流问题处理[23],这样,可使计算显著简化,而带来的却只有一个可以忽略的误差。

以上各种经验公式之间存在着巨大的差异,甚至可能得出两种相反的结果。目前,天然粗糙裂隙渗流的基本规律还没有得到完全统一的认识,渗流量与隙宽之间明显存在三种不同的关系。可归纳为立方定理、超立方定理和次立方定理。许光祥等[24]针对不同修正方法之间存在的较大差异,甚至截然相反的两种关系,通过多种裂隙试件的渗流试验,表明其中可能存在一个临界问题,吻合裂隙试件符合次立方定理,非吻合试件遵循超立方定理。另外,上述试验是在裂隙表面凸起高度分布比较均匀的试验条件下提出的,而实际天然裂隙面上的凸起是高低不平的,因此,其应用受到一定的限制。大量的试验研究和分析表明,对于不同几何形状的节理,立方定理的有效性如图 3.5 所示。例如,对于开阔的粗糙节理,立方定理几乎没有背离试验结果;然而,随着应力的升高,节理间开始出现湍流;进一步升高应力将导致节理间接触点的增多,最终磨损甚至压碎节理间的凸起;最后,断裂节理间开始沉积壁泥材料,这种情形下,立方定理不再适用。

2. 水力开度和力学开度的关系

由于自然断裂节理不同于理想的平行板模型,节理的水力开度不同于力学开度,许多研究者进行了二者之间关系的研究和探讨。Zimmerman 和 Bodvarsson[25]研究后得出结论,水力开度对力学开度平均值和标准偏差的比值的依赖程度小于力学开度。Hakami[26]的研究结果表明,力学开度平均值为 $100\sim500\mu m$ 的节理,其力学开度平均值和水力开度的比值为 $1.1\sim1.7$,正如 Nguyen 和 Selvadurai[27] 所研究的。基于初始水力开度和由应力引起的节理变形,Witherspoon 等[28] 和 Elliot 等[29] 总结出两种节理开度间的线性关系,即

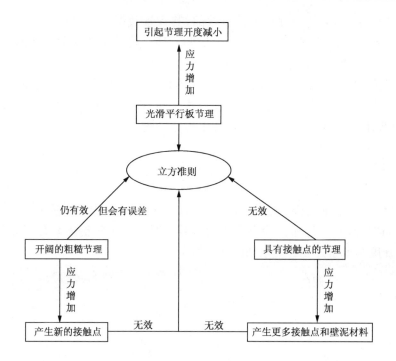

图 3.5　立方定理对不同断裂节理的有效性

$$e_\text{h} = e_\text{h0} + f\Delta e_\text{m} \tag{3.6}$$

式中，e_h 为 t 时刻水力开度；e_h0 为初始水力开度；Δe_m 为力学开度变化；f 为比例系数，其取值为 $0.5\sim1.0$。比例系数 f 是考虑节理表面的不规则性，对于光滑的平行板节理，其值趋向于一致。

正如 Wei 和 Hudson[30] 所报道的，Elliot 等[29] 发展了另外一个关系式来描述力学开度和水力开度间的关系，即

$$e_\text{h} = \left(\frac{e_\text{h0}}{\delta}\right)\left[e_\text{m} - (e_\text{max} - \delta)\right] \tag{3.7}$$

式中，δ 为水力开度为零时节理的闭合；e_max 为节理最大力学开度；$e_\text{max} - \delta$ 为水力开度为零（即节理面间没有流体流动）时残余力学开度。

尽管式 (3.7) 仅是一个简单的线性关系，但是实际上已给定节理的最大力学开度的计量是非常困难的。节理在零应力状态下的最大力学开度可以应用印记收集法来测得，同时零水力开度条件下的力学开度可以应用三轴试验设备来得到。在试验数据的基础上，Barton[31] 提出如下指数函数来描述水力开度 (e)、力学开度平均值 (E) 和 JRC 的关系：

$$e = \frac{\bar{E}^2}{\text{JRC}^{2.5}} \tag{3.8}$$

　　该公式仅在 $E \geqslant e$ 的条件下才是有效的,其背景数据主要来自法向变形渗流试验,仅有少数的试验来自剪切渗流变形试验。JRC 描述了相匹配表面的峰值粗糙度,能通过在节理岩体试件上进行倾斜试验和反弹试验来评估。

　　相比于式(2.6)和式(2.7),式(2.8)在现场和实验室更易应用。例如,在现场可以先确定 JRC 值,接下来应用印记收集法来量测节理力学开度。这样,应用式(3.8)计算水力开度变得比较简便。如果考虑节理的法向变形,式(3.8)变换成如下形式:

$$e = \frac{(\overline{E} - \delta_n)^2}{JRC^{2.5}} \tag{3.9}$$

式中,δ_n 为节理的法向变形,遵循等式 $\delta_n = \sigma_n / (a + b\sigma_n)$,其中 σ_n 为法向应力,参数 a 和 b 为可以应用单轴压缩试验来确定的常数。对于给定粗糙度系数(如 JRC=11),水力开度与力学开度的关系如图 3.6 所示。

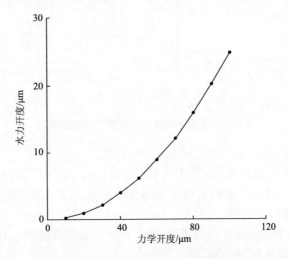

图 3.6　水力开度和力学开度关系

　　Barton 等[16]的研究发现,具有较大开度的平滑节理,力学开度趋向等于水力开度。相反,当粗糙度增加时,力学开度是水力开度的几倍。在 JRC 较低时,水力开度与 JRC 近似呈线性关系;随着 JRC 的升高,其非线性关系越发明显。

3.1.3　岩石节理水力耦合研究

　　由于通过裂隙的流量与其裂隙开度的三次方成正比,而开度又受裂隙应力环境的影响,所以,实际裂隙的水力传导系数试验必须引入应力环境因素,即裂隙法向应力、剪切应力与开度的函数关系,从而确立应力与裂隙水力传导系数的关系。通过耦合节理裂隙力学开度的变化和水力开度的变化,实现节理裂隙的水力学耦合。学者沿着不同的思路进行研究。

Louis[22]首先对单裂隙面渗流与应力的关系进行了探索性的试验研究,提出了指数型的经验公式:

$$K_f = K_0 e^{-a\sigma_n} \tag{3.10}$$

式中,K_f 为裂隙水力传导系数;K_0 为初始水力传导系数;σ_n 为法向应力;a 为常数。

Jones[32]针对碳酸盐类建议了对数型的岩石裂隙水力传导系数经验公式:

$$K_f = K_0' [\lg(p_h/p)]^3 \tag{3.11}$$

式中,p 为法向有效压力;p_h 为使 $K_f = 0$ 时的闭合法向有效压力;K_0' 为试验常数。

Nelson[33]提出 Navajo 砂岩裂隙渗透系数的经验公式:

$$K_f = A + Bp^{-n} \tag{3.12}$$

式中,p 为有效压力;A、B、n 为常数。

Kranz 等[34]得出 Barre 花岗岩的裂隙渗透系数的经验公式:

$$K_f A = Q_0 (p_c - p_f)^{-n_2} \tag{3.13}$$

式中,A 为过水面积;p_c 为总压力;p_f 为内部孔隙水压力;n_2 为常数。

Gale[3]对花岗岩、大理岩、玄武岩三种岩体裂隙进行室内试验,得出经验公式为

$$T_f = b\sigma_n^{-n} = \frac{gE^3}{12} \tag{3.14}$$

式中,b 为常数。

显然,上述的经验公式都揭示出裂隙的透水性随着法向应力的增加而减小,是符合实际的,但它们所反映的减小程度不一样,式(3.12)~式(3.14)反映出渗透性随着应力的增加而衰减得很快,最后趋近于零,而实际上渗透性不可能达到零,这一点已被 Iwai 所证实,Iwai 通过试验发现,当应力达到 20MPa 时,裂隙岩体的力学特性已接近于完整岩块,但其渗透性远远大于完整岩块。Nelson[33]提出的公式反映了这一点,因此,式(3.12)更为合理一些。

在一定的法向应力作用下,裂隙面的渗流量发生重大改变的主要原因是裂隙开度的减小,因此有些学者利用已有的法向变形经验公式,建立力学开度随应力变化的关系式,再根据等效水力开度和力学开度的关系,间接导出渗透性与应力的关系。刘继山根据孙广忠等提出的指数型 s_n-ΔV 曲线,建立了如下方程:

$$e = E = E_0 e^{\frac{\sigma_n}{k_{n0} E_0}} \tag{3.15}$$

Barton[16]根据 Bandis 等提出的双曲线型 σ_n-ΔV 曲线,并通过大量的试验和研究,提出 $e = JRC^{2.5}/(E/e)^2$,适用于 $E > e$(E、e 单位为 μm),从而得到

$$e = \frac{E^2}{JRC^{2.5}} = \frac{E_0^2}{JRC^{2.5}} \left(1 + \frac{\sigma_n}{E_0 k_{n0}}\right)^{-2} \tag{3.16}$$

　　目前,虽然大多数的研究都着眼于法向荷载对断裂节理面渗透性的影响,但剪切变形对渗透性依然有着重要的影响。法向变形的增加在多数情况下引起渗透系数的减小,但是剪切变形对渗透性的影响有着较复杂的变化关系。剪切变形对节理渗流的影响作用并不是一个简单的函数关系,剪切应力对断裂节理渗透性的影响依靠剪切位移大小、节理表面形状和粗糙面剪切破坏。由于重力的作用,事实上,岩石节理面上都有法向荷载的作用。因此,在给定的外部荷载和边界条件下,常常难以孤立地考查剪切应力对渗透性的影响。

　　1972 年在德国斯图加特(Stuttgart)的国际会议期间(Percolation through Fissured Rock),岩石节理的剪切影响节理传导性能的事实开始被重视[35,36]。最初的一致剪切情况下的流动试验是 Sharp 和 Maini[37] 在板岩的劈裂面上进行的。在剪切试验中,没有施加法向外载,只有试件本身的自重,因此节理面的剪胀不受制约。当剪切位移达到大约 0.7mm 时,节理裂隙面的传导性增长了两倍。Makurat 等[38] 的试验结果也表明,对于 JRC 较低的节理面,剪切位移对其渗透性有较小的影响。在 NGI(norwegian geotechnical institute),Makurat[38] 在片麻岩节理裂隙试件上进行了有大于自重的法向应力作用下的节理剪切渗流耦合试验。后续的相关研究逐渐增多[39-41]。

3.1.4　岩石结构面渗流特性研究新进展

　　岩石断裂节理内的渗流可以理解为连通接触面间空隙空间的管渠而形成的明渠流。然而,主要由于断裂节理表面粗糙度定量表述的困难,以及剪切渗流耦合试验中所要求的柔性可靠边界条件的限制等,在发生法向位移和剪切位移的岩石断裂节理内,节理间接触的影响和空隙空间分布模式还没有能被充分理解。虽然许多有关断裂节理的力学开度和水力开度间关系的经验公式已经被提出,但在实验室和现场试验中,还没有充分的证据来证明其在定量描述裂隙应力渗流耦合系统内渗流的有效性。

　　以往的研究中,大多数直接剪切试验采用在剪切过程中保持法向应力不变(CNL)的边界条件,这类剪切试验在概念上适用于非加固岩石边坡等工程中,只能模拟作用于结构面的垂直应力(自重)不变的未支护的边坡问题。但是,在大深度地下岩体结构工程问题中,岩石节理发生的表面变形和表面损伤的剪胀,会引起周围围压的变化。同时,周围围压的影响会引起节理的垂直应力变化[42]。为解决大深度地下岩体结构工程的节理问题,从 20 世纪 80 年代开始,保持法向刚度不变(CNS)的剪切试验装置得到了开发应用[41,43]。通常,此类试验机使用弹簧设置于垂直油压顶与剪切盒之间,用来表现周围围压的影响以及围岩的变形刚度。但是,此类试验方法不能反映剪切过程中节理的变形对法向刚度产生的影响;弹簧过强的刚性也会对节理的粗糙面产生不确切的冲击,造成试验误差;另外,此类试验机还有不能自由设定法向刚度系数的缺点。

蒋宇静等[44]采用自动化数控技术及虚拟仪器，开发了具有电液伺服微机控制系统的新型数控直接剪切试验机。这种数控剪切试验机用数控系统代替弹簧模拟节理周围围岩的变形刚度特性，克服了以往剪切试验机的缺点，能适应围压影响下节理变形特点。试验中，采用半透明的类岩石材料复制自然岩石断裂试件进行试验，应用数码摄像设备记录着色水在节理内的流动过程和状态。该试验方法和设备的开发应用为在试验过程中力学开度的定量描述提供了可能[45]。

岩石节理表面的粗糙度对剪切过程中节理的渗流特性有重要影响。一般来说，在相同的应力条件下，节理表面越粗糙，剪切获得的剪胀效应就越明显，从而得到较多的空隙和较大的渗透系数。在很多研究中，岩石表面的粗糙度都是在三维条件下评价的。如在岩石表面测几条线，用 JRC 或者统计参数又或者二维分形方法来评价这些线所表现出来的粗糙程度。但是，节理的表面是一个三维的几何结构，这些二维方法不能完全反映岩石表面的粗糙度，从而使其评价存在偏差。Jiang 等[46]试验了用一种三维分形算法来评价岩石节理的表面粗糙度。首先用非接触型激光表面测量装置精确测绘节理的表面形状，测量间隔达到 0.2mm；然后用三维分形算法（projective covering method）[47]来计算表面的分形维数。研究结果发现，节理表面的三维分形维数与节理的剪切特性有直接关联，三维分形维数可以用做定量评价节理剪切特性的一个重要参数。

在节理的剪切过程中，接触领域的分布特征（包括大小、数量和位置）会随着剪切的进展而变化。粗糙节理中流体会绕过这些接触领域，在空隙中曲折流动。Jiang 等[46]用测绘得到的节理表面形状的数值模型结合试验得到的节理法向和剪切方向的位移，对剪切过程中接触领域分布的变化及其对流体流动的影响进行了数值分析。结果表明，在剪切过程中，接触率（接触面积占节理表面积的比率）的变化规律与节理开度相反，在剪切初期的急剧减小之后几乎保持不变。接触领域在剪切初期大量分布在节理表面上，随着剪切的进行，接触领域的数量逐渐减小，最终集中于几个大的领域之中，此时节理呈现出较大的透水特性。同时，作者还用数值模拟和可视化试验的对比，对节理中流体的流线、沟道效应及粒子的移动特性进行了大量研究，取得了新的进展[48-50]。

3.1.5　小结

岩石裂隙渗流特性研究的方法通常有直接试验法、公式推导法和概念模型法，而试验研究是其中一个最重要最直接的途径。通过对已有研究成果的综述分析，作者得出如下结论。

（1）单裂隙渗流特性研究是裂隙岩体渗流研究的基础，其在实际工程中的应用方法还需要进一步的深入研究。

（2）法向变形的增加在多数情况下引起渗透系数的减小，但是剪切变形对渗透性的影响有着较复杂的变化关系。剪切应力对断裂节理渗透性的影响依靠剪切位移大小、节理表面形状和粗糙面剪切破坏。由于重力的作用，事实上，岩石节理面上都有法向荷载的作用。因此，在给定的外部荷载和边界条件下，常常难以孤立地考查剪切应力对渗透性的影响。通常的试验研究都是在法向荷载和剪切荷载联合作用下进行的。

（3）岩石断裂节理内的渗流可以理解为连通接触面间空隙空间的管渠而形成的明渠流。虽然许多有关裂隙的力学开度和水力开度间关系的经验公式及渗流应力耦合计算公式已经被提出，但是在实验室和现场试验中，还没有充分的证据来证明其在定量描述裂隙应力渗流耦合系统内渗流的有效性。其主要原因在于，断裂节理表面粗糙度定量表述的困难，以及剪切渗流耦合试验中所要求的柔性可靠边界条件的限制等，在发生法向位移和剪切位移的岩石断裂节理内，节理间接触的影响和空隙空间分布模式还没有被充分理解。

（4）借助数字摄像设备，应用图像相关分析的数字照相变形量测技术[51]来适时计算剪切渗流耦合试验中节理力学开度的变化过程，以便更形象和详实地研究力学开度和水力开度间的关系，以及应力渗流耦合性质。

（5）由于施加边界条件的困难，目前在高水压条件下的节理渗流耦合试验研究还较少，应当加强这方面的试验研究。

（6）岩石裂隙的应力渗流耦合作用，不仅体现在物理上的相互影响，而且包括化学上的相互作用，相应的物理场和化学场的耦合研究也是一个重要的研究内容。

3.2　剪切渗流耦合机理试验研究

3.2.1　试验装置概括

本研究所使用的数控直接剪切-渗流试验装置如图 3.7 所示，试验设备的基本构成主要包括如下几部分[52]。

（1）荷载和位移测控单元。该单元包含两个数字化液压传感器和两个线性变位计。数字化液压传感器可以用来分别测量法向荷载和剪切荷载大小，而综合两个线性变位计的测量结果可以得到位移变化情况。

（2）剪切加载单元。该单元主要包括上下两个托盘。上托盘连接于一个可以在水平方向上自由滑动的滑臂，以保证在剪切移动过程中上部剪切箱有最小的摩擦并产生最少的弯曲。下托盘连接另一个滑臂，且只能在竖直方向上移动。

（3）电液伺服系统单元。该部分包括两个加载阀和两套线性加载控制系统，能够实现对节理试件的上下部分分别施加不同的荷载。法向应力和剪切应力的加

(a) 实验室设备照片

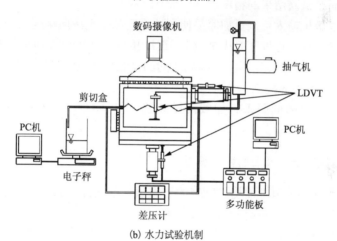

(b) 水力试验机制

图 3.7 实验室剪切-渗流试验装置

载则是应用液压泵通过液压缸来实现的,该液压泵应用伺服控制进行控制,其在法向和切向上的加载容量均为 100kN。

(4) 水供应、密封和测量装置。通过连接到水阀上的空气压缩机可以实现恒定的水压力边界,其控制范围为 0~1MPa。与剪切方向平行的试件两侧用凝胶片密封,该凝胶片不仅具有良好的密封性能,而且特别柔和,几乎不会影响到剪切试验中的力学性质。从节理裂隙中流出的水量则可通过电子秤适时地收集量测。

3.2.2 数控伺服系统的建立

该数控系统使用参数自调节 PID 控制技术(P 为比例、I 为积分、D 为微分),基于电脑和 I/O 部件,应用 National Instrument 公司的图形化编程语言

LabVIEW,构建一个测控剪切试验的虚拟仪器,可以统一监控法向荷载和剪切荷载的闭合电液伺服回路系统,同时能够实现多路数据的采集、存储、数据处理和曲线显示等功能。LabVIEW 采用了强大的图形化语言 G 语言进行编程,具有强大的仪器控制能力和数据可视化分析等特点。

线性的前馈预测和系统分别采用 PID 控制和位移型 PID 控制,并以剪切速度恒定为标准控制;法向荷载的高精度液压控制同样也采用位移型 PID 控制来实现。剪切试验装置是通过接受反馈信号值,使得负载一侧的操作跟进指令值,从而实现了高速实时数据采集和复杂控制(200Hz)。PID 控制稳定性已通过大量自然和人工节理的直接剪切试验得到了验证。

与传统弹簧式法向刚度一定的直接剪切试验机相比,该新型数控直接剪切试验机有以下特点。

(1) 提高了试验结果的精度。

(2) 通过微机输入可以更加简易便利地设定和变更法向刚度大小。

(3) 试验过程中可以随时中断,然后继续执行。更可以在执行过程中改变控制条件,如 CNL 和 CNS 边界条件控制之间的任意切换,还可以实现多阶段的法向刚度非线性 CNS 边界控制。

(4) 两台独立的伺服垂直加载液压装置,可以实现节理裂隙最大长度达到50mm 的直接剪切试验。

3.2.3　岩石试件准备及表面数据测量

该研究中所用的节理面均以劈裂的岩石表面作为原型,制作方法为首先用不易变形而且强度很高的树脂材料拷贝节理表面的形貌,然后基于该树脂试件表面形貌制作石膏材料试件,用来模拟天然的岩石试件。类岩石材料的成分为石膏、水和延缓剂,其质量比为 1∶0.2∶0.005。首先用该配比制作岩石标准试件,并对其进行强度测试试验,如图 3.8 所示。由此可得出该类岩石材料试件强度大小,如表 3.1所示。制作的节理试件分为上下节理面两个部分,长为 200mm,宽为100mm,上下部分各高 50mm,总高为 100mm,如图 3.9 所示。由于上下节理面分别为同一块新鲜劈裂岩块的一对配衬面,所以两块试件表面吻合较好,初始接触近似视为 1.0,可认为是完全配衬节理面。

制作三组粗糙表面岩石节理试件,分别标记为 J1、J2 和 J3,三个节理试件表面粗糙度依次增加。为了后期试验数据分析处理,在试验前,首先应用 KEYENCE公司生产的表面形状激光测试仪(图 3.10)来量测节理试件的表面形貌,得到节理表面三维离散数据。该仪器精度为±20μm,分辨率为 10μm。在激光扫描过程中,XY 方向的平面定位坐标系统将附加到激光扫描仪中,并能够根据预设的路径自

图 3.8　类岩石材料参数测试

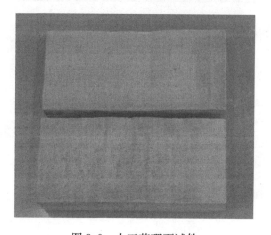

图 3.9　人工节理面试件

表 3.1　类岩石材料的物理力学特性

泊松比	密度 /(g/cm³)	黏聚力 /MPa	内摩擦角 /(°)	弹性模量 /GPa	抗拉强度 /MPa	单轴抗压强度 /MPa
0.23	2.066	5.3	60	28.7	2.5	38.5

动移动;同时一台 PC 机用来实时地收集和处理数据。在本节中,所有的岩石断裂试件的表面测点间的间距在 XY 轴方向上均为 0.01mm,得到节理试件三维表面形貌如图 3.11 所示,由该图可以看出,试件 J1 整体比较平滑,其表面几乎不存在太大的凸起;试件 J2 表面也比较平滑,但其中心和其他部位存在一些较大的凸起;试件 J3 表面较粗糙,虽然整体没有较大凸起,但表面上有较多小凸起。

图 3.10　岩石节理表面形状激光测试仪

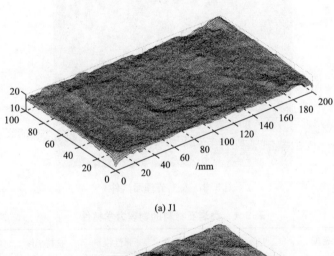

(a) J1

(b) J2

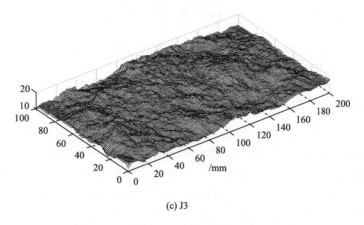

(c) J3

图 3.11　试件 J1~J3 的三维节理表面形貌

3.2.4　剪切渗流试验过程

试验开始前应首先把组装啮合平整后的上下节理试件平整地放入剪切盒中,并保证剪切盒密封性良好。通过伺服控制,首先在垂直于试件表面方向上施加 1.0MPa 的法向应力,在剪切过程中保持该法向应力大小不发生改变。实际剪切时剪切盒上部分只能进行水平方向移动,而下部分只能进行竖直方向移动。该研究中每次试验均进行至剪切位移 18mm,并在每 1mm 的剪切位移间隔中,通过连接于水阀上的空气压缩机对节理面内施加 0.01m 的水头进行渗流试验,且水流方向与剪切方向并行。水头测量装置如图 3.12 所示。

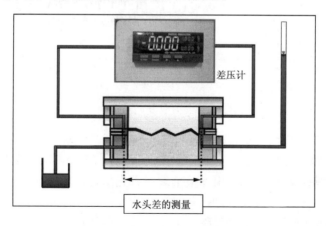

图 3.12　试验中水头差测量系统

试验过程中,需记录每剪切一段位移后通过节理面的流量,然后可以根据立方定理,计算出相应的水力开度值,即

$$Q = \frac{g}{\nu} \frac{w b_{\mathrm{h}}^3}{12} i \qquad (3.17)$$

式中，Q 为渗流量；ν 为运动黏度系数；b_{h} 为水力开度；w 为流动区域的宽度；g 为重力加速度；i 为量纲为一的单位水力梯度。

3.2.5 试验结果分析

试验所得的剪应力-位移曲线如图 3.13 所示。在剪切初期，剪应力迅速增加，近似呈直线上升。随着剪切位移的继续增加，节理表面主要的凹凸体逐渐被剪坏，剪切应力很快达到峰值大小。此后，随着剪切位移的增加，剩余的凸起逐渐被剪坏，接触比也随着减少，剪应力开始降低，并最终维持在较低水平的残余应力，几乎不再发生变化。对比三个节理试件的剪切结果，可以发现，随着节理表面粗糙度的增加，峰值剪切强度和残余剪切强度都逐渐增大，达到峰值剪切强度所对应的剪切位移也逐渐增加。由此可以看出，在试件物理、力学参数和边界条件均相同的条件下，节理面的粗糙度对试件的剪切特性起着决定性的作用。

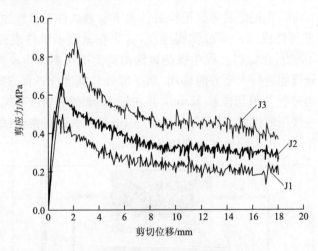

图 3.13　剪应力-位移曲线

试件剪切过程中法向位移-剪切位移曲线如图 3.14 所示。垂直方向位移的变化是剪切渗流耦合作用中的一个非常重要的特性，它直接影响着节理裂隙的渗透特性。剪切初期在法向应力作用下整个裂隙首先呈现出压缩状态，法向位移为负值，该阶段称为压密阶段。随着剪切位移的增加，裂隙面的凹凸不平导致了"爬坡"现象，法向位移逐渐增大，该过程称为剪胀。随着剪切位移的继续增加，节理面的法向位移逐渐趋于稳定。由图 3.14 可以看出，三个试件中，试件 J1 对应的法向位移最小，增加趋势也相对最为缓和，这与 J1 表面的相对光滑是密不可分的。而试件 J2 发生的法向位移最大，这主要是由于试件 J2 表面存在少量很大的凸起，使得它比表面更为粗糙但只存在较多小凸起而无大体积凸起的试件 J3 产生更快更大的法向位移。由此可知,在其他条件均相同的情况下,节理表面越粗糙,剪切过程中所引起的法向位移就越大。

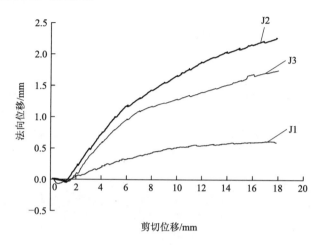

图 3.14　法向位移-剪切位移曲线

　　根据试验过程中测量的节理面渗水量并结合公式(2.1)可以计算出剪切过程中节理面水力开度变化情况。此外由节理表面三维数据及剪切过程中法向位移变化曲线,并应用公式(2.2)和公式(2.3)可以得出节理面的力学开度变化情况。剪切过程中三组试件的力学开度和水力开度变化情况如图 3.15 所示,与法向位移变化规律相同,平均力学开度和水力开度均随着剪切位移的增加而增大。剪切初始阶段,由于裂隙面几乎完全闭合在一起,水力开度较小,随着剪切位移的增加,上下裂隙面开始错动,形成了一些连通通道,水力开度逐渐呈增加趋势。在整个剪切过程中,水力开度一直小于力学开度,该现象是由于裂隙面的粗糙性和部分接触区域不仅阻碍了流体流动,还导致了流体流通路径的曲折不平,造成了流体实际流通能力降低,使得表征流体流通能力的水力开度小于根据裂隙面粗糙特性计算所得的力学开度,并且该偏差随着剪切位移的增加有增大趋势,表明了剪切位移对节理面渗透性的影响。对比三组试件结果可以发现,随着试件表面粗糙性的增加,节理面力学开度和水力开度之间的偏差逐渐增大,尤其是对表面粗糙度较大的试件 J3,由于其表面存在较多的小凸起,使得流体流动路线变得相对曲折,大大降低了节理面的渗流能力,水力开度与力学开度的差值较大。由此可以看出,节理表面的粗糙特性对其实际渗流能力有着重要的影响。

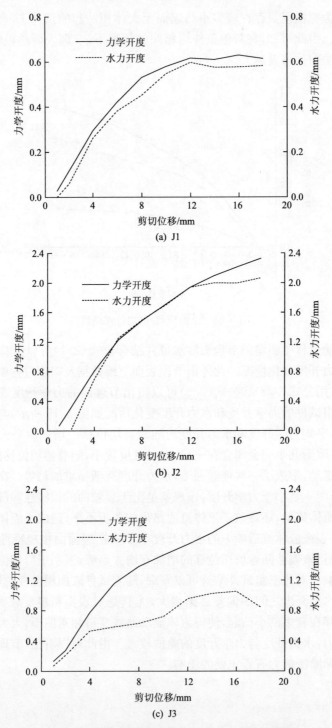

(a) J1

(b) J2

(c) J3

图 3.15　剪切过程中力学开度和水力开度变化

3.2.6　小结

本节主要介绍了剪切渗流耦合试验的研究,通过该试验可以直接得到剪切过程中剪切应力和法向位移变化曲线,分析剪切位移和表面粗糙度对节理面剪切特性的影响。结合粗糙节理面表面形貌数据,对试验结果进行了深层次分析,得到剪切过程中力学开度和水力开度变化曲线。主要结论如下。

(1)节理面的粗糙特性对其剪切应力大小有着重要影响。当试件力学特性和试件边界条件完全相同时,节理面的峰值剪切强度和残余剪切强度主要取决于节理表面粗糙特性的影响,并呈现出随着粗糙度的增加,峰值剪切强度和残余剪切强度有增大的趋势。

(2)节理表面粗糙性对其渗透性的大小有着重要影响。节理表面的粗糙不平,导致上下节理面之间存在一些离散的接触区域,这些接触区域及流通通道的不平滑性使得流体流动路径变得曲折不平,大大降低了节理面透水能力,直接影响着节理面渗流特性。

(3)剪切作用对粗糙节理面的渗流特性有显著影响。随着剪切位移的增加,节理面水力开度和力学开度均相应增大,而水力开度值一般小于力学开度,而且它们之间的偏差会随着剪切位移的增加有增大趋势。

3.3　节理裂隙剪切渗流耦合试验数值模拟研究

自然断裂岩石裂隙面两侧的几何形状是相同的,如果裂隙两侧不产生相对位移,则开度为 0 或者等于很小的常量。在剪切力作用的影响下,断裂面两侧的岩石将发生错动。在剪切破坏的岩石裂隙面上可以观察到擦痕,就是发生位错的证明。由于两个几何形状相同的粗糙面发生位错,裂隙将由吻合状态变为以复杂开度为变量的裂隙,并伴随着剪胀现象和部分凸面被磨平。

利用激光测试仪对断裂表面进行扫描可测得节理裂隙表面起伏状况。应用坐标的函数来描述裂隙表面高程来反映裂隙表面起伏形状,上下裂隙表面的形函数共同反映节理裂隙开度的变化情况。利用已知开度变化规律,可方便地进行水力特性研究。本节研究中根据测得的裂隙开度变化规律,应用有限单元方法对水在剪应力作用下裂隙面内的流动状态进行了数值模拟研究,并且与室内试验结果进行了对比,取得了比较一致的结果。

3.3.1　试验描述

应用与前面相同的办法形成一组断裂节理试件,测得试件的表面粗糙度 JRC =13.47(图 3.16)。试件尺寸:宽 100mm×长 200mm×高 100mm。

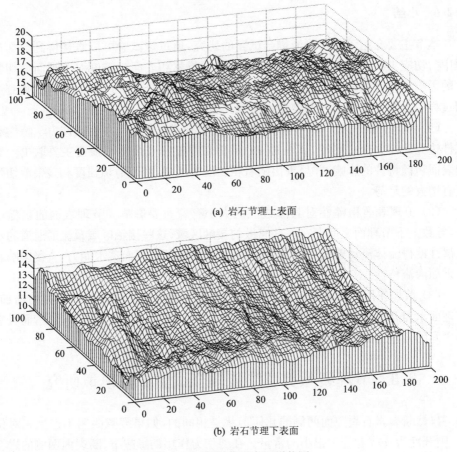

(a) 岩石节理上表面

(b) 岩石节理下表面

图 3.16　断裂节理表面形状图

3.3.2　试验过程中力学开度的应用方法

在剪切试验过程中,应用有限单元数值方法,模拟岩石节理内的水流流动状态。影响岩石节理内流体流动和物质传递的关键因素是岩石节理内局部开度和渗透性的变化状态。

在工程实践中,当立方定理有效时,可根据测得的水流速度来反求试验试件的平均渗透性或者水力开度。在剪切试验过程中,不能直接量测到断裂节理内开度或渗透性的详细分布,但是如果有足够多可用的节理表面形状数据,节理开度分布可以计算得到。在剪切渗流耦合试验过程中,平均的力学开度 b_m 能够用式(3.18)来计算,式中各量可通过测量计算得到[53]。

$$b_m = b_0 - \Delta b_n + \Delta b_s \tag{3.18}$$

式中, b_0 为初始力学开度; Δb_n 为法向荷载引起的力学开度的变化; Δb_s 为剪切位移引起的力学开度的变化(剪胀)。

在一定法向应力状态下,初始力学开度可根据法向应力-法向位移曲线来计算得到,如图 3.17 所示。该图详细说明了如何根据一定应力状态下测得的断裂节理的法向应力-法向位移曲线来计算得到初始力学开度 b_0。在进行剪切试验前,首先对断裂节理试件进行循环法向加卸载试验,测得一定法向荷载下断裂节理的法向变形,以计算断裂节理初始闭合度。在本试验研究中,对断裂节理进行四个加卸载循环(最大值达到 4MPa)。在图 3.17 中,曲线 a 表示对断裂节理试件进行四个加卸载循环后得到的法向应力-法向位移加载曲线,包括断裂节理变形部分和试件基质变形部分。试件的线弹性变形可以表示为曲线 a 的渐近线(线 b);a′ 表示以坐标轴原点为起点的曲线 a,从曲线 a′ 减去曲线 b′ 可以得到断裂节理的单独变形曲线(曲线 c)。用渐近线 V_m 来定义断裂节理的最大闭合值,在本研究中,假设最大闭合值为在没有任何法向荷载条件下断裂节理的张开度。图 3.17 中曲线 c′ 为曲线 c 的镜像,在一定初始法向应力(σ_0)状态下,初始节理开度 b_0 能根据曲线 c′ 计算得到。

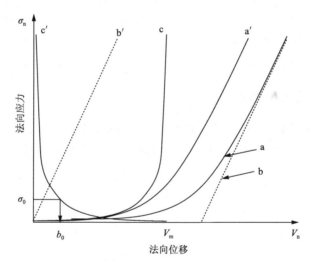

图 3.17　法向荷载作用下节理法向应力-法向位移曲线及初始开度计算方法
a-试验结果(法向加载试验);b-试件弹性变形部分(不包括节理变形);c-断裂节理变形(a′-b′);
a′-以坐标轴原点为起点的曲线 a;b′-以坐标轴原点为起点的曲线 b;c′-曲线 c 的镜像;
V_m-最大闭合度;σ_0-初始法向应力;b_0-初始开度值

在恒定法向荷载(CNL)边界条件下,在法向荷载作用下初始开度为 b_0,Δb_n 为零,Δb_s 是剪切过程中测得的法向位移(剪胀);在恒定法向刚度(CNS)边界条件下,法向应力随法向位移和剪切位移变化,Δb_n 应根据剪切过程中相应的法向应力变化进行取值,Δb_s 是测得的法向位移(剪胀)。在剪切过程中,试验中测得的试件平均法向位移接下来被应用于数值模拟计算中,结合有限元模型,用局部单元来反映剪切位移引起的总的开度变化。

在试验研究中,断裂节理试件的表面用激光仪进行扫描,i 方向平行于剪切方向,j 方向垂直于剪切方向。在恒定法向荷载(CNL)条件下,当剪切位移为 u 时,试件表面点 (i,j) 的力学开度如下式所述:

$$
\begin{aligned}
E_m(i,j) \\
&= E_0(i,j) + E_s(i,j) \\
&= E_0(i,j) + [V(u) + Z_L(i+u,j)] - Z_L(i,j) \\
&= Z_U(i+u,j) - Z_L(i,j)
\end{aligned}
\tag{3.19}
$$

式中,$V(u)$ 为剪切位移为 u 时的法向位移(剪胀);$i+u$ 表示断裂节理上表面点的坐标,该点直接与断裂节理下表面上的点 i 匹配;Z_U 和 Z_L 分别表示以下表面最低点作为标准,断裂节理试件的上表面和下表面上任意点的高度。

公式(3.19)的有效性需满足下面的条件:①力学开度的膨胀主要是由法向位移引起的;②忽略凸起的变形或者损伤;③剪切过程中产生的凸起壁泥材料对渗流几乎没有影响。很明显,一般情况下不能满足这些条件,这里用到的仅是一个简化模型。对于简化的平板模型,力学开度的增加主要是由剪胀引起的。然而对于粗糙的断裂节理,节理面的接触变化、变形或破坏使断裂节理面开度变化更加复杂。

3.3.3　数值计算控制方程

在数值模拟计算中,将断裂节理面视为有限元数值计算的计算区域,将计算区域剖分成有限单元网格(矩形单元),其导水系数取为结点导水系数立方的平均值,即

$$
e_e = (e_1^3 + e_2^3 + e_3^3 + e_4^3)/4
\tag{3.20}
$$

求得每个单元的导水系数后,即可用有限单元法求解 Reynolds 方程。岩石裂隙的水力特性有以下一些特点:①由于裂隙开度的不均一性,裂隙内的流量是非均匀的;②同一裂隙,力学开度越小,流量的不均一性越显著。

实际裂隙的开度是不均匀的,通常用立方定理按等流量法求其等效水力开度 e_h。但 e_h 使用不便,因为裂隙受力产生开度变化值 Δe 后,新的等效水力开度并不等于 $e_h + \Delta e$。一般情况下,当法向应力较小时,水力开度小于力学开度;当法向应力较大时,水力开度往往大于力学开度。

在一定的几何状态和流动状态下,当断裂节理间的流动速度较小,而且开度变化较平缓时,Reynolds 方程比 Navier-Stokes 更适合描述断裂节理内的流体流动[25],且应用简单。假设通过断裂节理内的流体是不可压缩的稳定流,且符合立方定理。控制方程可以写为

$$\frac{\partial}{\partial x}\left(T_{xx}\frac{\partial h}{\partial x}\right)+\frac{\partial}{\partial y}\left(T_{yy}\frac{\partial h}{\partial y}\right)+Q=0 \tag{3.21}$$

式中，Q 为内在水源或水井流量，若流体流入岩石节理则为负值，若流出岩石节理则为正值；T_{xx} 和 T_{yy} 分别为断裂节理 x- 和 y-方向渗透性渗透系数。本章假设每个有限单元模型局部渗透系数在 x- 和 y-方向上是等值的，如式（3.22）所定义：

$$T_{xx}=T_{yy}=T(x,y)=\frac{\rho_{\mathrm{f}}gb^{3}}{12\mu} \tag{3.22}$$

式中，μ 是动力黏性系数；ρ_{f} 为流体密度；g 为重力加速度；b 为局部断裂节理开度。断裂节理局部渗透性可以根据开度变化结果逐个单元确定。本研究中，在 20℃时，水的密度和动力黏性系数分别为 $\rho_{\mathrm{f}}=9872\times10^{2}\,\mathrm{kg/m^{3}}$ 和 $\mu=1.002\times10^{-3}\,\mathrm{Pa\cdot s}$，重力加速度为 $g=9.81\,\mathrm{m/s^{2}}$。

应用 Galerkin 有限元方法对式（3.21）进行离散，得

$$\sum_{m=1}^{N}\left[\boldsymbol{K}^{(m)}\right]\{\boldsymbol{h}^{(m)}\}=\sum_{m=1}^{N}\{F(m)\} \tag{3.23}$$

$$\left[\boldsymbol{K}^{(m)}\right]=\int_{\boldsymbol{S}^{(m)}}\left[\boldsymbol{B}^{(m)}\right]^{\mathrm{T}}\left[\boldsymbol{D}^{(m)}\right]\left[\boldsymbol{B}^{(m)}\right]\mathrm{d}S \tag{3.24}$$

$$\{\boldsymbol{F}^{(m)}\}=\int_{\boldsymbol{S}^{(m)}}\left[\boldsymbol{N}^{(m)}\right]^{\mathrm{T}}Q^{(m)}\,\mathrm{d}S-\int_{\boldsymbol{L}^{(m)}}\left[\boldsymbol{N}^{(m)}\right]^{\mathrm{T}}\left(T\frac{\partial h}{\partial x}n_{x}+T\frac{\partial h}{\partial y}n_{y}\right)\mathrm{d}L \tag{3.25}$$

式中，N 为有限单元数；$\left[\boldsymbol{K}^{(m)}\right]$、$\{\boldsymbol{h}^{(m)}\}$、$\{\boldsymbol{F}^{(m)}\}$、$\left[\boldsymbol{N}^{(m)}\right]$、$\boldsymbol{S}^{(m)}$、$\boldsymbol{L}^{(m)}$ 分别为单元 m 的渗透系数矩阵、水头矢量、流量矢量、形状系数矩阵、节理表面流速、单元形函数。

$\left[\boldsymbol{D}^{(m)}\right]$ 和 $\left[\boldsymbol{B}^{(m)}\right]$ 定义为

$$\left[\boldsymbol{D}^{(m)}\right]=\begin{bmatrix}T&0\\0&T\end{bmatrix}=\begin{bmatrix}\dfrac{\rho_{\mathrm{f}}g\,(\boldsymbol{b}^{(m)})^{3}}{12\mu}&0\\0&\dfrac{\rho_{\mathrm{f}}g\,(\boldsymbol{b}^{(m)})^{3}}{12\mu}\end{bmatrix} \tag{3.26}$$

$$\begin{Bmatrix}\dfrac{\partial h}{\partial x}\\\dfrac{\partial h}{\partial y}\end{Bmatrix}=\begin{Bmatrix}\dfrac{\partial[\boldsymbol{N}(m)]^{\mathrm{T}}}{\partial x}\\\dfrac{\partial[\boldsymbol{N}(m)]^{\mathrm{T}}}{\partial y}\end{Bmatrix}\{\boldsymbol{h}^{(m)}\}=\left[\boldsymbol{B}^{(m)}\right]\{\boldsymbol{h}^{(m)}\} \tag{3.27}$$

应用商业有限元软件 COMSOL[54] 对方程进行求解，来模拟剪切过程中水流的流动过程。应用激光测试仪对每组节理表面进行了扫描，且扫描记录点的数目众多（2000×1000 点），而且它们很规则地分布在节理表面，来展现节理表面的粗糙度和数字力学开度。作为有限元模型，断裂节理试件表面区域被剖分成 20000（200×100）个矩形单元，单元边长为 1.0mm。剪切位移差值每变化 1.0mm，对断裂节理计算区域的力学开度计算一次。在剪切过程中，剪切方向上每移动 1mm，对计算区域的力学开度进行一次计算，接着根据试验测得的平均剪胀值增加开度增量。在室内试验研究中，对于初始状态（无剪切位移，1MPa 的法向加载），上下

表面反复加载，以便能保证所有测点平均开度等于公式（3.18）中初始力学开度 b_0。

当对移动剪切和剪胀如上所述方法进行模拟时，每次旧的接触模式被打破，产生新的空隙和接触状态，计算区域（单元）的接触状态和空隙必须重新计算。当一个接触区域的两个对应表面在其两个方向上分离时，代表一个空隙区域，并且其间的空隙大小计算为二者在垂直于断裂节理平均面方向上的距离。当两个对应表面完全接触或者二者有相互嵌入（即其接触距离为负值）时，其代表一个接触区域，被赋予一个零开度。所有的局部空区域都被局部地赋予平行板流动模型，遵循立方定理[55]。

试验中发现，在剪切过程中产生较少数量的壁泥材料，但在流体流动的数值模拟中，壁泥材料的影响被忽略。节理面凸起变形和接触点损伤，通过移除在接触单元上接触凸起的重叠部分来部分地近似考虑；对剪胀和流体流动的影响通过测得的总流动速率和法向位移来反映。

3.3.4　边界条件和接触面积的处理方法

在室内试验和数值试验中，剪切方向与水流流动方向一致。在数值模拟试验中，分别固定沿着剪切方向上边界和下边界的初始水头来考虑，其值分布为 0m 和 0.1m（图 3.18）。数值模拟的流动边界条件与室内剪切渗流耦合试验的边界条件相同。为了模拟接触单元没有流体流出和流入的状态，在数值计算中把接触区域/单元从计算区域剔除，其边界条件被当做内部边界条件来处理，并且具有 0 通量，即 $\partial h/\partial n \equiv (\nabla h) \cdot n = 0$，式中 n 为指向外的单位法向量[56,57]。

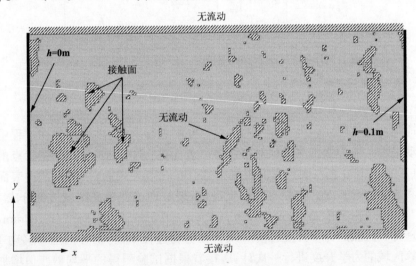

图 3.18　数值模拟的边界条件

3.3.5　结果比较和分析

关于水在断裂节理内的流动状态,图 3.19 为室内试验结果和数值模拟结果的

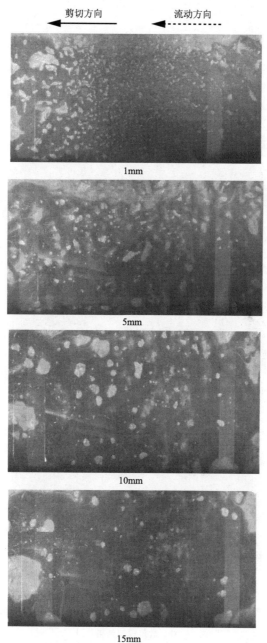

(a) 剪切渗流耦合试验中着色水在裂隙中的流动过程

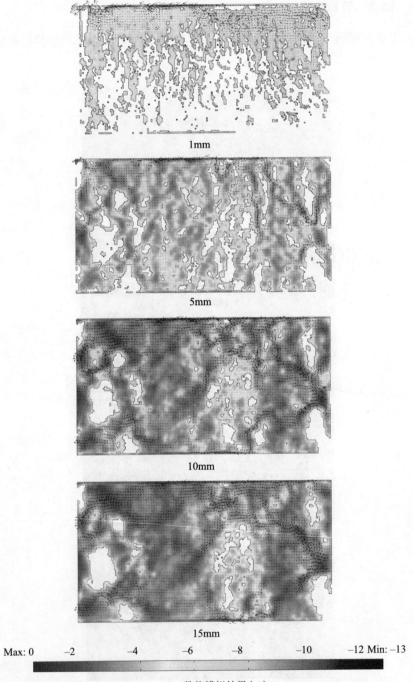

1mm

5mm

10mm

15mm

Max: 0　　　−2　　　　−4　　　　−6　　　　−8　　　　−10　　　−12 Min: −13

(b) 数值模拟结果(一)

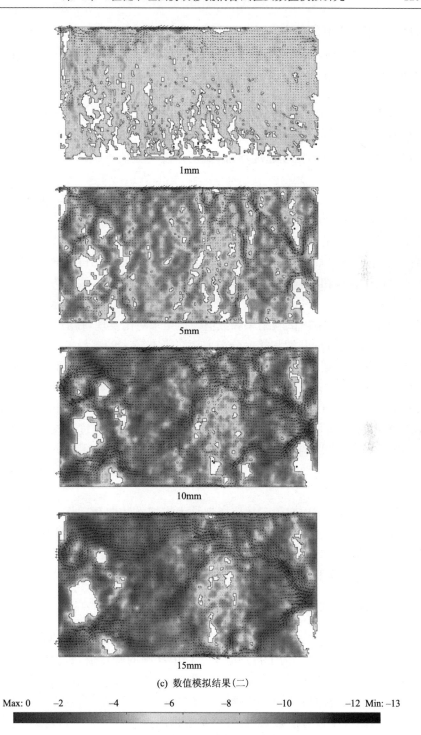

1mm

5mm

10mm

15mm

(c) 数值模拟结果(二)

Max: 0　　−2　　　　−4　　　　−6　　　　−8　　　　−10　　　　−12　Min: −13

图 3.19　试验结果和数值模拟结果对比

流动区域对比,其中试验分别在不同的剪切位移状态下(1mm、5mm、10mm 和 15mm)进行。室内数值模拟结果中白色区域代表接触区域,背景颜色的深度代表了局部渗透性的大小,见图中图例说明。对于室内试验的结果[图 3.19(a)],当剪切位移达到 5mm 时,裂隙区域开始变暗,这意味着着色水厚度随着剪切过程中节理开度的增加开始加厚,即断裂节理渗透性的增加。图示结果也清晰表明了接触面积分布及其在剪切过程中的变化。在剪切过程中,接触面积随接触比降低而减少,着色水穿过接触面,流动速度增加,流动速度的数值模拟结果如图 3.19(b)和图 3.19(c)所示。

　　两个数值模拟分别在两种开度分布的初始条件下进行了计算和分析:①初始力学开度 b_0 [图 3.19(b)],其值根据法向应力和位移关系曲线来计算,因此该模拟计算是一种预测性的数值模拟分析;②根据试验中流动速率反算得到的初始水力开度[图 3.19(c)],认为其值等于零剪切位移下的初始力学开度,该模拟被认为更准确些。由于在剪切试验过程中不可预见的流体流动变化,两种方法的数值模拟计算是必要的。

　　从图 3.19 中的室内试验结果和数值模拟结果对比发现,在剪切位移的初始阶段(1mm),在断裂节理开度和接触分布方面二者有较大的差异。这种现象主要是由剪切初始阶段断裂试件的初始定位调整偏移造成的。随着剪切位移的增加,当剪切位移达到 5mm 时,这种差异极大地减少。当剪切位移大于 5mm 时,连续剪切过程中二者拟合良好。结果表明,在较大的剪切位移条件(10mm 和 15mm)下,开始阶段断裂试件的定位调整偏移被剪胀克服,断裂节理开度和接触分布及流动路径的数值模拟结果和室内试验结果都很一致。

3.3.6　小结

　　在本节研究中,应用有限元数值模拟技术模拟在法向荷载作用下剪切过程中断裂节理试件内的流体流动,着重分析接触面面积的变化,以及剪切过程中开度和渗透性变化。从与室内试验结果的对比看,数值模拟结果和试验结果比较一致。另外,也有些地方需要进一步讨论和分析。

1. 剪切过程中开度测量上的技术困难

　　在剪切试验过程中,准确估量断裂节理开度变化对发展适当的岩石节理水力耦合模型是相当重要的。为了得到剪切过程中准确的开度值,直接测量是最好的方法,但是在目前的室内试验技术条件下是不可能做到的。在数值模拟中得到平均开度最常用的方法是计算两个粗糙节理表面在垂直于名义断裂节理面方向上的距离,在本节研究中该方法被采用;另外是根据测得的流动速率,根据立方定理来反算其值。需要更准确量测和考虑初始阶段断裂节理试件的配置误差及剪切过程中的倾斜效应,以便得到更准确的数值模拟结果。应用可视化剪切渗流耦合试验设备和着色水得到的图像,将来可以对图像进行分析以便得到裂隙的开度和水流流动速度场及其变化。

2. Reynolds 方程的有效性

Navier-Stokes 方程在实际几何断裂中的应用可以用有限单元方法来求解,并考虑岩石断裂节理内非线性流动体制[58,59]。另一方面,在一定的水力梯度、开度、流体速度等条件下,断裂节理内水流的流动状态依赖流域的 Reynolds 数。因为其应用简单,Reynolds 方程在断裂节理内应用更为普遍。既然法向应力、剪切位移对断裂节理内的渗流流动的影响是第一位的,因此也是本书的关注点;可以认为在每个剪切位移阶段,Reynolds 方程是适用的。为检验本章的假设是否有效,作者根据试验中测得的流动速率计算 Reynolds 数。流经单个断裂节理的 Reynolds 数定义为

$$Re = \frac{\rho Q}{\mu W} = \frac{\rho U \bar{b}}{\mu} \tag{3.28}$$

式中,Q 为测得通过断裂节理的体积流动速率;W 为断裂实际宽度;$\bar{b}$ 为断裂节理平均开度;$\bar{b} \cdot W$ 表示平均断面积;U 为特征流体速度(如应用平均开度的平均流速)。计算得每个剪切位移值下的 Reynolds 数如图 3.20 所示。

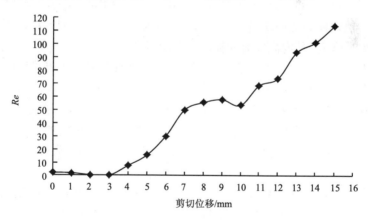

图 3.20　Re 值和剪切位移的关系

如本章假设的一样,计算得的 Reynolds 数都比较小,满足稳定层流计算状态的要求,因此本研究中,应用 Reynolds 方程来求解断裂节理内的流动是可以接受的。

3. 接触面的处理

本研究中,接触面区域是应用零开度来处理的,在接触面边界上没有流量边界被应用。该接触面模拟方法对于实现在法向荷载和剪切位移条件下的断裂节理内应力和渗流的耦合是一个重要连接。结果表明,这种接触面的处理办法在应用中取得了比较理想的应用效果。

3.4　本章小结

本章应用新型可视化数控剪切渗流耦合试验设备,结合数值模拟方法,对断裂节理试件进行了剪切渗流耦合研究。新型试验设备克服了以往传统剪切试验机的缺点,适应各工况条件下节理的变形特点,能在两种边界条件(恒定法向荷载(CNL)和恒定法向刚度(CNS))下对断裂节理试件进行剪切渗流耦合试验,试验过程中的数码设备则能适时记录着色水在断裂节理内的流动状态。另一方面,数值模拟方法形象地描述了裂隙粗糙性对渗流场的影响,展现出剪切作用对裂隙面接触面积及引起的沟槽流对渗透率和流动的各向异性影响。通过分析整理试验和数值模拟结果可得如下结论和规律。

(1) 在断裂节理的剪切渗流耦合试验研究中,法向应力和法向刚度是通常的边界条件,与剪切位移一起,被用来分析剪切行为和法向行为的耦合性质,或者解释发生在自然岩体内的剪切过程。本研究属于低围压条件下自然粗糙断裂的应力渗流耦合性质研究,其内流体流动描述可适用于立方定理。

(2) 法向应力或法向刚度越大,断裂节理的法向位移越小,可见法向应力或法向刚度对断裂节理剪胀有抑制作用;断裂节理粗糙度对断裂节理法向性能具有很大的影响作用,一般断裂节理表面越粗糙,所获得的法向位移就越大。

(3) 岩石裂隙在发生剪切变形时发生剪胀,裂隙水力开度加大。在不同法向应力条件下,裂隙透过率总体上随剪切变形的增大而增加,且裂隙面越粗糙,透过率的增加值越大。这也和 Bawden 等得出的结论一致。

(4) 水力开度和透过率在剪切过程中呈现出两阶段变化性质:在第 I 阶段,随剪切位移增加,其值逐步升高;在第 II 阶段,当剪切位移由零增加到 $8 \sim 12 \mathrm{mm}$ 时,其值变化趋于平缓。在剪切变形开始的时候,负膨胀使第 I 阶段的透过率偏离立方定理。在该研究中应用的断裂试件具有良好的匹配性能,负膨胀的产生是由于剪切试验前作用在试件上的法向荷载引起的固结压实和收缩。在本次试验中,这只是一个短暂现象,其透过率值还比较低。

(5) 随剪切位移增大,因剪胀作用,裂隙开度和水力传导系数均显著增大。当剪切位移由零增加到 $8 \sim 12 \mathrm{mm}$ 时,受剪胀作用影响,裂隙开度和水力传导系数达到最大值,而后随剪切位移的增加,水力开度值基本持平。而且由试验结果可知,节理面剪切位移引起节理面剪切应力和渗透系数极大改变,特别是渗透性变化,节理面的微小剪切位移也可能引起渗透性数量级上的改变。

(6) 比较试验结果可以,发现峰值剪切应力点通常比透过率的拐点出现得早些,这是由于在剪切过程中的节理表面凸起的损伤过程。

(7) 断裂节理的表面形态对节理开度分布及变化有重要的影响。

<h1 align="center">参 考 文 献</h1>

[1] 盛金昌,速宝玉. 裂隙岩体渗流应力耦合研究综述. 岩土力学,1998,19(2):92-98.

[2] Liu J,Elsworth D,Brady B H. Linking stress-dependent effective porosity and hydraulic conductivity fields to RMR. International Journal of Rock Mechanics and Mining Sciences,1999,36(5):581-589.

[3] Gale J E. The effects of fracture type(induced versus natural) on the stress,fracture closure,fracture permeability relationship. Proceedings of the 23rd Rock Mechanics Symposium. Berkeley:AIME,1982:290-298.

[4] Nolte D D,Pyrak-Nolte L J,Cook N G W. The fractal geometry of flow paths in natural fractures in rock and the approach to percolation. Pure and Applied Geophysics,1989,131(1/2):111-138.

[5] Barton N,Bakhtar K. Rock Joint Description and Modeling for the Hydro-Thermo-Mechanical Design of Nuclear Waste Repositories. Canada:Mining Research Laboratory,1983.

[6] Bandis S C,Lumsden A C,Barton N R. Fundamentals of rock joint deformation. International Journal of Rock Mechanics and Mining Science and Geomechanics Abstracts,1983,20(6):249-268.

[7] Witherspoon P A,Wang J S Y,Iwai K,et al. Validity of cubic law for a deferrable rock fracture. Water Resources Research,1980,16(6):1016-1024.

[8] Pine R J. Rock Joint and Rock Mass Behaviour During Pressurized Hydraulic Injection. UK:Camborne School of Mines,1986.

[9] Bandis S C. Engineering properties and characterization of rock discontinuities. Comprehensive Rock Engineering,1993,1:155-168.

[10] Olssona R,Barton N. An improved model for hydromechanical coupling during shearing of rock joints. International Journal of Rock Mechanics and Mining Sciences,2001,38(3):317-329.

[11] Ломизе М. Фильтрация в Трещиноватых Породах. Москва-Ленинград: Государственное Энергетическое издательство,1951.

[12] Ромм Е С. Фильтрационные Своиства Трещиновтых Горных Пород. Москва: Издательстьо Недра, 1966.

[13] Snow D. Anisotropic permeability of fractured media. Water Resource Research, 1969, 5 (6):1273-1289.

[14] 王媛. 单裂隙面渗流与应力的耦合特性. 岩石力学与工程学报,2002,21(1):83-87.

[15] Tsang Y W,Witherspoon P A. The dependence of fracture mechanical and fluid flow properties on fracture roughness and sample size. Journal of Geophysical Research,1983,88(B3):2359-2366.

[16] Barton N,Bandis S,Bakhtar K. Strength,deformation and conductivity coupling of rock joints. International Journal of Rock Mechanics and Mining Sciences and Geomechanics Abstracts, 1985, 22 (3):121-140.

[17] Makurat A,Barton N,Rad N S,et al. Joint conductivity variation due to normal and shear deforma-

tion// Barton N,Stephansson O. Proceedings of the International Symposium on Rock Joints. Rotterdam：Balkema,1992：535-540.

[18] 张文杰,周创兵,李俊平,等. 裂隙岩体渗流特性物模试验研究进展. 岩土力学,2005,26（9）：1517-1524.

[19] 周创兵,熊文林. 岩石节理的渗流广义立方定理. 岩土力学,1996,17(4)：1-7.

[20] 速宝玉,詹美礼,赵坚. 仿天然岩体裂隙渗流的试验研究. 岩土工程学报,1995,17(5)：19-24.

[21] Lomize G M. Flow in Fractured Rocks. Moscow：Gosemergoizdat,1951.

[22] Louis C. Rock Hydraulics in Rock Mechanics. New York：Springer-Verlag,1974.

[23] Nicholl M J,Glass R J,Wheatcraft S W. Gravity-driven infiltration instability in initially dry non-horizontal fractures. Water Resources Research,1994,30(9)：2533-2546.

[24] 许光祥,张永兴,哈秋舲. 粗糙裂隙渗流的超立方和次立方定律及其试验研究. 水利学报,2003,（3）：74-79.

[25] Zimmerman R W,Bodvarsson G S. Hydraulic conductivity of rock fractures. Transport in Porous Media,1996,23：1-30.

[26] Hakami E. Aperture Distribution of Rock Fractures. Stockholm：Division of Engineering Geology,Royal Institute of Technology,1995.

[27] Nguyen T S,Selvadurai A P S. A model for coupled mechanical and hydraulic behaviour of a rock joint. International Journal for Numerical and Analytical Methods in Geomechanics,1998,22(1)：29-48.

[28] Witherspoon P A,Amick C H,Gale J E. Observations of potential size effect in experimental determination of the hydraulic properties of fractures. Water Resources Research,1979,15(5)：1142-1146.

[29] Elliot G M,Brown E T,Boodt P I,et al. Hydromechanical behaviour of the Carnmenellis granite,S. W. England. Conference Proceedings,International Symposium on Fundamentals of Rock Joints. Sweden：Björkliden,1985：249-258.

[30] Wei Z Q,Hudson J A. Permeability of jointed rock masses. Rock Mechanics and Power Plants. Rotterdam：Balkema,1988：613-626.

[31] Barton N. Modelling rock joint behaviour from in situ block tests：Implications for nuclear waste repository design. Office of Nuclear Waste Isolation, Columbus, 1982.

[32] Jones F O. A laboratory study of the effects of confining pressure on fracture flow and storage capacity in carbonate rocks. Journal of Petroleum Technology,1975,21：21-27.

[33] Nelson R A. Fracture Permeability in Porous Reservoirs：An Experimental and Field Approach. College Station：Department of Geology,Texas A&M University,1975.

[34] Kranz R L,Frankel A D,Engelder T,et al. The permeability of whole and jointed Barre granite. International Journal of Rock Mechanics and Mining Sciences and Geomechanics Abstract,1979,16（2）：225-234.

[35] Makurat A,Barton N,Rad N S,et al. Joint conductivity variation due to normal and shear deformation. Proceedings of the International Symposium on Rock Joints. Rotterdam：Balkema,1990：535-540.

[36] Barton N. The problem of joint shearing in coupled stress-flow analyses. Proceedings of the International Symposium on Percolation through Fissured Rock. Stuttgart：Discussion D4,1972.

[37] Sharp J C,Maini Y N T. Fundamental considerations on the hydraulic characteristics of joints in Rock. Proceedings of the International Symposium on Percolation through Fissured Rock. Stuttgart：Discussion D4,1972：1-15.

[38] Makurat A. The effect of shear displacement on the permeability of natural rough joints, hydrogeology of rocks of low permeability. Proceedings of the 17th International Congress on Hydrogeology, Tucson, 1985:99-106.

[39] Zimmerman R W, Chen D W, Cook N G W. The effect of contact area on the permeability of fractures. Journal of Hydrology, 1992, 139(1-4):79-96.

[40] Lee H S, Cho T F. Hydraulic characteristics of rough fractures in linear flow under normal and shear load. Rock Mechanics and Rock Engineering, 2002, 35(4):299-318.

[41] Jiang Y, Xiao J, Tanabashi Y, et al. Development of an automated servo-controlled direct shear apparatus applying a constant normal stiffness condition. International Journal of Rock Mechanics and Mining Sciences, 2004, 41(2):275-286.

[42] 刘才华, 陈从新, 付少兰. 剪应力作用下岩体裂隙渗流特性研究. 岩石力学与工程学报, 2003, 22(10): 1651-1655.

[43] Indraratna B, Haque A, Aziz N. Shear behaviour of idealized infilled joints under constant normal stiffness. Geotechnique, 1999, 49(3):331-355.

[44] 蒋宇静, 王刚, 李博, 等. 岩石节理剪切渗流耦合试验及分析. 岩石力学与工程学报, 2007, 26(11): 2253-2259.

[45] Li B, Jiang Y, Koyama T, et al. Experimental study on hydro- mechanical behaviour of rock joints by using parallel-plates model containing contact area and artificial fractures. International Journal of Rock Mechanics and Mining Sciences, 2008, 45(3):362-375.

[46] Jiang Y, Li B, Tanabashi Y. Estimating the relation between surface roughness and mechanical properties of rock joints. International Journal of Rock Mechanics and Mining Sciences, 2006, 43(6):837-846.

[47] Xie H, Wang J. Direct fractal measurement of fracture surfaces. International Journal of Solids and Structures, 1999, 36(20):3073-3084.

[48] Koyama T, Li B, Jiang Y, et al. Coupled shear-flow tests for rock fractures with visualization of the fluid flow and their numerical simulations. International Journal of Geotechnical Engineering, 2008, (3):215-227.

[49] Jiang Y, Koyama T, Li B, et al. Numerical modeling of fluid flow in single rock fracture during shear with special algorism for contact areas. Journal of the Mining and Materials Processing Institute of Japan, 2008, 124:129-136.

[50] Koyama T, Li B, Jiang Y, et al. Numerical simulations for the effects of normal loading on particle transport in rock fractures during shear. International Journal of Rock Mechanics and Mining Sciences, 2008, 45(8):1403-1419.

[51] 李元海, 靖洪文, 刘刚, 等. 数字照相量测在岩石隧道模型试验中的应用研究. 岩石力学与工程学报, 2007, 26(8):1684-1690.

[52] 王刚. 节理剪切渗流耦合特性及加锚节理岩体计算方法研究. 济南: 山东大学博士学位论文, 2008.

[53] Esaki T, Du S, Mitani Y, et al. Development of a shear-flow test apparatus and determination of coupled properties for a single rock joint. International Journal of Rock Mechanics and Mining Sciences, 1999, 36:641-650.

[54] Comsol A B. COMSOL Multiphysics Ver. 3. 3, Stockholm, 2006. Home page: http://www.comsol.se.

[55] Koyama T, Jing L. Fluid flow and tracer transport simulations for rock fractures under normal loading

and shear displacement. Proceedings of the 11th International Congress Rock Mech, Lisbon, 2007.

[56] Jiang Y, Xiao J, Tanabashi Y, et al. Development of an Automated Servo-Controlled Direct Shear Apparatus Applying a Constant Normal Stiffness Condition. International Journal of Rock Mechanics and Mining Science, 2004, 41: 275-286.

[57] Zimmerman R W, Al-Yaarubi A, Pain C C, et al. Non-linear regimes of fluid flow in rock fractures. International Journal of Rock and Mining Science, 2004, 41(3): 384-384.

[58] Zimmerman R W, Bodvarsson G S. Hydraulic conductivity of rock fractures. Transport in Porous Media, 1996, 23: 1-30.

[59] 耿克勤,陈凤翔,刘光廷,等. 岩体裂隙渗流水力特性的实验研究. 清华大学学报(自然科学版),1996, 36(1):102-106.

第4章　粗糙节理面渗流计算模型和溶质运移机理研究

第3章剪切渗流试验研究表明,粗糙表面对节理渗流影响显著,但难以定量描述。几何分形作为描述岩石节理表面形貌特征的一种方法近年来得到了广泛的应用。为了准确表述节理表面粗糙形态对节理渗流的影响,基于节理接触面积和开度,结合节理面分形特征影响,建立了节理面水力开度计算分形修正公式。以自然节理试件为原型预制类岩石材料节理试件,通过激光测试获取节理表面三维形貌数据,应用立方体覆盖法计算节理试件的分形维数。同时分析剪切过程中节理的平均开度和接触面积比的变化规律,分别采用广泛应用的 Zimmerman 计算公式、Yeo 修正计算公式和分形修正公式计算节理面的水力开度,将计算结果与剪切渗流耦合试验所得的水力开度实测值进行比较讨论。

第3章剪切渗流试验过程及数值模拟结果形象地表明裂隙粗糙度对渗流场的影响,本章考虑到二氧化碳地下封存、高放射性核废料地下处置、垃圾填埋等特殊工程背景,在数值模拟中求得的渗流场基础上,加入溶质运移场,分别模拟考虑基质吸附作用和不考虑吸附作用下溶质在水流中的迁移规律。并通过和一维对流弥散模型对比分析,推导粗糙裂隙面的宏观运移特征,从而估算粗糙裂隙面的等效弥散系数和等效速度,分析粗糙裂隙的剪切作用对溶质运移特征参数的影响。对地下水的污染防治、放射性核废料的深层地质处置及其安全性评价、石油及天然气的开采和地面沉降等都具有重要的指导意义。

4.1　考虑分形特征的节理面渗流计算模型研究

4.1.1　节理面渗流计算分形模型

描述流体流通节理面的最简单模型就是光滑平行板模型,也就是常用的立方定理,其计算公式为

$$Q = \frac{\rho g b^3}{12\mu} w \frac{\partial h}{\partial x} \tag{4.1}$$

式中,b 为开度;w 为裂隙宽度;h 为水头;μ 为流体黏度;x 为流动方向坐标;ρ 为流体的密度;g 为重力加速度。

由公式(4.1)可以看出,当节理面开度为零,即在节理上下表面接触处时,立方

定理将不连续,因此 Walsh[1]、Zimmerman 等[2]、Piggott 和 Elsworth[3] 建议应该分开考虑节理面接触区域和贯通区域。他们在研究接触区域影响时把节理面简化为光滑平行板模型,平板之间有一些特定形状的接触面积,如图 4.1 所示。由于平行板模型的上下面开度是一定的,流体在其中的流动可以得到精确解答,那么就可以单独分析接触面积所造成的影响。其中较为经典的模型是 Hele-Shaw 模型,该模型假设平行板之间有圆柱形阻碍。当流体流速较小而且开度相对于接触区域尺寸也较小时,这种流动就可以近似为 Hele-Shaw 流动[4]。

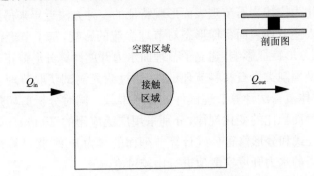

图 4.1　有接触面积的理想平行板模型间渗流分析模型

Walsh[1] 应用有效介质理论分析圆形接触面积的平行板模型,得到

$$b_{\mathrm{h}}^3 = b_{\mathrm{n}}^3 \frac{1-c}{1+c} \tag{4.2}$$

式中,b_{h} 为水力开度;b_{n} 为名义开度;c 为接触面积比,即接触面积占节理总面积的百分比。式中系数 $(1-c)/(1+c)$ 体现了接触面积所产生的影响,即 c 值越大,水力开度 b_{h} 就越小。Obdam 和 Veling[5] 得到了椭圆形阻碍的二维流动基本解法,Zimmerman[2] 应用此解法把 Walsh[1] 得到的结论扩展到了椭圆形接触问题,并得出

$$b_{\mathrm{h}}^3 = b_{\mathrm{n}}^3 \frac{1-\beta c}{1+\beta c} \tag{4.3}$$

式中,$\beta = (1+\alpha)^2/4\alpha$,$\alpha$ 为椭圆纵横轴长度的比值。Zimmerman 还将该公式推广到不规则接触面积问题中,并应用边界元进行模拟,结果表明,在不规则接触面积的流动问题中,应用 Walsh 表达式所得的水力开度要比实际值偏大。由于不规则形状的纵横比不容易确定,因此 Zimmerman 采用了 Kirkpatrick[6] 所得的接触面积影响系数 $(1-2c)$ 来代替 $(1-\beta c)/(1+\beta c)$。

Zimmerman 和 Bodvarsson[7] 建立了估算水力开度的解析模型:

$$b_{\mathrm{h}}^3 = \langle b \rangle^3 \left[1 - 1.5 \left(\frac{s}{\langle b \rangle} \right)^2 \right] \tag{4.4}$$

式中,$\langle b \rangle$ 和 s 分别是开度的算术平均值和标准差。一般用水力开度 b_{h} 来代替公

式(4.1)中的 b 值进行修正。Zimmerman 和 Bodvarsson[7]把公式(4.4)应用到粗糙节理面,公式(4.4)称为开度修正项,$(1-2c)$ 为接触修正项[8]。Zimmerman 和 Bodvarsson 建议用式(4.5)计算节理面的水力开度:

$$b_\mathrm{h}^3 = \langle b \rangle^3 \left[1 - 1.5 \left(\frac{s}{\langle b \rangle} \right)^2 \right] (1 - 2c) \tag{4.5}$$

Yeo[8]根据节理试件的渗流试验成果对公式(4.5)中接触面积影响修正项进行改进,得到如下公式:

$$b_\mathrm{h}^3 = \langle b \rangle^3 \left[1 - 1.5 \left(\frac{s}{\langle b \rangle} \right)^2 \right] (1 - 2.4c) \tag{4.6}$$

公式(4.6)同时考虑了接触面积和开度值分布变化对水力开度产生的影响。从该公式可以看出,节理表面越粗糙,开度的标准差 s 就越大,节理面的水力开度 b_h 与平均开度相比就越小。开度的标准差是节理面上每点处的开度值与节理面平均值离差平方的算术平均数的平方根,反映了节理面上每点开度值与平均值的平均偏离程度。但是它无法表示开度偏离的分布情况,当两个粗糙面的开度平均值及其标准差相同时,其粗糙度有可能不同。因此仅用这两个参数来描述节理面开度的变化会存在一定的偏差。

节理面分形模型可以直接表示节理面的复杂形状,有关分形特性的参数能够很好地表示节理面的曲折性[9]。分形维数可以表征粗糙面起伏高低之间的比例大小,能够充分地表示出岩石节理面粗糙和曲折特性[10]。在经典几何中,任何曲面和表面都是二维的,而在分形概念中,曲面维数为 2~3。早期学者对分形曲线研究得较多,Weierstrass 在 1875 年构造了一条处处不可导的连续曲线,Mandelbrot 和 Feder 对 Weierstrass 函数进行了改进,得到了 Weierstrass-Mandelbrot 函数(即 W-M 函数),表示具有分维 D 的分形曲线函数[11]。由 W-M 函数得出的具有分形特性的随机曲线轮廓函数中含有参数 $(D-1)$,类比可用 $(D-2)$ 结合平均开度来描述节理面曲折效应。因此在公式(4.6)的基础上,用 $(D-2)$ 代替 $1-1.5(s/\langle b \rangle)^2$ 来描述节理面曲折效应,同时考虑接触面积影响,提出如下计算公式:

$$b_\mathrm{h}^3 = \langle b \rangle^3 \frac{(1 - 2.4c)}{e^{(D-2)}} \tag{4.7}$$

由式(4.7)可知,节理的粗糙度越大,分形维数越大,b_h 与 $\langle b \rangle$ 之间的差值也就越大,与前述公式表达的规律一致。为了验证该公式的适用性,结合第 3 章所得的试验结果(节理试件 J1、J2 和 J3)进行验证;为了更充分地验证该模型是否同样适应于粗糙度较大的情况,另取两组(J4 和 J5)粗糙度和分形维数相对之前均更大的岩石节理面,以同样条件进行新的剪切渗流耦合试验。试验条件和过程均与第 3 章研究相同,其表面形貌如图 4.2 所示。试件 J4 表面较平滑,整体没有较大凸起,但存在较多的小凸起;试件 J5 表面较粗糙,有较大凸起,同时也存在较多的小凸起。

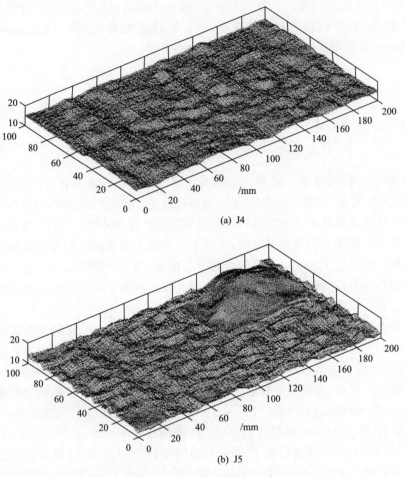

(a) J4

(b) J5

图 4.2　试件 J4 和 J5 的三维节理表面形貌

4.1.2　节理面分形维数计算

在进行剪切渗流试验前,根据节理试件表面形貌测试数据,计算其分形维数。分形几何中,最常用的分形维数计算方法是尺码法和覆盖法。其中尺码法可以直接估算出复杂曲线的分形维数,而对于粗糙表面,则需要采用间接覆盖的方法,其中最具有代表性的是三角形棱柱表面积法[12]和投影覆盖法[13],但这两种方法在估算表面分维时都存在面积的近似计算问题,从而导致了计算结果的偏差,为了克服上述两种方法中近似计算问题,周宏伟等[14]提出了表面分维的立方体覆盖法,采用三维立方体网格直接覆盖粗糙表面,具体过程如下。

(1) 在平面 XOY 上存在尺度为 δ 的正方形网格,网格的四个角点的高度分别为 $h(i,j)$、$h(i,j+1)$、$h(i+1,j)$ 和 $h(i+1,j+1)$(其中 $1 \leqslant i,j \leqslant n-1,n$ 为每

个边的测量点数)。

(2) 用边长为 δ 的立方体对粗糙表面进行覆盖,则该区域内覆盖粗糙表面所需的立方体总数 $N_{i,j}$ 为

$$
\begin{aligned}
N_{i,j} = \mathrm{INT}\{\delta^{-1}[\max(&h(i,j),h(i,j+1),\\
&h(i+1,j),h(i+1,j+1)) - \min(h(i,j),\\
&h(i,j+1),h(i+1,j),h(i+1,j+1))]+1\}
\end{aligned}
\tag{4.8}
$$

式中,INT 为取整函数。

(3) 计算整个区域上的立方体总数:

$$
N(\delta) = \sum_{i,j=1}^{n-1} N_{i,j}
\tag{4.9}
$$

(4) 改变测量尺度,再次计算立方体总数 N,根据分形理论,覆盖立方体总数 $N(\delta)$ 与测量尺度 δ 之间存在如下关系式:

$$
N(\delta) \sim \delta^{-D}
\tag{4.10}
$$

分形维数 D 的计算公式可以写成

$$
D = -\frac{\lg(N/N_0)}{\lg(\delta/\delta_0)}
\tag{4.11}
$$

通过编写 Matlab 程序,可以计算得出粗糙表面 J1、J2、J3、J4、J5 的立方体覆盖数目与观测尺度之间的关系,如图 4.3 所示。图中直线斜率的绝对值即粗糙表面分形维数。本节中立方体测量尺度为 0.2～100mm,当测量尺度较大时,如图 4.3 中 $\lg(\delta/\delta_0)>-1.69$,粗糙表面分形维数精确到 2.000,即粗糙表面不表现出分形特性,只有当测量尺度较小时,如图 4.3 中 $\lg(\delta/\delta_0)<-1.69$,粗糙表面才表现出分形特性。

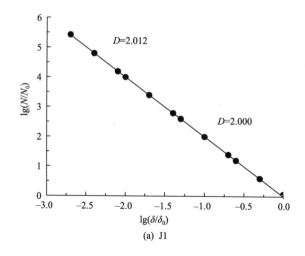

(a) J1

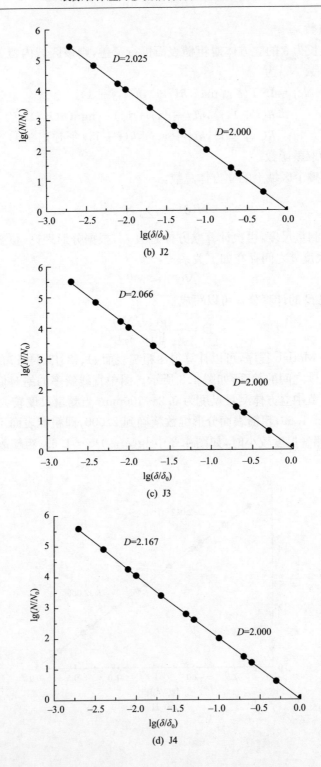

(b) J2

(c) J3

(d) J4

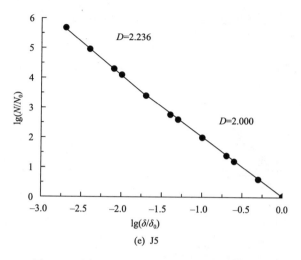

图 4.3　试件 J1~J5 的节理表面分形维数计算

4.1.3　节理渗流计算公式的验证

基于前面考虑分形特征的节理面水力开度计算公式(4.7),结合剪切渗流耦合试验的数据结果,把分形修正公式(4.7)计算结果、Zimmerman 公式(4.5)、Yeo 得到的修正公式(4.6)和试验测试值进行对比分析,其数据比对如图 4.4 所示。为了便于结果分析,做如下定义:Zimmerman 公式中修正系数为 Z、Yeo 公式中修正系数为 Y、分形公式中修正系数为 F 分别为

$$Z = \left[1 - 1.5\left(\frac{s}{\langle b \rangle}\right)^2\right](1 - 2c) \qquad (4.12)$$

$$Y = \left[1 - 1.5\left(\frac{s}{\langle b \rangle}\right)^2\right](1 - 2.4c) \qquad (4.13)$$

$$F = \frac{(1 - 2.4c)}{e^{D-2}} \qquad (4.14)$$

由图 4.4 可以看出,当节理面发生剪切位移后,节理面的接触面积比快速降低,力学开度和水力开度增加。这主要由于上下节理面最初为配衬节理面,发生较小的剪切位移后,节理面错开而形成大量的孔隙,导致接触面积比迅速降低,水力开度迅速增加。随着剪切位移的继续增加,上下面之间形成了相对稳定的贯通区域,接触面积比和水力开度都逐渐趋于平稳。图 4.4(a)中在剪切初期和后期由 Zimmerman 计算公式和 Yeo 修正公式计算所得的水力开度均为负值,且剪切过程中这两个公式的计算结果与实测值相差较大。分析其原因,主要是修正系数 Z 和 F 夸大了表面曲折造成的影响。随着节理表面粗糙度的增加,如图 4.4(d)所示,系数 Z 和 F 的修正作用逐渐变得合理,但总体还会使预测值小于实测值。相比较

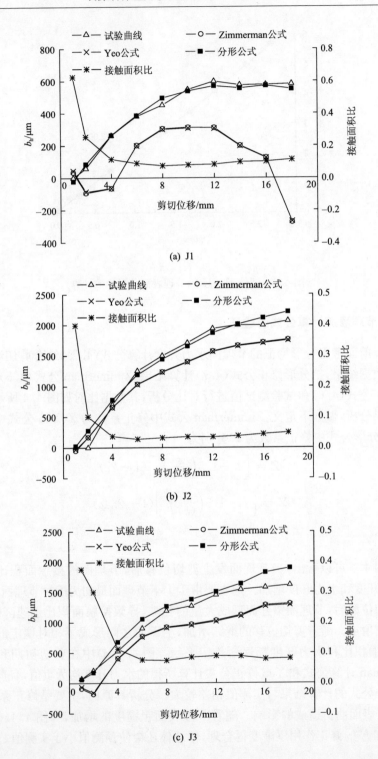

(a) J1

(b) J2

(c) J3

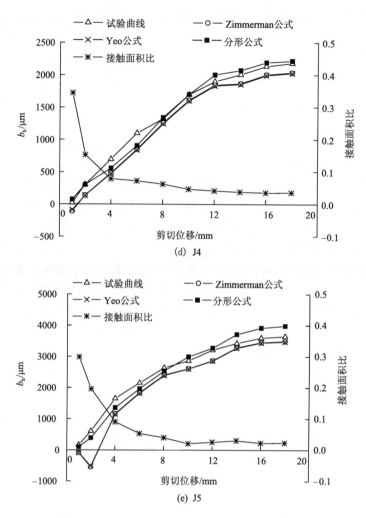

图 4.4　J1～J5 节理面公式计算结果与试验值比较

而言,分形公式与试验结果更相符。

五组试件结果对比表明,节理试件 J1 的残余水力开度值较小,主要是节理面相对比较平整,没有大的凸起,小的凹凸也较少,节理面的接触比也最大;节理试件 J5 的残余水力开度值较大,则是由于该节理面小的凹凸较多,而且在结构面的一端存在相对集中的较大凸起,节理面的接触比也最小;节理试件 J2、J3 和 J4 的残余水力开度值较为接近,三组节理面的接触比也较为接近,试件 J2 的节理面虽整体小凸起较少,但中间有较大的凸起,这导致剪切过程中上下节理面接触面积较小,节理残余开度相对较大;节理试件 J3 和 J4 的表面都没有大的凸起,而节理试件 J4 表面凹凸比 J3 多,分形维数也大,其残余水力开度值也较大。

剪切过程中接触面积的修正项一般情况下大于零,而由 Zimmerman 计算公式和 Yeo 修正公式计算所得的水力开度有时会出现负值的情况,这主要是由于公式中 $1-1.5(s/\langle b\rangle)^2$ 会出现小于零的情况,这与计算公式实际意义有所偏离。而考虑分形特征的节理面水力开度计算公式(4.7),则在一定程度上克服了这一问题,节理面在剪切过程中不会出现负水力开度值。

4.1.4　修正参数的分析与讨论

本研究进行剪切渗流耦合试验的节理试件原型为配衬节理,因此节理上下两块试件表面的粗糙特征是配衬的,可以用一个表面的分形特征来表征节理表面的粗糙性质,而上下两块试件表面的啮合程度则由公式中的节理平均开度和接触面积来描述。本节进行的剪切渗流耦合试验中,节理面的分形维数为 2.0~2.5。自然粗糙节理的分形维数一般不会太高,如果节理面过于粗糙,剪切过程中就不可避免产生大范围的破碎,其渗透性质将产生重大变化,影响因素增多更加复杂。

此外,Barton 等[15]的研究表明,开度较大的节理在表面较平滑时,水力开度和力学开度几乎相同,而随节理表面粗糙度增加,力学开度可以达到水力开度的 7 倍。而本节分形修正公式中,当节理面相对平滑,对应的分形维数相对较小时,系数 $1/e^{D-2}$ 起到的修正作用较小;而当节理面分形维数较大时,系数 $1/e^{D-2}$ 起到的修正作用会迅速增加。图 4.5 列出了分形维数在 2~3 时修正系数 $1/e^{D-2}$ 的大小。

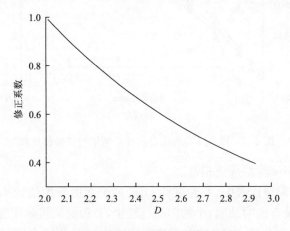

图 4.5　不同分形维数下的修正系数

4.1.5　小结

节理面接触面积、力学开度和粗糙凸起的分布规律对节理面的渗透特性具有重要的影响。本节基于前人的研究成果,结合室内试验分析,成功将表征节理表面粗糙特性的分形维数引入节理面水力开度的计算公式中,且公式计算结果与试验数据吻合较好。主要结论如下。

（1）在考虑接触面积影响的基础上，根据节理面的分形特性，建立了分形维数修正下的节理水力开度计算公式：

$$b_h^3 = \langle b \rangle^3 \frac{(1 - 2.4c)}{e^{D-2}}$$

式中，$\langle b \rangle$ 为节理的平均开度；D 为节理面的分形维数；c 为接触面积比。

（2）根据室内剪切渗流耦合试验，分别将分形修正公式、Zimmerman 计算公式和 Yeo 修正计算公式的计算结果与试验实测数据进行对比，分析结果表明，分形修正公式在总结前人研究成果的基础上，引入结构面分形特征来修正结构面的渗透性质，能更好地描述节理面剪切过程中渗透性质的变化规律，与试验测试数据吻合更优，能够较真实地反映节理面粗糙形态对渗流产生的影响，从而更好地计算节理水力开度，评价其渗透特性。

（3）应用立方体覆盖法计算出五组自然节理面的分形维数，五组节理面粗糙程度依次增加，分形维数也相应依次增大。由试验数据对比分析可知，本节提出的分形修正公式与试验测试数据吻合良好，说明该公式较好地反映了节理面的接触面积和分形维数对节理面渗透性质的影响。此公式可作为今后研究的一个重要基础，引入表示各向异性等特征的参数，建立更完善的节理面渗流模型。

4.2　溶质运移数值模拟

4.2.1　运移场控制与方程与边界条件

在第 3 章数值模拟中求得的渗流场基础上，增加溶质运移模型，模拟溶质随流体流动的运移情况。地下水溶质运移控制方程为

$$\frac{\partial c}{\partial t} = -\mathbf{V} \mathbf{\nabla} c + \mathbf{\nabla} \cdot (\mathbf{D} \mathbf{\nabla} c) \tag{4.15}$$

式中，c 为溶质浓度；$\mathbf{V}$ 为渗流场流速；$\mathbf{D}$ 为弥散系数，其计算式为

$$D_x = \frac{1}{\sqrt{v_x^2 + v_y^2}} (\alpha_1 v_x^2 + \alpha_2 v_y^2) + D_m \tag{4.16}$$

$$D_y = \frac{1}{\sqrt{v_x^2 + v_y^2}} (\alpha_2 v_x^2 + \alpha_1 v_y^2) + D_m \tag{4.17}$$

$$D_{xy} = D_{yx} = \frac{1}{\sqrt{v_x^2 + v_y^2}} (\alpha_1 - \alpha_2) v_x v_y + D_m \tag{4.18}$$

式中，v_x、v_y 分别为渗流场速度分量；α_1、α_2 为纵向和横向弥散度；D_m 是分子扩散系数。式（4.15）中对流项 $\mathbf{V}\mathbf{\nabla}c$ 表示溶质运移时由于流场中流速的变化而产生的影响。

求解过程中裂隙中的浓度统一除以入口浓度转化为无量纲量进行分析,即

$$c(x,y) = \frac{C(x,y)}{C_{inlet}} \tag{4.19}$$

应用数值软件 Comsol Multiphysis 求解式(4.15),该式是关于时间的函数,浓度边界条件为:水流入口处为第一类边界条件,$C/C_0 = 1.0$;上下边界及内部接触边界为溶度通量为零的第二类边界条件;水流出口边界也为溶质流出边界。

4.2.2　运移场模拟结果分析

1. 不同时刻运移状态

由于渗透率的不均匀性和各向异性,溶质在裂隙中的运移也出现了明显的不均匀性,该现象主要是由裂隙开度的不均匀分布决定的。由于裂隙面的粗糙性使得流体在流动时出现了主流通道,溶质沿着该主流通道运移较快,出现了明显的超前情况。图 4.6 列出了剪切 15mm 状态下溶质运移过程中的浓度等值分布图,从

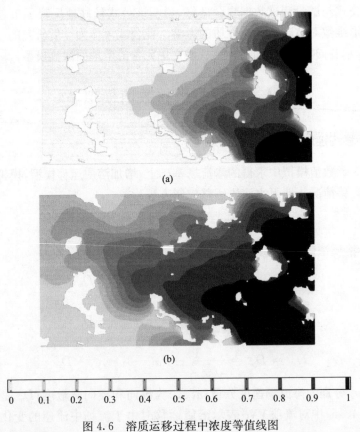

(a)

(b)

| 0 | 0.1 | 0.2 | 0.3 | 0.4 | 0.5 | 0.6 | 0.7 | 0.8 | 0.9 | 1 |

图 4.6　溶质运移过程中浓度等值线图

该图可以看出,在透水率较高区域内,溶质浓度较高,相对于透水率较低的区域,运移过程有明显的超前现象。与水流模拟结果对比可知,在水动力条件下,由于渗流的不均匀性和各向异性,溶质在裂隙中的运移也显示出了明显的不均匀性,这是由裂隙开度不均匀分布特征决定的。

2. 穿透曲线

综合考虑裂隙开度在纵向长度上的变化影响,距离入口 x 处的平均浓度计算公式可表示为[16]

$$\bar{c} = \frac{\displaystyle\int_0^L c(x,y)h(x,y)\mathrm{d}y}{\displaystyle\int_0^L h(x,y)\mathrm{d}y} \tag{4.20}$$

根据溶质运移模拟结果,利用式(4.20)计算可得该裂隙面中溶质运移的穿透曲线。由于粗糙裂隙中溶质穿透曲线理论解难以求出,可以用 Parker 和 Van Genuchten 针对平行板裂隙模型给出的 ADE 方程的解析解进行近似。

$$\frac{C(x,y)}{C_0} = \frac{1}{2}\left[\mathrm{erfc}\left(\frac{x-Vt}{2\sqrt{D_L t}}\right) + \exp\left(\frac{Vx}{D_L}\right)\mathrm{erfc}\left(\frac{x+Vt}{2\sqrt{D_L t}}\right)\right] \tag{4.21}$$

变化式(4.21)中的参数 V 和 D_L,使得该表达式结果和模拟所得的穿透曲线拟合程度最好,对应的 D_L 则可以近似认为是粗糙节理面的等效弥散系数。曲线拟合结果如图 4.7 中散点所示,每个剪切状态下均可得到良好的拟合效果。由此得到的每个剪切状态下的等效弥散系数如图 4.8 所示。随着剪切位移的增加,节理面的等效弥散系数逐渐增大,分析其原因,主要是剪切位移增加使得裂隙水力开度和水流速度逐渐增大,促进了 Taylor 弥散和宏观弥散作用,主要由这两个弥散作用控制的等效弥散系数也随之增加。

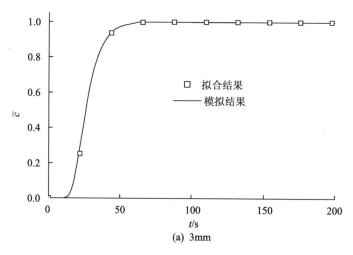

(a) 3mm

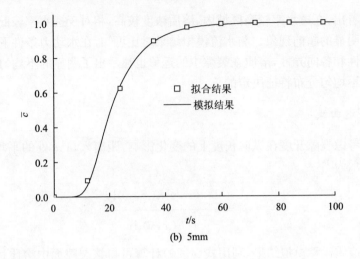

(b) 5mm

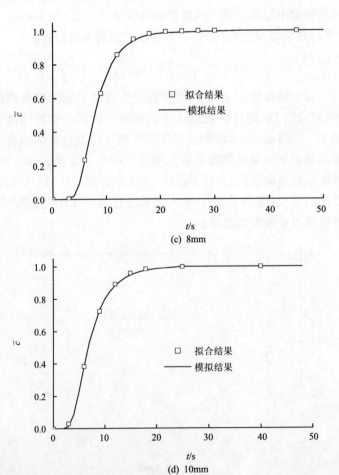

(c) 8mm

(d) 10mm

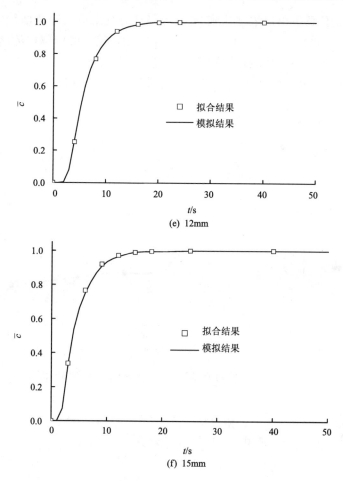

图 4.7 不同剪切位移下出口处模拟所得的穿透曲线与根据一维 ADE 方程拟合结果对比

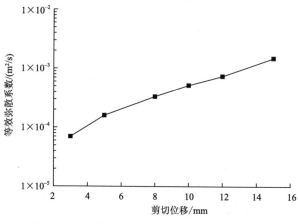

图 4.8 不同剪切位移下等效弥散系数大小

不同剪切位移下出口浓度达到90％所需时间及出口处穿透曲线对比结果分别列于图4.9和图4.10中。由以上两图可以看出,随着剪切位移的增加,穿透曲线整体向左移动。当剪切位移达到5mm之后,出口处浓度上升速度迅速增快,之后逐渐趋于稳定,这与剪切作用对渗流场的影响规律是一致的。

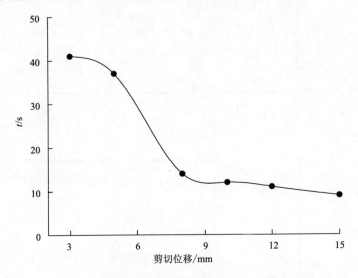

图4.9　不同剪切位移下出口浓度达到90％所需时间

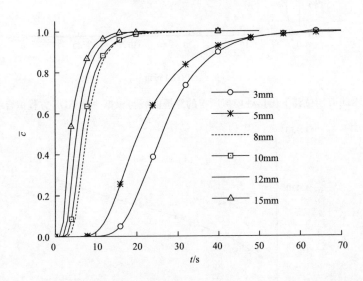

图4.10　不同剪切位移下出口处溶质运移曲线对比

图4.10为不同剪切位移下出口处穿透曲线的对比结果,由该图可以看出,随着剪切位移的增加,穿透曲线整体向左移动,出口处浓度上升速度增快,溶质运移

速度也整体增大。因此看以得出，对于配衬节理面，剪切作用会增大其裂隙中的溶质运移能力。

3. Péclet 数

Péclet 数可用来表示对流与扩散的相对比例，随着 Péclet 数的增大，运输量中扩散输运的比例减小，对流输运的比例增加。Péclet 数可以表示在剪切过程中裂隙通道效应的强弱，其计算公式为

$$Pe = \frac{VL}{D_L} \tag{4.22}$$

式中，L 为裂隙的长度。

图 4.11 列出了利用图 4.7 中拟合参数计算所得的粗糙裂隙 Péclet 数大小。所得的 Péclet 数在 5～20，和其他实验室实测结果对比如表 4.1 所示，对比结果显示在实测值范围之内。由图 4.11 可以看出，随着剪切位移的增加，裂隙的 Péclet 数总体呈减小趋势。分析其原因，主要是在剪切 3mm 之后，接触面分布越来越集中，

表 4.1　不同研究中 Péclet 数范围对比

研究	试件尺寸/cm	岩类	Péclet 数范围
Neretnieks 等	30	花岗岩	9～27
Moreno 等	27	花岗岩	9～80
Moreno 等	无量纲	随机裂隙面	2～40
Thompson	100	随机裂隙面	3～50
本研究	20	类岩石裂隙面	4～20

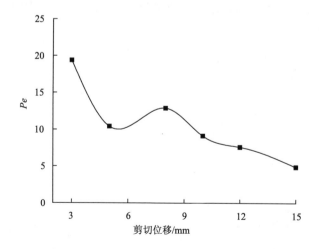

图 4.11　不同剪切位移下 Péclet 数对比

裂隙中水流流通通道逐渐形成,大多数溶质都簇拥在这些主要通道中并随着水流流动快速到达出口边界,而此时整个裂隙中溶质的运移主要受到弥散作用影响。

4.2.3 考虑吸附作用的溶质运移

溶质在地下水中的运移行为一直是地下水环境系统中的研究热点,其中主要针对无化学反应溶质运移研究,而含有不同污染物溶质的水溶液在裂隙中有可能会发生一系列复杂的化学、生化和物理变化,其中吸附作用就是其中的一种,吸附作用的主要影响是阻滞了污染物的迁移。

裂隙中溶质的吸附一般是基于土壤中的吸附作用演化而来的。主要的吸附模型有瞬时平衡反应模型(满足局部平衡假设 LEA)、一阶可逆动力学反应模型、一阶不可逆动力学反应模型等。现研究瞬时平衡反应模型对溶质运移的影响,其原理为吸附的溶质浓度与流体中溶质浓度成比例,即

$$c_s = K_s c \tag{4.23}$$

式中,K_s 为吸附系数,一般假设为定值。而对应的吸附过程中的阻滞系数为

$$R_f = 1 + \frac{2K_s}{h(x, y)} \tag{4.24}$$

对应的溶质运移控制方程为

$$R_f \frac{\partial c}{\partial t} = -\boldsymbol{V} \boldsymbol{\nabla} c + \boldsymbol{\nabla} \cdot (\boldsymbol{D} \boldsymbol{\nabla} c) \tag{4.25}$$

为了对比研究考虑吸附作用和不考虑吸附作用下溶质运移的特性,首先应用 Comsol Multiphysis 软件模拟考虑发生吸附作用的溶质运移,把模拟结果与无吸附作用溶质运移结果进行比较,对比结果如图 4.12 所示。在每个剪切位移下,吸附作用均会延迟污染物的运移,由于裂隙中阻滞系数与裂隙宽度成反比,即裂隙宽

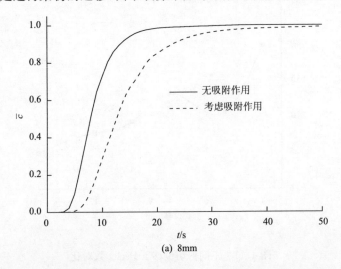

(a) 8mm

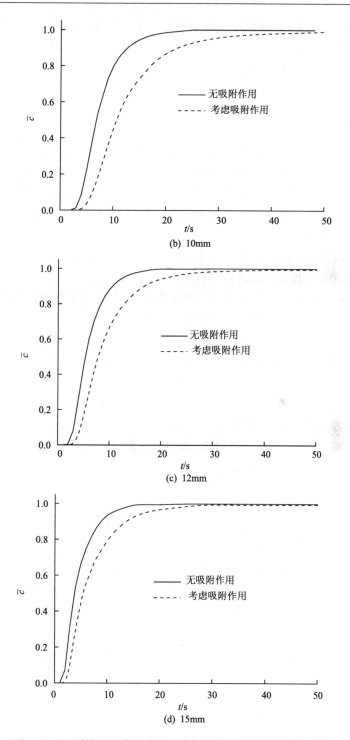

图 4.12　不同剪切位移下有无吸附作用溶质运移穿透曲线对比

度越大,相应的阻滞系数就越小。随着剪切位移的增加,裂隙的水力开度增大,对应的阻滞系数减小,而产生的阻滞效果也随着减弱。因此对比不同剪切位移下无吸附作用和有吸附作用的穿透曲线,可以发现随着剪切位移的增加,它们之间的偏差逐渐降低。

4.2.4　小结

本节主要通过有限元方法模拟分析粗糙节理面在剪切作用下的渗流特性及溶质运移行为。结合节理面三维扫描数据及试验得到的法向位移变化曲线,模拟每个剪切位移下裂隙开度分布情况,并在此基础上应用局部立方定理模拟分析水流在粗糙裂隙中的流动情况。然后进一步研究粗糙节理面的剪切作用对溶质运移产生的影响。主要结论如下。

(1) 粗糙裂隙中渗流存在着明显的不均匀性和沟道流现象,溶质伴随着水流的运移也存在着不均匀性和各向异性。

(2) 粗糙节理面的剪切作用会导致裂隙中水流流速和溶质运移速度增加,因此裂隙岩体的渗透性和溶质运移时间受剪切位移影响较大。

(3) 随着剪切位移的增加,节理面沟道流现象越来越明显,流速分布不均匀性加大,此时裂隙中溶质的运移特性主要受弥散作用影响,该结论可以通过 Péclet 数变化得到。

(4) 应用瞬时平衡反应模型研究溶质运移过程中吸附作用的影响,通过对比是否考虑基质吸附作用两种情况下溶质运移穿透曲线,得出吸附作用会延迟污染物的迁移,并且随着剪切位移的增加,该延迟逐渐减弱。

4.3　本　章　小　结

(1) 基于前人的研究成果,结合室内物模试验分析,本章提出了分形修正公式,成功将表征节理表面粗糙特性的分形维数引入节理面水力开度的计算公式中,且通过与试验实测数据对比,验证了公式的合理性。

(2) 在第 3 章数值模拟中求得的渗流场基础上,加入溶质运移场,分别模拟出考虑基质吸附作用及不考虑吸附作用下溶质在水流中的迁移规律,分析穿透曲线、沟道流效应和基质吸附作用的影响。模拟结果揭示了节理剪切过程中渗透系数、流速和弥散系数等变化规律,以及节理面粗糙度对水流和溶质运移不均匀性和各向异性影响。

参 考 文 献

[1] Walsh J B. Effect of pore pressure and confining pressure on fracture permeability. International Journal of Rock Mechanics and Mining Sciences,1981,18(5):429-435.

[2] Zimmerman R W,Chen D W,Cook N G W. The effect of contact area on the permeability of fractures. Journal of Hydrology,1992,139(1-4):79-96.

[3] Piggott A R,Elsworth D. Analytical model for flow through obstructed domains. Journal of Geophysical Research,1992,97(6):2085-2093.

[4] Schlichting H. Boundary-Layer Theory. New York:McGraw Hill,1987.

[5] Obdam A N M,Veling E J M. Elliptical inhomogeneities in groundwater flow—an analytical description. Journal of Hydrology,1987,95(1-2):87-96.

[6] Kirkpatrick S. Percolation and conduction. Reviews of Modern Physics,1973,45(4):574-588.

[7] Zimmerman R W,Bodvarsson G S. Hydraulic conductivity of rock fractures. Transport in Porous Media, 1996,23(1):1-30.

[8] Yeo I W. Effect of contact obstacles on fluid flow in rock fractures. Geosciences Journal, 2001,5(2): 139-143.

[9] Murata S,Saito T. Estimation of tortuosity of fluid flow through a single fracture. The Journal of Canadian Petroleum Technology,2003,12(42):39-45.

[10] Brown S R. Fluid flow through rock joints:the effect of surface roughness. Journal of Geophysical Research,1987,92(B2):1337-1347.

[11] 谢和平. 分形-岩石力学导论. 北京:科学出版社,1996.

[12] Clark K C. Computation of the fractal dimension of topographic surfaces using the triangular prism surface area method. Computers & Geoscience,1986,12(5):713-722.

[13] Xie H,Wang J A,Kwasniewski M A. Multifractal characterization of rock fracture surfaces. International Journal of Rock Mechanics and Mining Sciences,1999,35(1):19-27.

[14] 周宏伟,谢和平,Kwasniewski M A. 粗糙表面分维计算的立方体覆盖法. 摩擦学学报,2000,20(6): 454-459.

[15] Barton N,Bandis S,Bakhtar K. Strength, deformation and conductivity coupling of rock joins. International Journal of Rock Mechanics and Mining Sciences Geomechanics Abstracts,1985,22(3):121-140.

[16] Brown S R, Scholz C H. Closure of random elastic surfaces in contact. Journal of Geophysical Research:Solid Earth (1978-2012), 1985, 90(B7): 5531-5545.

第 5 章　裂隙岩体锚固机理和理论模型

岩体中大量节理裂隙的存在严重削弱了岩体强度,降低了岩体的弹性模量。在受到外力作用时,岩体中节理的变形是主要的,岩体强度主要受断裂节理性能的控制。作为岩体支护的主要手段之一,锚杆已广泛应用于隧道工程、地下工程、采矿工程、堤坝工程和水利水电工程中。在工程实践中,锚杆和岩体联合作用,其加固效果往往十分明显。然而,尽管锚杆支护作为节理岩体的一种有效加固方法已被广大岩土工程师接受[1,2],但岩石锚杆对岩体的加固机制,特别是在节理岩体中,锚杆对节理面的加固机制还没有被人们充分理解。

岩体中存在的节理裂隙等结构面,在外荷载作用下往往发生错动或离层。穿过结构面的锚杆受结构面剪切作用将发生弯曲,致使锚杆的变形远大于岩体的变形[3]。但是,目前的研究还不能正确反映节理岩体锚杆的这种变形特性。在一般的商业数值模拟软件中,往往忽略了锚杆变形和岩体变形不一致的特性。因此,现有的岩土工程数值模拟软件,往往反映不出锚杆支护对岩体稳定性的巨大作用。尽管也有文献在节理本构模型中考虑过锚杆的抗剪作用,但往往错误地认为锚杆的变形仅发生在节理面上;国内外大量加锚节理面的剪切试验[4]证明,在节理的剪切过程中,穿过节理的锚杆在距离节理面一定的范围内也产生了明显的剪切变形。在岩土工程和采矿工程事故中常清晰可见锚杆局部被拉断、剪坏、剪弯、扭曲等现象[4]。例如,锚杆加固煤矿层状岩石[5]、节理岩石[6,7]便是典型的例子。文献[7]指出,锚杆在不连续面上的横向局部变形往往较大,这正说明研究锚杆局部变形的意义,因为任何整体的破坏都是从局部开始的,研究锚杆拉剪横向作用问题对节理岩石中锚杆设计具有重要意义。

岩体力学数值分析方法主要用于研究岩土工程活动、自然环境变化过程和岩体及其加固结构的力学行为和工程活动对周围环境的影响。目前较为常用的方法有有限元法、边界元法、有限差分法、离散元法、刚体元法、不连续变形分析法、流形元法等。其中前三种方法是基于连续介质力学的方法,后三种方法则是基于非连续介质力学的方法,而最后一种方法具有这两大类方法的共性。数值分析方法的共同特点是,将带有边值条件的常微分方程或偏微分方程离散为线性代数方程组,采用适当的求解方法解方程组,获得基本未知量,进而根据几何方程和物理方程,求出研究范围内的其他未知量。有限元法(finite element method,FEM)是岩体力学数值计算方法中最为广泛应用的一种[8]。自 20 世纪 50 年代发展至今,有限元已成功地求解了许多复杂的岩体力学问题,是广大岩体力学研究者与工程技术人员用来解决岩体力学问题的有效工具。有限元法是把一个实际的结构物或连续体用一种由多个彼此相联系的单元体所组成的近似等价物理模型来代替。通过结构和连续体力学的基本原理及单元的物理特性建立表征力和位移关系的方程组。解方程组求其基本未知物理量，并由此求得各单元的应力、应变和其他辅助量值。有限元法按其所选未知量的类型，即以节点位移作为基本未知量，还是以节点力作为基本未知量，或二者皆有，可分为位移型的、平衡型的和混合型的有限元法。由于位移型有限元法在计算机上更易实现复杂问题的系统化，且便于电算求解，更易推广到非线性和动力效应等其他方面，所以，位移型有限元法比其他类型的有限元法应用更为广泛。

5.1　裂隙岩体基本变形规律研究

裂隙岩体的基本规律是岩石力学的研究热点，是水力耦合机理研究的基础，因此必须对其进行研究。但是，裂隙岩体研究起步较晚，加上试验条件等的限制，目前还未形成系统的成熟理论成果，本节对裂隙岩体的几何特性、变形特性、力学特性、渗流特性等进行了理论分析研究，对揭示剪切-渗流耦合机理具有重要的意义。

5.1.1　裂隙岩体几何特性研究

裂隙岩体由于节理、断层或裂隙的存在，岩体在力学性能上表现出明显的非均匀性、非线性的各向异性特点。为了更好地研究裂隙岩体的力学性能和渗透特性，必须对裂隙岩体的几何特性进行研究。国际岩石力学学会提出了"对结构面定量描述"的方法，制定了结构面产状、连续性、粗糙度等10个裂隙描述指标。表征裂隙岩体节理的主要参数有产状（走向、倾向和倾角）、间距、形态、规模和张开度。

1. 结构面产状（方向性）研究

裂隙岩体的结构面产状采用极射赤平投影方法进行描述，并且在结构面的分组中将产状的三要素（即倾角、倾向和走向）分开考虑，然后根据倾角和倾向绘制概率直方图，进行拟合获得概率分布密度函数，可以用 Fisher 分布、Mises 分布、指数分布或标准正态分布进行描述。在分析中，一般将倾角和倾向视为相互独立的，产状的概率密度函数表达如下：

$$f(\alpha,\beta) = f(\alpha)f(\beta) \tag{5.1}$$

式中，$f(\alpha)$ 和 $f(\beta)$ 分别表示倾向和倾角的分布密度函数。

2. 结构面间距研究

裂隙岩体的结构面间距指的是相邻同组结构面的距离，常用平均距离表示。

对于单组节理,结构面间距通常采用实测的方法;对于多组节理,其间距可计算为

$$[\lambda] = [L]^{-1}[K] \tag{5.2}$$

式中,$[L]$ 是取样方向矩阵;$[K]$ 是取样与结构面迹线相交次数矩阵。

根据 Hudson、Priest 等关于结构面间距研究的试验结果,其服从负指数分布,即

$$f(x) = \lambda e^{-\lambda x} \tag{5.3}$$

式中,λ 表示负指数分布参数;x 表示结构面的间距。

国际岩石力学学会提出的结构面密度分级标准如表 5.1 所示。

表 5.1　国际岩石力学学会建议的结构面间距分级标准

描述	极密集	很密集	密集	中等密集	稀疏	很稀疏	极稀疏
间距/mm	<20	20～60	60～200	200～600	600～2000	2000～6000	>6000

3. 结构面形态研究

裂隙在平面问题中表现为一条曲线,在三维问题中则被视为一种平面。国内外许多学者认为:裂隙岩体节理的表面形态主要取决于岩性及其成因类型。对于结晶岩石,其节理面大多是椭圆形或圆形;在层状的沉积岩中则大多是长方形。

4. 结构面张开度研究

裂隙岩体的张开度或隙宽是衡量渗透性大小的重要参数,其值是不连续面两粗糙壁面之间的垂直相对距离。结构面的壁面之间一般是点接触或者局部接触,接触点大部分呈起伏状或者锯齿状的凸起点。根据统计分析的结果,裂隙岩体结构面张开度服从负指数分布或对数正态分布。结构面开度分级如表 5.2 所示。

表 5.2　结构面张开度分级表

描述	结构面张开度/mm	状态
很紧密	<1	
紧密	0.1～0.25	闭合结构面
部分张开	0.25～0.5	
张开	0.5～2.5	
中等宽度	2.5～10	裂开结构面
宽的	>10	
很宽的	10～100	
极宽的	100～1000	张开结构面
似洞穴的	>1000	

5. 结构面连续性研究

结构面的连续性反映了贯通程度,常采用迹长、线连续性系数和面连续性系数来评价结构面的连续性。国际岩石力学学会建议采用迹长评价连续性,如表 5.3 所示。

表 5.3　国际岩石力学学会建议的结构面连续性分级表

描述	很低连续性	较低连续性	中等连续性	高连续性	很高连续性
迹长/m	<1	1~3	3~10	10~20	>20

线连续性系数定义为在结构面的延伸方向上,结构面的各段长度之和与测线总长度的比值,即

$$K = \frac{\sum a_i}{\sum a_i + \sum b_i} \tag{5.4}$$

式中,$\sum a_i$ 和 $\sum b_i$ 分别表示结构面(迹线)总长度和完整岩石(岩桥)的长度;$\sum a_i + \sum b_i$ 为测线的总长度。

结构面线连续性系数 K 的取值为 0~1,K 越大,表明结构面的连续性越好;当 $K=0$ 时,岩体中没有结构面,表明岩体是完整的。

面连续性系数(切割度)从平面的角度描述了结构面的连续扩展状态,表示岩体被结构面切割分量的程度,定义为岩体断面的面积与结构面切割总面积之比,其表达式为

$$K_a = \frac{a}{A} \tag{5.5}$$

式中,a 表示截平面被结构面切割的面积;A 表示总的截平面面积。

当岩体完全被结构面切断时,此时表面结构面的贯通率为 100%,$K_a = 1$。

5.1.2　节理变形特性研究

1. 裂隙岩体节理闭合变形公式

国内外学者运用双曲线方程、抛物线方程、半对数函数曲线、指数函数、幂函数等函数来描述节理变形性质。

1) 古德曼双曲线方程

Goodman 认为张开节理没有抗拉强度,提出了法向应力与法向闭合量之间的关系:

$$V_n = V_{mc}\left(1 - \frac{\sigma_0}{\sigma}\right) \tag{5.6}$$

该公式的无量纲表达形式为

$$\frac{\boldsymbol{\sigma} - \sigma_0}{\sigma_0} = A\left(\frac{\Delta V}{V_{mc} - \Delta V}\right)^t \tag{5.7}$$

式中，σ_0 为初始法向应力；V_{mc} 为裂隙面的最大闭合量；A 和 t 为与结构面粗糙度、裂隙节理面壁强度等因素有关的经验参数。

2）班迪斯抛物线方程

Bandis[9] 通过研究岩土材料在三轴压缩试验的应力-应变抛物线方程，提出了节理的抛物线方程：

$$\boldsymbol{\sigma} = \frac{\Delta V}{a - b\Delta V} \tag{5.8}$$

式中，a 和 b 为与裂隙面的极限闭合量有关的经验参数。

3）半对数函数曲线

裂隙节理变形半对数函数意味着节理不可能达到最大闭合量，其表示为

$$\Delta V = -\sigma_b \ln\sigma_0 + \sigma_b \ln\sigma \tag{5.9}$$

4）幂函数曲线方程

裂隙节理闭合变形幂函数方程为

$$\Delta V = m\sigma^n \tag{5.10}$$

5）指数曲线方程

裂隙节理闭合变形指数曲线方程为

$$\Delta V = V_{mc}\left(1 - e^{-\frac{\sigma}{K}}\right) \tag{5.11}$$

式中，K 与 σ 的量纲相同，表示裂隙节理法向压缩模量。

人们早已认识到裂隙节理闭合变形与表面形态有着密切的关系，但是对于二者之间定量关系的研究很少。1983 年，Bandis 提出了最大闭合量（V_{mc}）、法向刚度（K_n）与节理粗糙度（JRC）、节理面壁强度（JCS）、初始开度（e_0）的关系[9]：

$$V_{mc} = A + B(\text{JRC}) + C\left(\frac{\text{JCS}}{e_0}\right) \tag{5.12}$$

$$K_n = 7.15 + 1.75\text{JRC} + 0.02\left(\frac{\text{JCS}}{e}\right) \tag{5.13}$$

2. 裂隙岩体剪胀变形研究

Oda[10,11] 通过研究粒状材料的应力剪胀时提出了如下的结论，最大主应力与最小主应力之比 σ_1/σ_3 与剪胀率 $\dot{\varepsilon}_v^p/\dot{\varepsilon}_1^p$ 之间通过常数 A 和 B 相关，即

$$\frac{\sigma_1}{\sigma_3} = A\frac{\dot{\varepsilon}_v^p}{\dot{\varepsilon}_1^p} + B \tag{5.14}$$

Dafalias[12]、Moroto[13]、Muhunthan 等[14] 通过内部能量消散函数建立了应力

剪胀方程。

1) 裂隙岩体变形分解

按照经典的弹塑性理论,裂隙岩体总的变形速率可以分解为弹性应变速率和塑性应变速率两部分之和,即

$$\left\{ \frac{d\boldsymbol{\varepsilon}}{dt} \right\} = \left\{ \frac{d\boldsymbol{\varepsilon}^{e}}{dt} \right\} + \left\{ \frac{d\boldsymbol{\varepsilon}^{p}}{dt} \right\} \tag{5.15}$$

弹性应变速率由广义的 Hooke 定律可以确定为

$$\{\dot{\boldsymbol{\varepsilon}}^{e}\} = [\boldsymbol{D}]^{-1}\{\boldsymbol{\sigma}\} \tag{5.16}$$

塑性应变速率由塑性流动定律确定为

$$\{\dot{\boldsymbol{\varepsilon}}^{p}\} = \lambda \left\{ \frac{\partial \boldsymbol{\Phi}}{\partial \boldsymbol{\sigma}} \right\} \tag{5.17}$$

$$\{\boldsymbol{\varepsilon}\} = [\boldsymbol{D}]^{-1}\{\boldsymbol{\sigma}\} + \lambda \left\{ \frac{\partial \boldsymbol{\Phi}}{\partial \boldsymbol{\sigma}} \right\} \tag{5.18}$$

2) 经典弹塑性对应的剪胀方程

由 $\dot{\boldsymbol{\varepsilon}}_{ij}^{p} = \lambda \left\{ \dfrac{\partial \boldsymbol{\Phi}}{\partial \boldsymbol{\sigma}_{ij}} \right\}$,根据应变速率可得到

$$\dot{\varepsilon}_{1}^{p} = \lambda \frac{\partial \boldsymbol{\Phi}}{\partial \boldsymbol{\sigma}_{1}} = -\frac{1}{2}\lambda(1 - \sin\psi^{*}) \tag{5.19}$$

$$\dot{\varepsilon}_{2}^{p} = \lambda \frac{\partial \boldsymbol{\Phi}}{\partial \boldsymbol{\sigma}_{2}} = 0 \tag{5.20}$$

$$\dot{\varepsilon}_{3}^{p} = \lambda \frac{\partial \boldsymbol{\Phi}}{\partial \boldsymbol{\sigma}_{3}} = \frac{1}{2}\lambda(1 + \sin\psi^{*}) \tag{5.21}$$

式中,ψ^{*} 是能动剪胀角(mobilised dilation angle)。

根据上述流动法则,可以计算得到

$$d\varepsilon_{v}^{p} = d\lambda \frac{\partial \boldsymbol{\Phi}}{\partial \boldsymbol{p}} \tag{5.22}$$

$$d\bar{\varepsilon}^{p} = d\lambda \sqrt{\left(\frac{\partial \boldsymbol{\Phi}}{\partial \boldsymbol{q}} \right)^{2} + \left(\frac{1}{q} \frac{\partial \boldsymbol{\Phi}}{\partial \theta} \right)^{2}} \tag{5.23}$$

式中,p 是作用在一点的静水压力,$p = \sigma_{m} = \dfrac{1}{3}\sigma_{ii}$;$q$ 是作用在一点的广义剪应力;θ 表示 Lode 角,θ 与 J_{2}、J_{3} 存在如下的关系:

$$\sin(3\theta) = -\frac{3\sqrt{3}}{2} \frac{\boldsymbol{J}_{3}}{\boldsymbol{J}_{2}^{3/2}} \tag{5.24}$$

由此可计算剪胀方程为[15]

$$d = \frac{\dfrac{\partial \boldsymbol{\Phi}}{\partial \boldsymbol{p}}}{\sqrt{\left(\dfrac{\partial \boldsymbol{\Phi}}{\partial \boldsymbol{q}} \right)^{2} + \left(\dfrac{1}{q} \dfrac{\partial \boldsymbol{\Phi}}{\partial \theta} \right)^{2}}} \tag{5.25}$$

如果忽略 Lode 的影响，令 Lode＝0，则

$$d = \frac{\dfrac{\partial \Phi}{\partial p}}{\dfrac{\partial \Phi}{\partial q}} \tag{5.26}$$

根据 $\dfrac{\partial \Phi}{\partial p}$ 和 $\dfrac{\partial \Phi}{\partial q}$ 的值可以计算剪胀方程，可见按照不同的流动法则，可以计算得到不同的剪胀方程，下面介绍几个经典的剪胀方程。

（1）Mohr-Coulomb 准则对应的剪胀方程。

$$d = -\frac{3\sin\varphi}{\sqrt{3 + \sin^2\varphi}} \tag{5.27}$$

（2）Drucker-Prager 模型对应的剪胀方程。

Drucker-Prager 模型的流动法则及所对应的剪胀方程为

$$\Phi = \frac{q}{\sqrt{3}} - 3\alpha p - k \tag{5.28}$$

$$d = -3\sqrt{3}\alpha \tag{5.29}$$

（3）Cambridge 模型对应的剪胀方程。

$$\Phi = \frac{q}{p} - M\ln\frac{p_c}{p} \tag{5.30}$$

$$d = M - \eta, \eta = q/p, M = \frac{6\sin\varphi}{3 \mp \sin\varphi} \tag{5.31}$$

（4）修正 Cambridge 模型对应的剪胀方程。

$$\Phi = p + \frac{q^2}{M^2 p} - p_c = 0 \tag{5.32}$$

$$d = \frac{M^2 - \eta^2}{2\eta} \tag{5.33}$$

除此之外，Nova[16]、孙海忠和黄茂松[17]、Manzarim 和 Dafalias[18]、Gajo 和 Wood[19]也在岩土材料的剪胀方程研究上进行了大量的科研工作。

3. 裂隙岩体剪胀变形研究

1）扩容指数与剪胀角关系研究

裂隙岩体的剪胀角通常采用式(5.34)确定：

$$\sin\psi^* = \frac{\dot{\varepsilon}_1^p + \dot{\varepsilon}_3^p}{-\dot{\varepsilon}_1^p + \dot{\varepsilon}_3^p}, \quad \sigma_1 < \sigma_2 < \sigma_3 \tag{5.34}$$

对于 $\sigma_1 < \sigma_2 < \sigma_3$，意味着 $\dot{\varepsilon}_2^p = 0$，则式(5.34)变为

$$\sin\psi^* = \frac{\dot{\varepsilon}_1^p + \dot{\varepsilon}_1^p + \dot{\varepsilon}_3^p}{-2\dot{\varepsilon}_1^p + \dot{\varepsilon}_1^p + \dot{\varepsilon}_2^p + \dot{\varepsilon}_3^p} = \frac{\dot{\varepsilon}_v^p}{-2\dot{\varepsilon}_1^p + \dot{\varepsilon}_v^p} \tag{5.35}$$

式中，ψ^* 是能动剪胀角。

则剪胀角可以采用如下的表示形式：

$$\psi^* = \arcsin\left(\frac{\dot{\varepsilon}_v^p}{-2\dot{\varepsilon}_1^p + \dot{\varepsilon}_v^p}\right) \tag{5.36}$$

本节引用了文献[20]中提出的岩石扩容指数的概念：

$$I_d = \frac{\theta_p}{\theta_0} = \frac{\arctan(\Delta\varepsilon_{vp}/\Delta\varepsilon_{1p})_p}{\arctan(\Delta\varepsilon_{vp}/\Delta\varepsilon_{1p})_0} \tag{5.37}$$

式中，$\Delta\varepsilon_{vp}$ 表示体积塑性应变增量，以扩容为正，剪缩为负；$\Delta\varepsilon_{1p}$ 表示轴向塑性应变增量，以压缩为正，拉伸为负；$I_d(0 \leqslant I_d \leqslant 1)$ 表示岩石扩容指数，在较高围压情况下，不存在扩容现象，$I_d = 0$，对于单轴试验 $I_d = 1$。文献[21]给出了 Burснip's Road 砂岩在不同围压下的轴向应变-体积应变曲线。

2）剪胀效应描述方程研究

由扩容指数与能动剪胀角的表达式，可以获得

$$\theta_p = \arctan\frac{\Delta\varepsilon_{vp}}{\Delta\varepsilon_{1p}} = \arctan\frac{2\sin\psi^*}{\sin\psi^* - 1} \tag{5.38}$$

岩石的扩容指数 I_d 与围压符合负指数的关系，即

$$I_d = \exp(-n\sigma_3) \tag{5.39}$$

式中，n 是试验拟合参数；σ_3 是围压，进一步可以得到：$\theta_p = \theta_0\exp(-n\sigma_3)$，即

$$\arctan\left(\frac{\Delta\varepsilon_{vp}}{\Delta\varepsilon_{1p}}\right)_p = \arctan\left(\frac{\Delta\varepsilon_{vp}}{\Delta\varepsilon_{1p}}\right)_0\exp(-n\sigma_3) \tag{5.40}$$

$$\arctan\left(\frac{2\sin\psi^*}{\sin\psi^* - 1}\right) = \arctan\left(\frac{2\sin\psi_0^*}{\sin\psi_0^* - 1}\right)\exp(-n\sigma_3) \tag{5.41}$$

$$\frac{2\sin\psi^*}{\sin\psi^* - 1} = \tan\left\{\arctan\left(\frac{2\sin\psi_0^*}{\sin\psi_0^* - 1}\right)\exp(-n\sigma_3)\right\} \tag{5.42}$$

令 $M = \tan\left\{\arctan\left(\dfrac{2\sin\psi_0^*}{\sin\psi_0^* - 1}\right)\exp(-n\sigma_3)\right\}$，则可获得

$$\sin\psi^* = \frac{M}{M - 2} \tag{5.43}$$

1971 年，Rowe 提出了应力剪胀方程（stress-dilatancy equation），给出了剪胀率与内摩擦角的关系：

$$1 - \frac{\dot{\varepsilon}_v^p}{\dot{\varepsilon}_1^p} = \left\{\frac{\tan(45° + \phi^*/2)}{\tan(45° + \phi_{cv}/2)}\right\}^2 \tag{5.44}$$

式中，$-\dot{\varepsilon}_v^p/\dot{\varepsilon}_1^p$ 是剪胀率；ϕ^* 是能动摩擦角（mobilised friction angle）；ϕ_{cv} 表示的是恒定体积下的摩擦角。当 $\phi^* = \phi_{cv}$ 时，剪胀速率为 0。当 $\phi^* < \phi_{cv}$ 时，产生负的剪胀，即发生剪缩现象；当 $\phi^* > \phi_{cv}$ 时，产生剪胀现象。

由公式：$\tan\dfrac{\alpha}{2} = \dfrac{\sin\alpha}{1 + \cos\alpha}$，运用 $\dot{\varepsilon}_v^p/\dot{\varepsilon}_1^p$，可得

$$\sin\psi^* = \frac{\sin\phi^* - \sin\phi_{cv}}{1 - \sin\phi^* \sin\phi_{cv}} \tag{5.45}$$

当 $\phi^* = \phi, \psi^* = \psi$ 时,式(5.45)表示为

$$\sin\phi_{cv} = \frac{\sin\phi - \sin\psi}{1 - \sin\phi\sin\psi} \tag{5.46}$$

式中,ϕ 是摩擦角(friction angle),ψ 是剪胀角(dilation angle)。

$$\phi_{cv} = \arcsin\left(\frac{\sin\phi - \sin\psi}{1 - \sin\phi\sin\psi}\right) \tag{5.47}$$

借助于 Rowe 推导的剪胀方程:

$$\frac{d\varepsilon_v^p}{d\varepsilon_1^p} = 1 - \frac{\sigma_1}{\sigma_3} \frac{1}{\tan^2\left(45° + \dfrac{\phi_{cv}}{2}\right)} \tag{5.48}$$

裂隙岩体的剪胀效应描述方程为

$$d = 1 - \frac{\sigma_1}{\sigma_3} \frac{1}{\tan^2\left(45° + \dfrac{1}{2}\arcsin\left(\dfrac{\sin\phi - \sin\psi}{1 - \sin\phi\sin\psi}\right)\right)} \tag{5.49}$$

5.2　岩石节理面锚固作用机理

加锚节理岩体在受到外力作用时,变形主要集中在刚度较小的节理面部位,穿过节理面的锚杆自然分担一部分节理面受到的外力,如果锚杆与岩石实质部都具有良好的黏结且岩石实质部有足够的强度,锚杆的变形将主要发生在节理面部,锚杆将对节理面起很大的变形拘束作用。而且这时锚杆和岩石实质部一起变形,岩石实质部的变形也受到锚杆的拘束,但是当岩石实质部比较坚硬时,这种拘束效果很小,可不予考虑。研究表明,由于锚杆的存在,节理面的名义刚度显著增大;节理面的剪切刚度越小(节理面的倾斜角度越大),锚杆加固后的剪切刚度增加越大。说明在试验条件范围内节理的刚度越小,锚杆对节理的拘束作用越大,加固效果越好。

锚杆的这种效果可认为主要是加固后的不连续节理面在受力变形时,由于锚杆追随节理面变形的结果,锚杆产生了轴向变形,这种变形产生的内力作为附加应力作用在节理面上,使节理面上的垂直应力发生变化,改变了节理面的刚度,产生锚杆与节理面的相互作用效果。而且,锚杆的存在阻碍了节理面的滑动,节理面的滑动对锚杆产生剪切作用。由于一般节理面的垂直刚度较大且可认为不受节理面上法向应力的影响。故可以着重研究节理面在纯剪切条件下,锚杆对节理面的剪切刚度的影响。

5.2.1　节理岩体锚杆局部应力和变形性质

在锚固节理岩体中,锚杆穿过节理面时对节理面产生局部加固效应。特别是

在质地较好的坚硬岩体内,锚杆对节理面的局部加固作用更加明显。在包含节理裂隙的坚硬岩体内进行锚杆试验研究[20],考察当无预应力黏结型锚杆穿过节理裂隙时,锚杆在节理面的变形和受力变化情况,试验研究表明锚杆在断续节理面附近产生应变和应力集中。

在加锚节理岩体中,应用简单的力-位移关系来分析穿过断续节理锚杆在节理面附近的切向和轴向的变形性质[21]。由于节理面在外荷(剪应力、正应力)作用下产生错动,锚杆阻碍节理面的滑动而被剪切,从而使锚杆在节理面附近产生较大的几何变位,锚杆内产生较大的剪切变形和剪切应力。在岩块的刚性较大,岩块位移较小(相比于加固系统位移岩块位移几乎可以忽略)的情况下,加锚节理面处的变形成为加锚节理岩体的主要变形。在数值模拟计算中,锚杆被分成若干个计算单元,分别计算锚杆计算单元由其位移(应变)产生的力(应力);特别是在节理面附近,锚杆被划分为更细致的单元来计算锚杆在节理面附近的应变和应力状态,研究节理面附近的加固单元的切向和轴向性质。

1. 锚杆轴向的应力应变性质

对岩石锚杆的轴向性质进行研究的方法主要是应用拉拔试验,其主要原因有两方面:①试验方法简便,并且便于结果解释;②在目前的数值计算模型中,锚杆加固的主要功能作用就是提供给岩体轴向约束。

目前的研究成果已经能很好地解释表述锚杆轴向荷载和位移关系,典型的轴向荷载-位移关系如图 5.1 所示,表述了在轴向拉压应力状态下锚杆的普遍变形破坏形式。

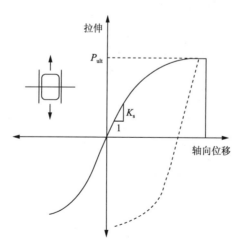

图 5.1　局部加固系统的轴向性质

Gerdeen 等[22]根据分析结果提出了如下的理论计算表达式,用以计算无预应力黏结型锚杆的轴向刚度:

$$K_a = \pi d_1 \left[\frac{G_g E_b}{2\left(\dfrac{d_2}{d_1} - 1\right)} \right]^{1/2} \tag{5.50}$$

式中,d_1 为锚杆直径;G_g 为浆体的剪切模量;E_b 为锚杆材料的弹性模量;d_2 为锚杆穿孔的直径。

黏结型锚杆的轴向抗拉压强度受许多因素的控制,包括加固单元强度、黏结浆体强度、岩石强度、钻孔粗糙度和钻孔直径等。在没有适当的试验研究方法的情况下,Littlejohn 和 Bruce[23]根据分析结果,应用经验公式来计算锚杆的最终锚固强度 P_{ult},为

$$P_{ult} = 0.1\sigma_c \pi d_2 L \tag{5.51}$$

式中,σ_c 为岩石的单轴抗压强度(假设黏结浆体抗压强度大于或等于锚杆抗压强度值);L 为锚固长度。

2. 锚杆切向应力应变性质

加固断续节理的剪切试验研究显示锚杆加固后断续节理的剪切刚度有了明显的提高。节理面的剪切位移对锚杆横向剪切,引起锚杆内的弯矩应力。试验和理论分析结果表明,锚杆内剪应力随远离节理面的方向而很快减小,尤其,在节理面两侧锚杆直径的 1~2 倍距离范围内,弯矩应力较大。

图 5.2 为剪切荷载-位移关系曲线,用来描述锚固单元在断续节理的剪切方向和垂直于剪切方向上剪切行为。

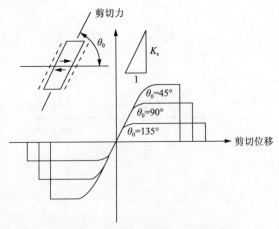

图 5.2 加固系统的剪切性质

可以应用经验公式来计算锚杆的剪切刚度,如式(5.52)[22]所示:

$$K_s = E_b I \beta^3 \tag{5.52}$$

式中，$\beta = \left[\dfrac{K}{4E_g I} \right]^{\frac{1}{4}}$；$K = \dfrac{2E_g}{\dfrac{d_2}{d_1} - 1}$；$I$ 为加固锚杆断面惯性矩；E_g 为固结浆体的弹性模量。

对于与节理的剪切方向成任意角度的加固锚杆，可以应用经验公式或试验来计算最大剪切力 $F_{s,b}^{max}$。

5.2.2　数值计算公式

当加锚节理岩体沿节理面发生剪切位移时，受节理面的剪切作用，节理面附近的锚杆长度将随节理面剪切位移而发生明显的方位变化，如图 5.3 所示，发生明显方位变化的锚杆长度称为有效长度。节理岩体锚杆的这种在有效长度区段内产生方位变化的变形性质，是 Haas[24] 在研究传统的点锚式锚杆时首先发现并提出来的，Cox 采用它来分析研究全长注浆锚杆，发现了同样的变形性质。

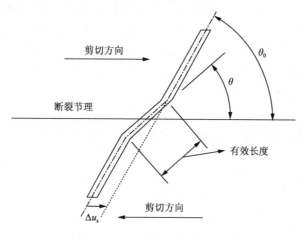

剪切方向

断裂节理

θ_0

θ

有效长度

剪切方向

Δu_s

图 5.3　锚杆发生剪切位移后

通常认为锚杆在有效长度区段内的方位变化仅是由于锚杆受节理面的剪切作用而产生的剪切位移和法向位移的结果。锚杆在有效长度区段内变形的数值计算模型可以考虑用安装在节理面处的两个弹簧来模拟有效长度区段内锚杆的变形，一个弹簧平行于锚杆的轴线方向，另一个弹簧垂直于锚杆的轴线方向。在节理面发生剪切位移后，轴线方向弹簧平行于锚杆有效长度的轴线方向，剪切方向弹簧方位不变。

上面所述荷载力-位移计算模型主要描述了连续变形性质、非线性变形刚度、承载能力和屈服函数。屈服函数表述锚杆逐步达到屈服极限的荷载力-位移变形路径。

1. 法向变形性质

轴向的荷载力-位移的变形关系式为

$$\Delta F_a = K_a \mid \Delta u_a \mid f(F_a) \tag{5.53}$$

式中，ΔF_a 为轴向荷载增量；Δu_a 为轴向位移增量；K_a 为轴向刚度；$f(F_a)$ 为描述轴向力 F_a 沿屈服路径逐步达到屈服极限 $F_{a,b}^{max}$ 的屈服函数。

$$f(F_a) = \left[\mid F_{a,b}^{max} - F_a \mid \frac{(F_{a,b}^{max} - F_a)}{[F_{a,b}^{max}]^2} \right]^{e_a} \tag{5.54}$$

用以上函数来表述锚杆的轴向变形屈服曲线。由公式(5.54)可以看出，锚杆轴向力以渐近的方式趋近屈服边界，轴向刚度指数 e_a 控制轴向力到达屈服边界的速率，如果 $e_a = 0$，表示轴向刚度为常数。

2. 剪切变形性质

在加锚节理岩体内，节理面的剪切位移引起锚杆挤压锚孔洞壁一侧的黏结浆体，致使节理面附近的黏结浆体和岩石的脱落。在计算锚杆有效长度区段内的轴向位移增量时，必须考虑这种黏结浆体和岩石的脱落。因此，在计算锚杆有效长度区段方位变化引起的轴向位移增量时，有必要引入一个折减系数 r_f 来考虑锚孔内黏结浆体和岩石的脱落。折减系数的计算公式为

$$r_f = \mid u_{axial} \mid (u_s^2 + u_n^2)^{-1/2} \tag{5.55}$$

式中，u_{axial} 为轴向位移增量总和；u_s 为总的断续节理剪切位移；u_n 为总的断续节理法向位移。

注意，当锚杆在有效长度区段没有方位变化时，没有折减，即折减系数 $r_f = 1$。

增量形式的剪切力-位移关系表达式为

$$\Delta F_s = K_s \mid \Delta u_s \mid f(F_s) \tag{5.56}$$

式中，ΔF_s 为剪切力的增量；Δu_s 为剪切位移的增量；K_s 为剪切刚度；$f(F_s)$ 为剪切力变化函数，描述剪切力 F_s 达到极限或边界剪切力 $F_{s,b}^{max}$ 的变化路径，函数式为

$$f(F_s) = \left[\mid F_{s,b}^{max} - F_s \mid \frac{(F_{s,b}^{max} - F_s)}{[F_{s,b}^{max}]^2} \right]^{e_s} \tag{5.57}$$

用式(5.57)来表述剪切力屈服曲线。公式(5.56)表述了剪切力逐渐达到极限剪切力，剪切刚度指数 e_s 控制剪切力达到极限剪切力的速度，如果 $e_s = 0$，表示剪切刚度为常数。

最大剪切力 $F_{s,b}^{max}$ 随有效长度区段锚杆方位变化而变化，下面的公式用来调整最大剪切力：

$$F_{s,b}^{max} = \frac{F_s^{max}[1 + [sign(\cos\theta_0, \Delta u_s)\cos\theta_0]]}{2} \tag{5.58}$$

式中，$F_s^{max} = \pi d_1^2 \sigma_b / 4$；$\Delta u_s$ 为剪切位移增量。$\mathrm{sign}(\cos\theta_0, \Delta u_s)$ 赋 Δu_s 的符号给 $\cos\theta_0$。

利用如上所述力-位移关系来计算在锚杆有效长度区段端点处由位移增量引起的锚固力。计算出的剪切力和轴向力分量分别分解到平行于节理面方向和垂直于节理面方向，锚固力接下来作为外力应用到有相邻岩石基质单元和节理单元结点，如图 5.4 所示。

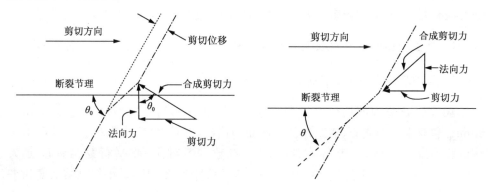

图 5.4　节理面附近锚杆受力分析

3. 有效长度的计算

通过计算有效长度来定义图 5.3 所示节理面附近的局部变形。研究表明，锚杆有效长度达到节理面两侧分别为 1~2 倍锚杆直径距离范围内。由于难以得到适当的试验数据，通常利用理论分析结果来定义有效长度。在定义弹性剪切刚度 K_s 时，Gerdeen 等[22]定义了有效长度 l（亦称为传递长度或衰减长度）。如果用 ρ_{max} 来表示有效长度端点处的挠度与锚杆有效长度内最大挠度的百分比，则 ρ_{max} 与有效长度关系表达式可表示为

$$\mathrm{e}^{-\beta l} = \rho_{max} \tag{5.59}$$

例如，如果拐点处的挠度是最大值的 5%，则有

$$\mathrm{e}^{-\beta l} = 0.05$$

或者

$$l = 3/\beta$$

5.3　岩石节理面剪切试验颗粒流模拟

数值模拟技术是以计算机软件进行数值分析的一种方法，它借助计算机、数学、力学等学科的知识，为工程分析、设计和科学研究服务，已广泛应用到地震、探矿找矿、防灾减灾等地质工程和科学研究的众领域。随着计算机技术的发展和岩

土数值计算理论的前进,使得数值计算方法在岩土工程领域得到广泛的应用,成为解决复杂岩土问题的有力工具。一般来说,常用的数值计算方法主要有有限元法、有限差分法、边界元法、离散元法等。数值模拟计算有着其他研究方法无法比拟的优越性,可以为复杂条件下的工程岩体的施工设计提供指导,此外,数值模拟软件一般都具有强大的前后处理功能,显著提高了输入和输出结果的可视化程度,模拟结果直观、形象,便于处理与分析等。有效的数值模拟往往是试验分析和理论研究的有益补充,对岩土工程施工设计具有重要的参考价值和指导意义。

5.3.1 数值模型的建立及细观参数的确定

1. 加锚节理直剪试验数值模型

加锚岩石节理剪切数值模型采用 PFC^{2D} 程序进行。模型尺寸为 100mm×50mm,包含上下部岩石、灌浆体及节理面和锚杆,总计 2921 个颗粒。岩石选用压缩试验确定的参数,灌浆体在原来岩石参数的基础上,将平行黏结强度变为40MPa,节理面是由未经黏结的圆形颗粒通过软件命令生成,其平行黏结刚度和平行黏结强度大小设置为 0。模型外部的剪切盒由 wall 单元组合构成,其中 5 号墙体作为剪切加载墙,而 1 号、5 号、6 号墙体单元共同构成下部主动剪切盒,使得模型在水平方向运动。上部剪切盒水平方向固定,只有 2 号墙体可以上下运动,而且2 号墙体作为伺服墙,对模型施加恒定的法向荷载。完整模型如图 5.5 所示,其中浅灰色细颗粒代表岩体,中间 10 个互相外切的浅灰色颗粒代表锚杆,锚杆周围的深灰色颗粒代表灌浆体,黑色的颗粒代表节理面。

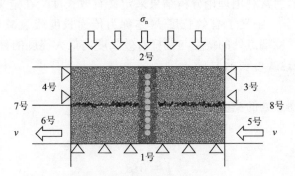

图 5.5 加锚节理剪切数值模型

模型试验过程中采用伺服加载、应变控制的方式进行。在剪切过程中,通过对2 号墙体采用伺服机制进行对整个模型施加恒定的法向荷载,并把其竖直方向的位移作为法向位移。通过对模型下部右端的 5 号墙体单元施加恒定的加载速率并将其水平位移作为剪切位移来实现对模型的剪切。以 5 号、6 号墙体单元受到的水平方向不平衡力除以节理面的水平投影面积作为平均剪切应力,当试件的剪切位移达到预设值时,试验终止。在剪切过程中动态记录试件的剪切应力、法向位移、颗粒间接触力、颗粒体旋转弧度及裂纹的位置、类型和数目等情况。

2. 岩石细观参数的确定

为了把岩石的宏、细观性质联系在一起,进行剪切试验数值模拟前,需要对细观参数进行校核,获取符合岩石宏观特性的细观参数。为此,通过一系列双轴压缩数值模拟试验来反演模拟岩石细观参数。双轴压缩模型中试样尺寸为 50mm×100mm,采用的数值试样细观力学参数见表 5.4。

表 5.4　岩石试样细观参数表

细观参数	参数值
最小粒径/mm	0.5
颗粒粒径比	1.66
体积密度/(kg/m³)	1830
颗粒模量/GPa	3.95
颗粒刚度比	1.0
摩擦系数	0.5
黏结抗拉强度/MPa	24.5±6.5
黏结抗剪强度/MPa	24.5±6.5
平行黏结模量/GPa	3.95
平行黏结刚度比	1.5
平行黏结半径因子	1.0

采用上述细观校核参数,分别在围压为 0MPa、2MPa、4MPa 和 6MPa 下进行压缩试验。图 5.6 是压缩之后的试件破坏情况,白色的区域是裂纹产生后形成的破裂带。图 5.7 是该参数下试件的莫尔圆及其强度包络线。由图 5.7 可知,该参数下试件的黏聚力为 10.51MPa,内摩擦角为 25.3°,单轴抗压强度经计算可知为 33MPa。

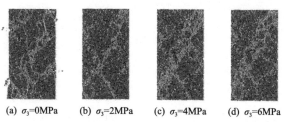

(a) σ_3=0MPa　　(b) σ_3=2MPa　　(c) σ_3=4MPa　　(d) σ_3=6MPa

图 5.6　不同围压下的压缩后试件

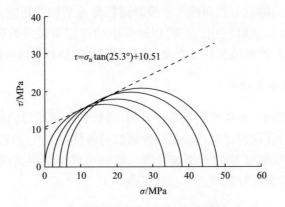

图 5.7　压缩试验的莫尔圆及强度包络线

3. 双线性锚杆本构模型

在 PFC 中,锚杆可以用一串相互外切的颗粒组成,锚杆颗粒之间由平行黏结相连,黏结的受力满足力与位移的关系。平行黏结模型既可以传递力,也可以传递弯矩,这一点与实际中锚杆的受力是一致的,尤其是在节理岩体锚固中,锚杆的受力状态非常复杂,一般处于拉力、剪力和弯矩的共同作用之下。锚杆细观参数的确定是通过锚杆的拉拔试验进行的,如图 5.8 所示。图 5.9(a)是未经修改的表示锚杆线弹性变形的本构模型,它的缺点是在与实际中锚杆抗拉强度和弹性模量相联系时,锚杆断裂时伸长率不符合实际要求,只能表示锚杆等金属介质在弹性阶段的特性,不能表示金属介质屈服之后的塑性大变形特征。因此,基于 PFC 内置 FISH 语言对锚杆本构模型进行修正,使其既满足实际锚杆的刚度要求,又满足较大的可变形能力要求。图 5.9(b)为修改的锚杆双线性模型,对锚杆设置一个屈服强度,在屈服强度之前,锚杆的应力-应变关系处于线弹性阶段,而当锚杆的轴向应力超过屈服强度后,黏结不会破裂,仍有一定的承载能力,只不过应力增加的速率降低了。当轴向应力超过黏结的极限抗拉强度时,也就是达到锚杆本身的应变极限时,

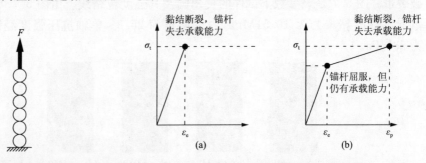

图 5.8　锚杆拉拔示意图　　　　　　　图 5.9　锚杆本构模型示意图

黏结才破裂,失去承载能力。此外,锚杆与周围介质之间也是有黏结的,当锚杆颗粒与周围介质颗粒之间的黏结破裂而自身的黏结未破裂时,由于颗粒之间存在摩擦系数,锚杆与浆体之间也存在摩擦,这一点也是与实际中的锚杆一致的。

5.3.2　加锚节理面直剪试验数值模拟

1. 宏观剪切行为分析

采用不同弹性模量的锚杆对节理试件进行不同法向应力下的加锚剪切数值模拟试验,研究剪切过程中锚固节理的宏细观力学响应。图 5.10 是加锚节理数值模型剪切 2.5mm 后的剪切应力、法向位移、裂纹数量随剪切位移增长的演化曲线。

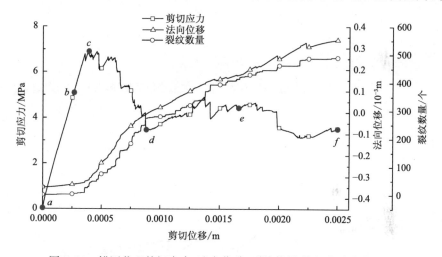

图 5.10　锚固节理剪切应力、法向位移、裂纹数量-剪切位移演化曲线

图 5.11 为不同法向应力下无锚与加锚峰值剪切强度图,从图可以看出,在较低的法向应力水平下,加锚之后节理面抗剪强度相对于与无锚节理面,其增加值较大,而随着法向应力的逐渐增大,这个增加值是逐渐减小的,这与 Haas[24] 得出的结论相一致。这表明受拉的锚杆相当于给节理面提供了一个附加的法向应力,从而增加了节理面的抗剪能力。而随着法向应力的增加,锚杆的受拉在一定程度上受到了抑制。这说明,随着围岩深度的逐渐增加,深部围岩大多处于高应力状态,锚杆对深部节理岩体的加固效果是有限的。因此,随着法向应力的增加,锚杆对节理面的加固效果逐渐减弱,如图 5.12 所示,这是因为当锚杆加固节理时,由于节理的错动导致锚杆处于受拉状态,而受拉的锚杆相当于增加了节理面的法向应力。此外,从图中还可以看出,节理面经锚杆锚固后,节理面的黏聚力有了很大的提升,而节理面内摩擦角有所减小。另外,随着锚杆弹性模量的增加,其加固节理后对节理面黏聚力的提升越显著。因此,锚杆加固节理岩体的锚固机理就是锚杆增加了

节理面的黏聚力,提高了岩体的完整性,进而提高了节理岩体的稳定性。

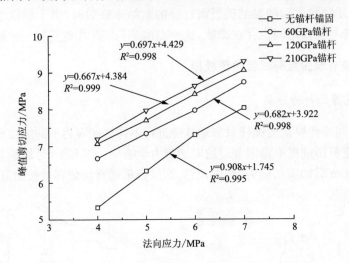

图 5.11　不同法向应力下无锚与加锚峰值剪切强度图

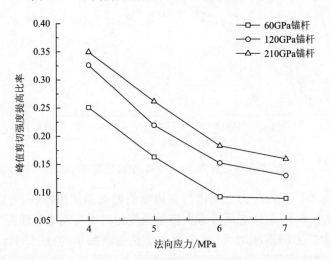

图 5.12　不同法向应力下不同锚杆刚度加固下峰值剪切强度提高比率

2. 细观力学行为演化分析

1) 颗粒间接触力演化分析

在 5MPa 法向应力作用下剪切应力-法向位移和细观裂纹数量随剪切位移增长的演化曲线图中设置 6 个监测点,用于研究剪切试验过程中试件内部颗粒间接触力、颗粒旋转弧度和细观裂纹演化特征。其中,a 对应于剪切试验起始点,c 对应于剪切应力-剪切位移曲线峰值点,b、d、e、f 分别是对应于剪切位移达到

0.297mm、0.877mm、1.66mm 和 2.5mm 时的监测点。图 5.13 是 5MPa 法向应力作用下锚固节理试件内部在上述监测点的接触力分布及大小情况。

　　在加锚剪切试验的起始位置 a 点，试件上仅有法向荷载作用，锚固节理试件处于压缩状态，颗粒间以接触压力为主。从图中可以看出，粒间接触力主要分布在锚杆周围，这是由于锚杆安装后并施加法向应力导致锚杆与周围介质之间紧密接触

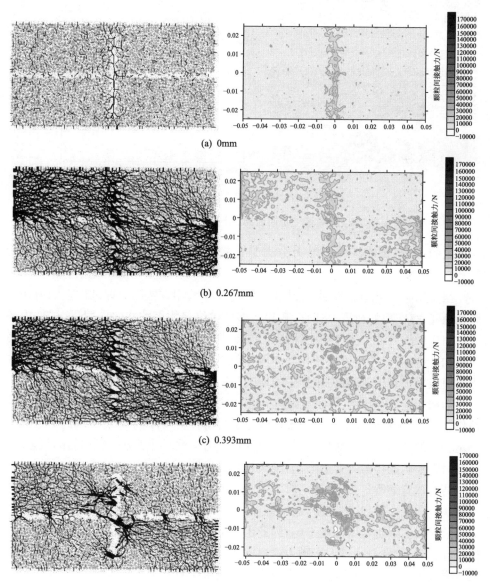

(a) 0mm

(b) 0.267mm

(c) 0.393mm

(d) 0.877mm

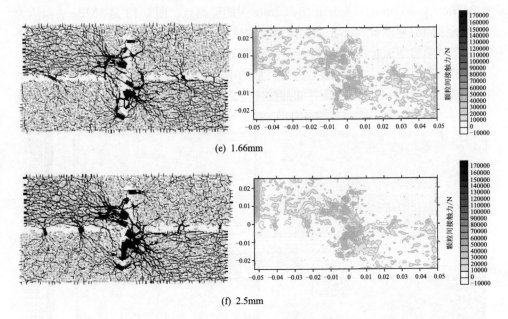

(e) 1.66mm

(f) 2.5mm

图5.13　不同监测点下接触力演化图

而造成的;但是其他区域接触力分布是比较均匀的,颗粒间接触压力最大值为
6.354×10^4 N。

　　当剪切应力-剪切位移曲线到达 b 点时,由于作用在锚固节理试件上的剪切荷载逐渐变大,在剪切荷载、法向荷载和上部块体位移约束的共同作用下,试件内部颗粒间接触压力最大值已经上升到 8.459×10^4 N。粒间接触力的方向开始向剪切荷载加载端偏转,并且锚杆颗粒与周围颗粒之间的接触力开始出现集中。从接触力等值线可以看出,接触力较集中的地方位于两个加载端和锚杆的四周。

　　当剪切应力-剪切位移曲线到达 c 点时,整个锚固试件模型处于最大的剪切荷载作用下,两个加载端的接触力集中现象变得不再明显,两个非加载端此时也出现一定程度的应力集中。整体来讲,颗粒间接触力又重新处于分布较均匀的状态,不过此时颗粒间的接触力普遍升高,最大颗粒间接触力达到 1.168×10^5 N。

　　剪切试验继续进行,当剪切应力-剪切位移曲线到达 d 点后,剪切应力-剪切位移曲线进入残余阶段,在此阶段,节理面上的颗粒多发生摩擦滑移,由于颗粒粒径,导致节理面实际也是凹凸不平的,因此出现了剪切应力-剪切位移曲线振荡波动的情形,进而导致颗粒间最大接触力也出现波动行为,详见表5.5。节理面法向剪胀的速率有所下降,此时接触力集中现象变得越来越明显,接触力集中发生在两个加载端及加载端与锚杆接触的位置,以及节理面上一些较小的凸起处。

表 5.5　5MPa 下锚固试件内不同监测点最大粒间接触力

剪切位移/mm	最大粒间接触力/N	剪切位移/mm	最大粒间接触力/N
0	6.354×10^4	0.877	1.847×10^5
0.267	8.459×10^4	1.66	2.238×10^5
0.393	1.168×10^5	2.5	1.751×10^5

2）颗粒旋转弧度演化分析

颗粒旋转弧度是表征颗粒在生成之后颗粒运动过程中旋转弧度的累积情况，以逆时针方向旋转为正，顺时针方向旋转为负。一般而言，颗粒体之间发生剪切滑移的时候往往会伴随着颗粒体的偏转，颗粒体的旋转往往又会造成颗粒体之间发生剪切错动，当颗粒体之间的剪切力超过颗粒体之间的切向黏结强度时，剪切裂纹就会产生。因此，从一定程度上讲，剪切裂纹的产生是由颗粒体的旋转造成的，当颗粒旋转的角度较大时，黏结就有可能发生剪切破坏。

在本节中，由于岩石试件从右向左剪切，颗粒的旋转方向以顺时针为主，图 5.14 为不同监测点下试件内部颗粒旋转弧度演化图。从图中可以看出，在剪切

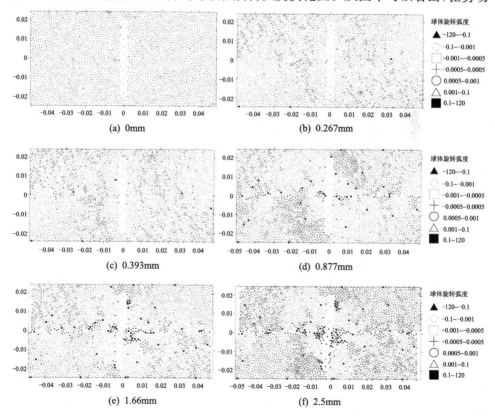

图 5.14　不同监测点下试件内部颗粒旋转弧度演化图

试验进行的初始阶段,数值模型中所有颗粒的旋转弧度都很小,只是有个别颗粒稍大,且比较均匀地分布于模型之中。随着剪切位移的逐渐增加,在两个非加载端的颗粒旋转弧度明显增大,且有比较明显的区域层次效应,表现出颗粒旋转弧度的连续性,与此同时,旋转弧度较大的颗粒逐渐向模型内部扩展,在锚杆与节理面交叉处,周围的颗粒旋转弧度比其他锚杆周围区域的颗粒旋转弧度大,而且逐渐由锚杆与节理面交叉处向锚杆两端延伸。此时,在节理面上出现了个别颗粒旋转弧度更大的颗粒,这主要是由节理面壁上凸起颗粒被剪断而成为自由颗粒造成的。随着剪切的继续,旋转弧度较大的颗粒出现了集中现象,主要集中在锚杆与节理面交叉处两个加载端连线方向及节理面上,少量弧度较大的颗粒分布在锚杆两端的周围。图 5.15 是旋转弧度超过 0.1 的颗粒比例变化趋势图,从图中可以看出,随着剪切过程的继续,逆时针和顺时针旋转弧度超过 0.1 的颗粒的数量随剪切过程都在不断的增加。

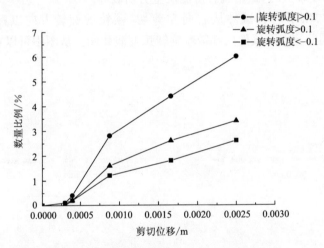

图 5.15　旋转弧度超过 0.1 的颗粒比例变化图

旋转弧度很大的颗粒多集中在节理面的两侧,且在锚杆与节理面相交处最多,这表明,锚固节理剪切过程中锚杆与周围介质在节理面附近的挤压非常剧烈,使得周围介质被压碎成为自由颗粒,进而引起破碎块体和颗粒的旋转弧度增加;而颗粒的旋转常常导致剪切裂纹的产生。从图中颗粒旋转弧度较大的颗粒分布来看,主要分布在锚杆与节理面交叉处,与剪切裂纹的分布相吻合,这在一定程度上反映了颗粒体之间较大的旋转弧度是导致剪切裂纹产生的重要原因。

　　3) 细观裂纹演化分析

　　在剪切过程中,通过监测数值模型中各种类型裂纹的数量演化特征和声发射特征,得到了剪切应力、裂纹数目、破裂频数随剪切位移增加的变化情况,如图 5.16所示。从图中可以看出,锚固节理模型中产生的裂纹有张拉裂纹和剪切裂纹,张拉裂纹的数量远远多于剪切裂纹的数量。从试件的破裂频数可以看出,裂纹主要在剪切应力达到峰值时开始大量产生,并在残余阶段剪切应力波动过程中有较大的骤降时也会造成破裂频数的骤然增加,这主要是因为,节理面颗粒直径不一导致局部节理面粗糙度略高甚至造成凸体,表现出残余阶段节理面凹凸不平,部分凸起的颗粒在残余阶段被剪断,导致残余阶段剪应力时而骤升,时而骤降,破裂频数在骤降之后就会有一个跃升,表明凸起的颗粒部分已被剪坏,黏结就会破裂,导致破裂频数跃升。

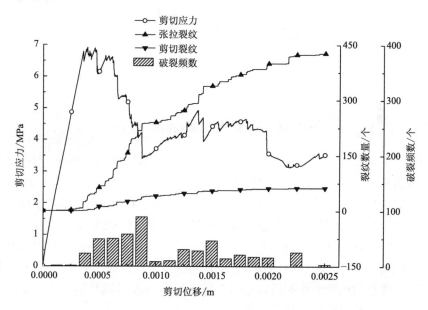

图 5.16　剪切应力、裂纹数量、破裂频数-剪切位移演化曲线

随着剪切过程的继续进行,由于锚杆的弯曲变形及浆体和锚杆之间很好的黏结,导致相邻近的浆体和岩体的应力状态在加载侧和非加载侧分别为受压和受拉状态,如图 5.17 所示。

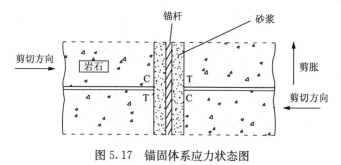

图 5.17　锚固体系应力状态图

　　在剪切荷载作用下,锚杆会发生弯曲变形,裂纹也会由于颗粒之间的挤压和滑移或旋转而不断产生。在受压区域,由于颗粒之间的相互挤压,在节理面和锚杆周围产生了大量的裂纹,且以张拉裂纹为主,这符合压致拉裂纹产生的机理,如图5.18所示。而剪切裂纹主要是由颗粒的旋转造成的,其产生的区域与颗粒旋转弧度较大的区域也是吻合的。

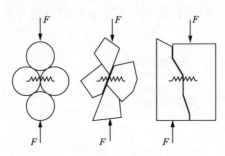

图5.18　压致拉裂纹产生的机理示意图

　　图5.19是锚固体系中裂纹的扩展过程示意图,从图中可以看出,当剪切位移较小时,锚杆与周围颗粒之间的接触或挤压还不剧烈,锚杆弯曲变形很小,周围裂纹很少,裂纹最初主要产生于节理面上;而随着剪切位移的不断增加,节理面和锚杆周围的裂纹逐步扩展,尤其是锚杆周围的裂纹扩展速度最快,裂纹开始主要集中在锚杆与节理面的交叉处,然后向锚杆的两端扩展。最后,当剪切位移很大时,裂纹主要集中在节理面上和锚杆周围,且锚杆周围以受压区域为多,其中灰色的代表张拉裂纹,黑色的代表剪切裂纹,可见,张拉裂纹的分布区域与接触力集中的区域吻合,裂纹具体数量情况详见表5.6。

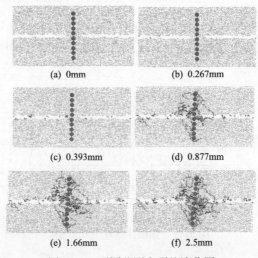

(a) 0mm　　　　　　　　　　(b) 0.267mm

(c) 0.393mm　　　　　　　　(d) 0.877mm

(e) 1.66mm　　　　　　　　(f) 2.5mm

图5.19　不同监测点裂纹演化图

表 5.6 5MPa 下锚固试件不同监测点下裂纹数量

剪切位移/mm	裂纹数量/个	剪切位移/mm	裂纹数量/个
0	0	0.877	273
0.267	4	1.66	413
0.393	31	2.5	489

3. 节理面-浆体-锚杆相互作用分析

在剪切荷载作用下,节理面-浆体-锚杆相互作用,导致锚固体系损伤。图 5.20 为典型的锚固体系受剪之后岩体结构面-浆体-锚杆相互作用示意图。研究锚固体系中节理面-浆体-锚杆的相互作用对指导锚杆支护设计是有意义的。

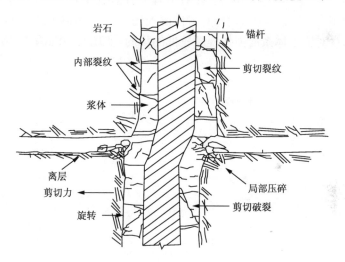

图 5.20 节理面-浆体-锚杆相互作用示意图

1) 锚杆刚度的影响

在节理岩体锚固中,对支护构件的锚固效果进行评价,往往采用单一的节理面抗剪强度,这种方法有很大的局限性,不能完整地反映锚杆的支护效果。因此,在对支护效果进行评价时,本节既采用了宏观上节理面的抗剪强度,还考虑到了锚固体系的细观损伤,对锚固体系进行宏细观分析。人们已经知道,节理锚固中锚杆可以发挥阻滑抗剪的"销钉作用"[5,6],而销钉作用的发挥在很大程度上就是依靠锚杆自身的弹性模量,因此,为了突出锚杆本身弹性模量在锚固节理剪切过程中的影响,且忽略锚杆断裂时节理面直接剪切的影响,采用不同刚度的锚杆研究锚杆刚度对锚固体系宏细观行为的影响,锚杆强度设置一样并保证在一定的剪切位移下不会发生断裂失效。根据金属的剪切模量与弹性模量的关系,计算出相应的剪切模量,并给模型中的相应参数赋值。设置锚杆的抗拉强度为 380MPa,屈服强度为 266MPa。按以上条件,使模型发生 7mm 的剪切位移,监测剪切过程中的裂纹数量和节理面剪切强度。

图 5.21 是不同锚杆弹模下节理面峰值剪切强度和裂纹数量关系图,从图中可以看出,随着锚杆刚度的逐渐增大,裂纹数量虽然有些不稳定,但总体上是随着锚杆弹模的增加而逐渐增多的。锚杆弹性模量在 15GPa 之前,节理面峰值剪切强度的增长速率是迅速的,而当锚杆的弹性模量超过 15GPa 时,峰值剪切强度虽然有所增加,但是增加的速率越来越小。这表明,锚杆本身的刚度对锚固系统的行为有着显著的影响,单纯地增加锚杆的刚度虽然会导致节理面抗剪强度的增加,但是也会对锚固体系造成越来越大的损伤,而锚固体系的局部损伤有可能导致新的破裂带产生,进而导致整体失稳。因此,在对节理岩体进行锚杆支护时,不能无限制地增加锚杆的刚度,还应该考虑锚杆对岩体的损伤,达到既能提高节理面的抗剪强度又能保证锚杆对锚固体系的损伤程度较低的目的,实现宏细观耦合支护。

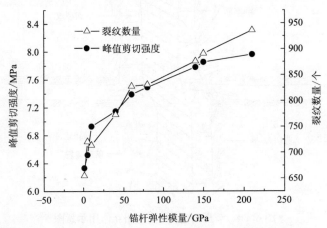

图 5.21　不同锚杆弹模下节理面峰值剪切强度和裂纹数量

2) 锚杆受力分析

锚固体系中锚杆的受力情况对评价锚固效果及防止锚固体系中锚杆的屈服破坏有一定的参考意义,在剪切过程中动态监测锚杆最大轴向应力和最大剪切应力随剪切位移的变化情况。

锚杆的最大轴向应力变化情况如图 5.22 所示,在剪切过程中,随着剪切位移的不断增加,锚杆所受的轴向应力大致可以分为三个阶段。当剪切位移较小时,由于锚杆与周围介质之间接触得不是很密实,锚杆开始并没有充分发挥横向的抗剪作用,轴向应力较小,随着剪切位移的不断增加,锚杆的横向抗剪作用开始发挥,导致其轴向应力急剧增加。从图中可以看出,锚杆刚度不同,轴向应力的增加速率也是不一样的。刚度越大,轴向应力增长得越剧烈,在很小的剪切位移下锚杆就已经发生屈服。而当锚杆的轴向应力超过其屈服强度时,轴向应力的增加速率就变得很缓慢且具有小幅振荡的特征,这主要是由于离散元方法造成了模型体系存在一定的不均匀性,但由监测到的数据显示,在相同的剪切位移下,锚杆刚度越大,轴向应力也越大。最后,锚杆由于本身的应变率超过其应变极限而发生断裂,因此,在实际应用中,应该使用大变形高强锚杆,防止其较快地屈服并保证其在大变形条件下仍然具有足够的承载力。

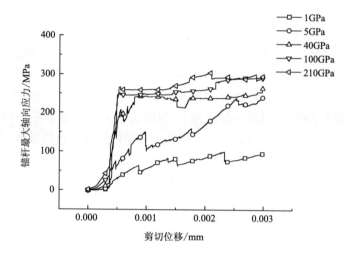

图 5.22　不同弹性模量下锚杆最大轴向应力趋势图

锚杆最大剪切应力变化情况如图 5.23 所示,锚杆的刚度越大,越能在较短的

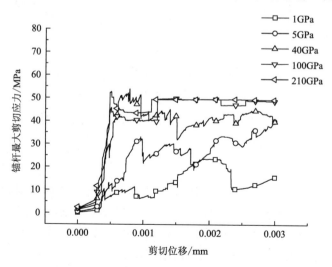

图 5.23　不同弹性模量下锚杆最大剪切应力趋势图

剪切位移下达到最大值,而当刚度较小时,其最大剪应力在剪切过程中会有些浮动,这是由于锚固体系不是由各向同性介质构成,而是由离散的颗粒组成导致的。当锚杆屈服后,剪切应力基本上维持不变。

3)浆体强度的影响

浆体颗粒之间的黏结强度对锚固体系中细观裂纹的分布影响很大,宏观影响主要表现在节理面抗剪强度上,而对锚杆的力学行为影响不是很大,因此,将浆体颗粒的黏结强度分别设置为 20MPa、40MPa、60MPa、80MPa 和 100MPa,来研究浆体强度对锚固体系中宏细观行为的影响。

由图 5.24 可以看出,随着浆体强度的增加,裂纹的数量先减小后增加,而峰值剪切强度随着浆体强度的增加开始是逐渐增加的,当增加到一定程度后有小幅度的下降然后保持不变。裂纹主要集中在锚固剂和岩石中,两个界面上的裂纹数量有限,锚固剂中裂纹的数量是随着锚固剂强度的增加而逐渐降低的,岩石中的裂纹数量却是一直增加的,且以张拉裂纹为主,如图 5.25 所示。这说明,一味地增加浆体的强度也不一定是有利的,强度过高可能导致岩体局部损伤的增加,甚至导致岩体失稳,应该实现岩体的强度和浆体强度的耦合支护。

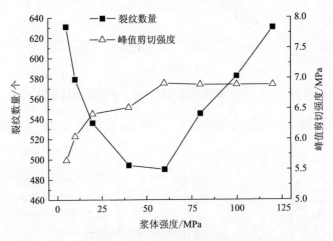

图 5.24 不同浆体强度下峰值剪切强度和裂纹数量图

5.3.3 小结

本节基于颗粒离散元方法,利用修正的双线性锚杆本构模型对加锚节理面进行剪切试验数值模拟研究,得到了加锚节理面的宏细观力学响应,探讨了锚杆加固节理面的锚固机理,并分析了节理面-浆体-锚杆相互作用机理,得到了剪切过程中锚杆的受力状态和变形特征,得到了如下结论。

(1)锚杆加固节理面可以提高节理面的抗剪性能,主要是因为加锚之后节理

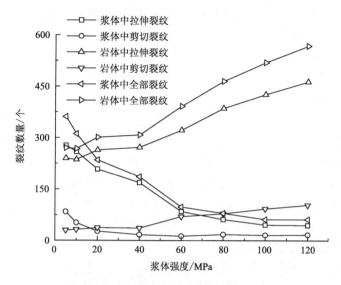

图 5.25　不同浆体强度下裂纹分布特征图

面的黏聚力得到了很大程度的提高。锚杆对节理面峰值剪切强度的贡献与锚杆自身的弹性模量有很大的关系。锚杆的弹性模量越大,其对锚固效果越好,但与此同时,弹性模量越大的锚杆对锚固体系的损伤也越来越大,导致浆体和岩体中产生大量裂纹,影响了锚固体系的整体性和稳定性。此外,浆体的强度过小或过大都可能导致锚固体系中裂纹数量的增多,节理锚固中浆体的强度选择应适中。因此,节理锚固中应综合考虑抗剪强度和锚杆对岩体及浆体的损伤,实现锚固体系"宏细观耦合支护"。

（2）锚固节理面在剪切荷载作用下,岩体节理面-浆体-锚杆相互作用,锚固试件内部接触压力在法向荷载和剪切荷载及块体位移约束条件下会导致在节理面和锚杆周围发生接触力集中现象,而接触力集中的区域有大量由"压致拉"机理导致的张拉裂纹大量分布。在剪切过程中,裂纹的产生首先起于节理面上和锚杆与节理面交叉处,随着剪切位移的不断增加,节理面上的裂纹在接触力集中的地方继续产生,而在锚杆周围则由锚杆与节理面交叉处向锚杆两端继续扩展,且裂纹集中在锚固体系的受压侧。

（3）剪切过程也是颗粒体位置重新分布的过程,由于剪切荷载的作用,颗粒体发生了旋转,而旋转是造成颗粒体之间黏结发生剪切破坏的主要因素,旋转度较大的颗粒主要分布在锚杆与节理面交叉处两个加载端的连线方向和锚杆两端的周围及部分节理面区域,而剪切裂纹也主要集中在这些区域,由此可知,剪切裂纹的产生主要是颗粒体或破碎块体在剪切过程中发生旋转造成的,这揭示了剪切裂纹的产生机制。

　　（4）加锚岩体节理面在剪切荷载作用下，节理面的相对剪切作用促使锚杆发生弯曲变形，在节理面两侧约1倍锚杆直径处会形成塑性铰，而塑性铰处的轴向应力最大，锚杆容易在塑性铰发生拉弯屈服。因此，节理岩体加固模型中应根据锚杆的受力特点对其进行优化设计，尽量使用抗弯能力强的锚杆材料和几何形状，以增强系统的抗弯抗剪能力，防止锚杆受剪导致的拉弯屈服。

　　（5）锚杆刚度不同，轴向应力的增加速率也是不一样的。刚度越大，轴向应力增长得越剧烈。当锚杆的轴向应力超过其屈服强度时，轴向应力的增加值就很缓慢了，在相同的剪切位移下，锚杆刚度越大，轴向应力也越大。因此，在实际应用中，应该使用高强锚杆，防止其较快地屈服。此外，锚杆的剪切应力增长速率较慢，当锚杆轴向屈服时，剪切应力远未屈服，一般不会发生剪切屈服。但是，轴向应力的增加在很大程度上是由锚杆受剪之后的弯曲导致的，因此，提高锚杆的抗剪刚度对减小锚杆轴向应力也是很有意义的。

5.4　节理面有限元计算模型

　　岩体有别于一般工程材料的一个重要特征就是其中包含各种具有宏观尺度规模的界面（夹层）。这类与周围岩体有显著性质差异的界面，地质上统称为"不连续面"，如断层、节理、软弱夹层等。它们在很大程度上破坏了岩体的连续性，并控制了岩体工程地质特性，在岩石力学问题的分析评价中均具有重要意义。本节应用线性节理单元来模拟岩体中节理变形与破坏情况。

　　岩体中常存在大量节理，而节理的变形性质和岩石的力学性质有十分明显的差别。从某种程度上讲，节理的存在决定着岩体的力学性质。因此分析节理的变形性质，对研究岩体工程的变形情况至关重要。在进行有限元分析时，一般采用节理单元来处理。

5.4.1　二维线性节理单元刚度矩阵

　　图5.26表示一节理单元。单元长度为l，宽度为e，厚度（垂直于x、y平面）为t，单元有四个结点i、j、m、r。把坐标原点放在单元形心上。

　　单元结点力为

$$\{F\}^e = \{U_i \quad V_i \quad U_j \quad V_j \quad U_m \quad V_m \quad U_r \quad V_r\} \tag{5.60}$$

　　单元结点位移为

$$\{\delta\}^e = \{u_i \quad v_i \quad u_j \quad v_j \quad u_m \quad v_m \quad u_r \quad v_r\} \tag{5.61}$$

　　假设单元上缘rm和下缘ij上的位移是线性分布的，即

$$u_{\pm} = \frac{1}{2}\left(1 - \frac{2x}{l}\right)u_r + \frac{1}{2}\left(1 + \frac{2x}{l}\right)u_m$$

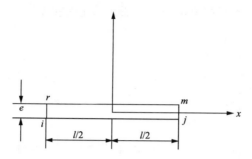

图 5.26　夹层节理单元示意图

$$u_{\text{下}} = \frac{1}{2}\left(1 - \frac{2x}{l}\right)u_i + \frac{1}{2}\left(1 + \frac{2x}{l}\right)u_j$$

由此可知单元上缘和下缘的水平位移差为

$$\Delta u = u_{\text{上}} - u_{\text{下}} = \frac{1}{2}\left[(u_r - u_i)\left(1 - \frac{2x}{l}\right) + (u_m - u_j)\left(1 + \frac{2x}{l}\right)\right] \quad (5.62)$$

同理,单元上缘和下缘的垂直位移差为

$$\Delta v = v_{\text{上}} - v_{\text{下}} = \frac{1}{2}\left[(v_r - v_i)\left(1 - \frac{2x}{l}\right) + (v_m - v_j)\left(1 + \frac{2x}{l}\right)\right] \quad (5.63)$$

假设单元内剪应力与水平位移差成正比,即

$$\tau_s = \lambda_s \Delta u + \tau_{s0} \quad (5.64)$$

单元内正应力与垂直位移差成正比,即

$$\sigma_n = \lambda_n \Delta v + \sigma_{n0} \quad (5.65)$$

式中,λ_s、λ_n 分别为节理的切向和法向刚度(劲度)系数;τ_{s0}、σ_{n0} 分别为单元内的初始剪应力和正应力。令

$$\{\Delta\boldsymbol{\delta}\} = \begin{Bmatrix} \Delta u \\ \Delta v \end{Bmatrix}, \quad [\boldsymbol{\lambda}] = \begin{bmatrix} \lambda_s & 0 \\ 0 & \lambda_n \end{bmatrix}, \quad \{\boldsymbol{\sigma}_0\} = \begin{Bmatrix} \tau_{s0} \\ \sigma_{n0} \end{Bmatrix} \quad (5.66)$$

则由式(5.64)和式(5.65)可得

$$\{\boldsymbol{\sigma}\} = \begin{Bmatrix} \tau_s \\ \sigma_n \end{Bmatrix} = [\boldsymbol{\lambda}]\{\Delta\boldsymbol{\delta}\} + \{\boldsymbol{\sigma}_0\} \quad (5.67)$$

由式(5.62)和式(5.63)可得

$$\{\Delta\boldsymbol{\delta}\} = \begin{Bmatrix} \Delta u \\ \Delta v \end{Bmatrix} = [\boldsymbol{M}]\{\boldsymbol{\delta}\}^e \quad (5.68)$$

$$[\boldsymbol{M}] = \frac{1}{2}\begin{bmatrix} -z_1 & 0 & -z_2 & 0 & z_2 & 0 & z_1 & 0 \\ 0 & -z_1 & 0 & -z_2 & 0 & z_2 & 0 & z_1 \end{bmatrix} \quad (5.69)$$

式中

$$z_1 = 1 - \frac{2x}{l}, \quad z_2 = 1 + \frac{2x}{l} \quad (5.70)$$

假设单元各结点产生虚位移$\{\boldsymbol{\delta}^*\}^e$,那么单元内的虚位移差为

$$\{\Delta\boldsymbol{\delta}^*\} = [\boldsymbol{M}]\{\boldsymbol{\delta}^*\}^e \tag{5.71}$$

在单位长度上,单元应力所做虚功为

$$t\{\Delta\boldsymbol{\delta}^*\}^{\mathrm{T}}\{\boldsymbol{\sigma}\} = \{\boldsymbol{\delta}^{*e}\}^{\mathrm{T}}t[\boldsymbol{M}]^{\mathrm{T}}([\boldsymbol{\lambda}]\{\Delta\boldsymbol{\delta}\} + \{\boldsymbol{\sigma}_0\}) \tag{5.72}$$

沿单元长度积分后,即得到单元应力所做的虚功,它必须等于结点力所做的虚功,由此得

$$\{\boldsymbol{F}\}^e = \left(t\int_{-l/2}^{l/2}[\boldsymbol{M}]^{\mathrm{T}}[\boldsymbol{\lambda}][\boldsymbol{M}]\mathrm{d}x\right)\{\boldsymbol{\delta}\}^e + \int_{-l/2}^{l/2}[\boldsymbol{M}]^{\mathrm{T}}\{\boldsymbol{\sigma}_0\}\mathrm{d}x \tag{5.73}$$

式(5.73)右端第二项是由于初应力而多出来的结点力,把它改变符号,即得到由于初应力而产生的结点荷载。式(5.73)右端第一项是节点位移引起的结点力,故由式(5.73)可知单元结点力为

$$[\boldsymbol{F}]^e = [\boldsymbol{k}]^e\{\boldsymbol{\delta}\}^e \tag{5.74}$$

$$[\boldsymbol{k}]^e = t\int_{-l/2}^{l/2}[\boldsymbol{M}]^{\mathrm{T}}[\boldsymbol{\lambda}][\boldsymbol{M}]\mathrm{d}x \tag{5.75}$$

初应力引起的荷载为

$$\{\boldsymbol{P}\}_{\sigma_0}^e = -t\int_{-l/2}^{l/2}[\boldsymbol{M}]^{\mathrm{T}}[\boldsymbol{\sigma}_0]\mathrm{d}x \tag{5.76}$$

将式(5.69)代入式(5.75),并注意到

$$\int_{-l/2}^{l/2}z_1^2\mathrm{d}x = \frac{4l}{3}, \quad \int_{-l/2}^{l/2}z_1z_2\mathrm{d}x = \frac{2l}{3}, \quad \int_{-l/2}^{l/2}z_2^2\mathrm{d}x = \frac{4l}{3}$$

得到单元刚度矩阵如下[22]:

$$[\boldsymbol{k}]^e = \frac{lt}{6}\begin{bmatrix}
2\lambda_s & 0 & \lambda_s & 0 & -\lambda_s & 0 & -2\lambda_s & 0 \\
0 & 2\lambda_n & 0 & \lambda_n & 0 & -\lambda_n & 0 & -2\lambda_n \\
\lambda_s & 0 & 2\lambda_s & 0 & -2\lambda_s & 0 & -\lambda_s & 0 \\
0 & \lambda_n & 0 & 2\lambda_n & 0 & -2\lambda_n & 0 & -\lambda_n \\
-\lambda_s & 0 & -2\lambda_s & 0 & 2\lambda_s & 0 & \lambda_s & 0 \\
0 & -\lambda_n & 0 & -2\lambda_n & 0 & 2\lambda_n & 0 & \lambda_n \\
-2\lambda_s & 0 & -\lambda_s & 0 & \lambda_s & 0 & 2\lambda_s & 0 \\
0 & -2\lambda_n & 0 & -\lambda_n & 0 & \lambda_n & 0 & \lambda_n
\end{bmatrix}$$

$$\tag{5.77}$$

5.4.2　初应力引起的结点荷载

按照公式(5.67),单元内的应力沿厚度方向(y方向)是均匀的,而沿长度方向(x方向)是线性分布的,与此相适应,设单元内初应力也是沿x方向线性分布的,即

$$\tau_{s0} = \frac{1}{2}\left(1 - \frac{2x}{l}\right)\tau_{si0} + \frac{1}{2}\left(1 + \frac{2x}{l}\right)\tau_{sj0}$$

$$\sigma_{n0} = \frac{1}{2}\left(1 - \frac{2x}{l}\right)\sigma_{ni0} + \frac{1}{2}\left(1 + \frac{2x}{l}\right)\sigma_{nj0}$$

式中，τ_{si0}、σ_{si0} 和 τ_{sj0}、σ_{sj0} 为 i 点和 j 点的初应力。

由式(5.76)可得初应力产生的结点荷载如下：

$$\{\boldsymbol{P}\}_{\sigma_0}^{e} = -\frac{tl}{6}\begin{bmatrix} -2 & 0 & -1 & 0 \\ 0 & -2 & 0 & -1 \\ -1 & 0 & -2 & 0 \\ 0 & -1 & 0 & -2 \\ 1 & 0 & 2 & 0 \\ 0 & 1 & 0 & 2 \\ 2 & 0 & 1 & 0 \\ 0 & 2 & 0 & 1 \end{bmatrix}\begin{Bmatrix} \tau_{si0} \\ \sigma_{si0} \\ \tau_{sj0} \\ \sigma_{sj0} \end{Bmatrix} \tag{5.78}$$

如果单元内初应力是均匀的，即 τ_{s0} 和 σ_{s0}，由式(5.76)可知，初应力引起的结点荷载为

$$\{\boldsymbol{P}\}_{\sigma_0}^{e} = \frac{tl}{2}\begin{bmatrix} \tau_{s0} & \sigma_{s0} & \tau_{s0} & \sigma_{s0} & -\tau_{s0} & -\sigma_{s0} & -\tau_{s0} & -\sigma_{s0} \end{bmatrix}^{T} \tag{5.79}$$

5.4.3　锚杆对节理面"销钉"作用

锚杆对结构面(如断层)、节理面的加固作用，其作用机理体现在锚固轴向力对结构面施加法向加固作用，以及锚固本身的抗剪能力阻止结构面的相对滑动，从而提高结构面的抗剪能力，这种效应就是锚固的"销钉"作用。文献[5]通过对节理面加锚直剪试验的研究，提出了如下单个连续结构面抗剪强度的计算公式：

$$\tau_{bj} = \tau_j + \tau_{bd} + \tau_{bt} + \tau_{bs} \tag{5.80}$$

用 Drucker-prager 屈服模型来模拟其力学变形特性，Drucker-prager 屈服准则[25]为

$$F = \alpha\sigma_m + \bar{\sigma} - K$$

式中，$\alpha = \dfrac{3\sin\varphi}{\sqrt{9 + 3\sin^2\varphi}}$；$\bar{\sigma} = \sqrt{J_2}$；$K = \dfrac{3c\cos\varphi}{\sqrt{9 + 3\sin^2\varphi}}$；$\sigma_m = \dfrac{1}{2}\sigma_{ii}(i = 1, 2, 3)$。其中，$\varphi$ 为结构面内摩擦角；c 为结构面上的黏聚力。

结构面加锚后，结构面抗剪强度得到提高，因此可以对式中的 K 进行修正得到

$$K = \frac{3(c + \tau_b)\cos\varphi}{\sqrt{9 + 3\sin^2\varphi}}$$

式中，$\tau_b = \tau_{bd} + \tau_{bn} + \tau_{bs}$，$\tau_b$ 就是由于锚杆"销钉"作用引起结构面抗剪强度的提高值。

5.5　加锚岩石节理有限元计算方法

岩体不仅是一般材料,更重要的是一种地质结构体,它具有非均质、非连续、非线性及复杂的加卸载条件和边界条件,这使得岩体力学问题通常无法用解析方法简单地求解。相比之下,数值法具有较广泛的适用性。它不仅能模拟岩体的复杂力学与结构特性,也可很方便地分析各种边值问题和施工过程,并对工程进行预测和预报。因此,岩体力学数值分析方法是解决岩土工程问题的有效手段之一。

5.5.1　节理面计算方法

由斜线和水平线组成应力-位移关系的摩擦接触单元属于非线性问题,把非线性问题逐段加以线性化,并采用初应力法来分析具有接触面单元的结构。由于接触面上所存在的切应力,其极限值应等于摩擦力,所以必须把切应力超过摩擦力的部分,即将按线弹性计算所得的切应力和摩擦力的差值($\tau - f\sigma_n$),化为单元的等效结点荷载转移出去,其方程如下:

$$\begin{cases} [\boldsymbol{k}]\{\delta\}_{m+1} = \{\boldsymbol{R}\} + \{\boldsymbol{R}\}_m \\ \{\boldsymbol{R}\}_m = \sum_e (\tau - f\sigma_n)_m \boldsymbol{L}_c, \qquad m = 1,2,\cdots \end{cases} \tag{5.81}$$

式中,$\{\delta\}$为结点位移;$\{\boldsymbol{R}\}$为结点荷载;$\{\boldsymbol{R}\}_m$为第 m 次摩擦迭代需要转移的等效结点荷载;$[\boldsymbol{k}]$为结构整体劲度矩阵。事实上,摩擦迭代就是将接触面所需要转移的切向应力化为接触面结点上的等效荷载,和实有的结构荷载一同作为已知荷载,求解位移。这会在接触面左右两边相对应的节点上分别添加一对大小相同、方向相反的荷载,由于接触面单元没有厚度,所以这些成对荷载不会改变结构中的平衡,因此每次摩擦迭代所转移的等效结点荷载 $\{\boldsymbol{R}\}_m$ 的合力为零,而且后一次等效荷载往往大于前一次,即 $\{\boldsymbol{R}\}_{m+1} > \{\boldsymbol{R}\}_m$,但两者差值越来越小,趋向收敛。对于接触面以外的单元,由于岩石材料的非线性应力-应变特性,必须进行初应力迭代,所以在计算中对实体材料单元和接触单元应分别进行初应力和摩擦迭代。

5.5.2　锚杆对节理加固作用有限元计算过程

黏结式锚杆(无预应力时)对节理面抗剪性能的影响大致可归纳为以下三个方面。

(1) 由于节理面两壁的相对位移导致锚杆轴向拉力(T_b)的增长,而轴向力相对于节理面的法向分量通过摩擦效应将为节理面提供附加的抗剪能力。

(2) T_b 平行节理面的分量,将作为节理面的抗剪能力的一个组成部分。

(3) 黏结式锚杆可以借助于锚杆本身的抗剪能力限制节理面的相对错动,这种效应可称为"销钉"作用。

施加预应力的黏结式锚杆还有另一作用,即预应力导致节理面摩擦阻力增大。锚杆加固效果的数值分析过程采用剪切位移增量法,通过逐步增加节理剪位移 s 来分析剪切过程中锚固节理面的应力和法向膨胀,具体过程如下。

（1）根据初始应力计算给定节理初始法向应力 σ_{n0} 和初始剪切应力 τ_{s0}。

（2）根据节理面应力状态及其性质,节理剪切位移增加一个微小量 Δs。

（3）根据节理面的变形,计算锚杆的有效长度。

（4）计算锚杆内应力状态。

（5）根据锚杆应力状态,计算锚杆对岩石单元和节理单元的加固作用。

（6）根据岩石单元的应力状态计算锚杆引起的节理单元剪切位移 $\Delta\delta$。

（7）计算岩石节理单元的法向应力增量 $\Delta\sigma$ 和剪切应力增量 $\Delta\tau$。

（8）计算节理总的剪应力 $\tau_n = \tau_{n-1} + \Delta\tau$ 和总的法向应力 $\sigma_n = \sigma_{n-1} + \Delta\sigma$。

（9）计算节理总的剪切位移 $\delta_n = \delta_{n-1} + \Delta\delta$。

（10）重复过程（2）～（9）,直到达到最大剪切位移或结构趋于稳定。

5.6　本章小结

岩体中存在的节理裂隙等结构面,在外荷载作用下往往发生错动或离层。穿过结构面的锚杆受结构面剪切作用将发生弯曲,致使锚杆的变形远大于岩体的变形。本章对节理面附近锚杆的受力和变形性质进行了详细的理论分析,应用有限单元方法,采用适当的处理方法,提出了单一节理和锚杆系统在剪切位移作用下的计算方法和流程,为后续研究提供了根本的分析依据。此外,基于颗粒离散元法,对裂隙岩体的锚固机理进行了数值模拟研究,得到了锚固节理剪切过程中的宏细观力学响应,并系统分析了节理面-浆体-锚杆相互作用机理,揭示了锚杆加固节理面的锚固机理和锚固岩体的破裂机制,提出了节理岩体锚固中"宏细观耦合支护"的概念。

参 考 文 献

[1] 朱维申,李术才,陈卫忠. 节理岩体破坏机理和锚固效应及工程应用. 北京:科学出版社,2002.

[2] 李术才. 加锚断续节理岩体断裂损伤模型及其应用. 武汉:中国科学院武汉岩土力学研究所博士学位论文,1996.

[3] 刘波. 锚杆横向效应及综合抗力研究. 北京:中国矿业大学博士学位论文,1998.

[4] 刘波,陶龙光,李先伟,等. 锚杆拉剪大变形应变分析. 岩石力学与工程学报,2001,19(3):334-338.

[5] 葛修润. 加锚节理面的抗剪性能研究. 岩土工程学报,1988,10(1):6-11.

[6] Ferrero A M. The shear strength of reinforced rock joints. International Journal of Rock Mechanics and Mining Sciences & Geomechanics Abstracts,1995,32(6):595-605

[7] 朱伯芳. 有限单元法原理与应用. 北京:中国水利水电出版社,1998.

[8] Bjurstrom S. Shear strength on hard rock joints reinforced by grouted untensioned bolts. Proceedings of the 3rd International Congress on Rock Mechanics. Washington：National Academy of Sciences，1974：1194-1199.

[9] Bandis S C，Lumden A C，Barton N R. Fundamentals of rock joint deformation. International of Journal Rock Mechanics and Mining Sciences & Geomechanics Abstracts，1983，22：121.

[10] Oda M. The Mechanism of fabric change during compressional deformation of sand. Soils and Foundations，1972，12(1)：1-19.

[11] Oda M. A Mechanical and statistical model for granular materials. Soils and Foundations，1974，14(1)：13-26.

[12] Dafalias Y F. An anisotropic critical state clay plasticity model. Proceedings of the 2nd International Conference on Constitutive Laws for Engineering Materials：Theory and applications，1987，1：513-521.

[13] Moroto，N. A new parameter to measure degree of shear deformation of granular material in triaxial compression tests. Soils and Foundations，1976，16(4)：586-596.

[14] Muhunthan B，Chameau J L，Masad E. Fabric effects on the yield behavior of soils. Soils and Foundations，1996，36(3)：85-97.

[15] 陈明祥. 弹塑性力学. 北京：科学出版社，2007.

[16] Nova R，Wood D M. A constitutive model for sand in triaxial compression. International Journal for Numerical and Analytical Methods in Geomechanics，1979，(3)：255-278.

[17] 孙海忠，黄茂松. 考虑粗粒土应变软化特性和剪胀性的本构模型. 同济大学学报(自然科学版)，2009，37(6)：727-732.

[18] Manzarim T，Dafalias Y F. A critical state two-surface plasticity model for sands. Geotechnique，1997，47(2)：255-272.

[19] Gajo A，Wood D M. Severn-trent sand：a kinematic-hardening constitutive model：the q-p formulation. Geotechnique，1999，49(5)：595-614.

[20] Pells P J N. The behaviour of fully bonded rock bolts. Proceedings of the 3rd International Congress on Rock Mechanics. Washington：National Academy of Sciences，1974：1212-1217.

[21] Lorig L J. A simple numerical representation of fully bonded passive rock reinforcement for hard rocks. Computers and Geotechnics，1985，(1)：79-97.

[22] Gerdeen J C，Snyder V W，Viegelahn G L，et al. Design criteria for roof bolting plans using fully resin-grouted nontensioned bolts to reinforce bedded mine roof. US Bureau of Mines，1977，46(4)：80.

[23] Littlejohn G S，Bruce D A. Rock Anchors—State of the Art Part I：Design. Ground Engineering，1975，8(3)：25-32.

[24] Haas C J. Shear resistance of rock bolts. Society of Mining Engineerings Transactions，1976，260(1)：32-41.

[25] 张强勇. 多裂隙岩体三维加锚损伤断裂模型及其数值模拟与工程应用研究. 武汉：中国科学院武汉岩土力学研究所博士学位论文，1998.

第6章　加锚裂隙岩体计算模型研究及应用

天然岩体中存在的节理裂隙等不连续面的几何特性和受力特征往往决定着工程结构失稳破坏的基本形态[1]。近年来,我国在西南、西北地区相继开工或进入规划设计阶段的大型地下水电站日益增多[2-6]。一般来讲,其主要影响因素有以下几方面:岩质的坚硬程度;断层或蚀变带的分布及其力学特性;节理组的特征;埋深及初始地应力的大小和分布特点;地下水的影响;洞室群工程的规模尺寸;洞室群布置方式及相互间距、开挖和支护的方案及顺序[7-14]。当前常用的围岩稳定分析方法有以下几类:解析方法、数值分析方法、系统工程方法、围岩稳定性分类方法等[10]。

裂隙岩体加锚后,锚杆与围岩将联合作用,从而增大岩体的变形刚度和抗剪强度,提高围岩的稳定性[15]。岩体中的节理裂隙往往受到压剪作用,但有时也会受到拉剪作用[16-19]。而且,当断续节理发育、锚杆数量较多时,此时既不可能用节理单元或杆单元逐一模拟如此众多的节理裂隙和锚杆,也不能略去由于这些节理裂隙的存在而使岩体具有各向异性和强度弱化的特性及锚杆的加固作用。另外,裂隙岩体加锚后力学特性和破坏过程会有很大改变,因此,需要寻找一种较为合理的加锚节理裂隙岩体计算模型。

6.1　加锚节理面应力和变形研究

6.1.1　压剪应力状态下节理面变形特点与锚杆应力分析

从前面的分析研究可知,锚杆不仅在薄弱层面厚度范围内发生了剪切变形,而且在一个相当大的区段(有效长度)内也发生了明显的剪切变形。为简化分析,故取锚杆发生明显剪切变形的有效长度为 l_t,锚杆发生明显轴向变形的有效长度为 l_n,如图 6.1 所示。

l_t 区段内杆体各载面上的平均剪应力分布与杆体和孔壁的接触条件有关,为简化计算,采用如图 6.2(a)所示的三种不同的分布形态。一般来说,其分布形态呈曲线状,但可用图中三种基本形态来衡量。类似地,l_n 区段内的轴向应力分布可采用如图 6.2(b)所示的简图。

由图 6.1、图 6.2 及加锚节理面的平衡条件,可以获得加锚岩体构元应力张量沿节理面法向、切向分量[16],即

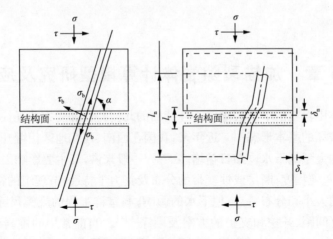

图 6.1 节理面及锚杆变形图

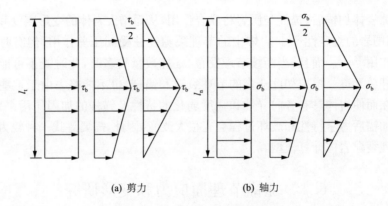

(a) 剪力   (b) 轴力

图 6.2 锚杆轴力和剪力分布简图

$$\begin{cases} \sigma = \sigma_s + \sigma_{bn} = K_n(U_n\sin\alpha - U_t\cos\alpha) + \dfrac{PG_bU_t}{AB_tl_t}\cos\alpha - \dfrac{PE_bU_n}{B_nl_n}\sin\alpha \\[3mm] \tau = \tau_{bs} = K_s(U_n\cos\alpha + U_t\sin\alpha) + \dfrac{PE_bU_n}{B_nl_n}\cos\alpha + \dfrac{PG_bU_t}{AB_tl_t}\sin\alpha \\[3mm] \qquad + \left[\dfrac{PG_bU_t}{AB_tl_t}\cos\alpha - \dfrac{PE_bU_n}{B_nl_n}\sin\alpha\right]f_s \end{cases} \tag{6.1}$$

式中，δ_t、δ_n 分别为薄弱层面的切向和法向位移；U_t、U_n 分别为锚杆的横向和轴向变形；α 为锚杆与节理面的夹角；E_b、G_b 为锚杆材料的杨氏模量和剪切模量；A 是与杆体截面开头有关的剪切系数，对于圆截面实心杆体，$A = \dfrac{4}{3}$；B_t、B_n 分别为杆体内截面平均剪应力、轴向应力分布形状系数，其值分别取 1、3/4、1/2；σ_b、τ_b 分别为锚杆轴力和剪力；K_n、K_s 分别为薄弱层面的法向、切向刚度系数；σ_{bn}、c_b 分别为

锚杆提供的沿层面法向与切向的等效应力；P 为锚杆截面含筋率。故可得出

$$\begin{cases} U_n = \dfrac{1}{a}(a_{22}\sigma - a_{12}\tau) \\ U_t = \dfrac{1}{a}(a_{11}\tau - a_{21}\sigma) \end{cases} \tag{6.2}$$

式中

$$a_{11} = -\left(K_n + \frac{PE_b}{B_n l_n}\right)\sin\alpha$$

$$a_{12} = \left(K_n + \frac{PG_b}{AB_t l_t}\right)\cos\alpha$$

$$a_{21} = K_s\cos\alpha + \frac{PE_b}{B_n l_n}(\cos\alpha - f_s\sin\alpha)$$

$$a_{22} = K_s\sin\alpha + \frac{PG_b}{AB_t l_t}(\sin\alpha + f_s\cos\alpha)$$

$$\begin{aligned} a =\ & a_{11}a_{22} - a_{12}a_{21} \\ =\ & K_n K_s - \frac{PE_b}{B_n l_n}\frac{PG_b}{AB_t l_t} + \frac{PG_b}{AB_t l_t}(K_n\sin^2\alpha - K_s\cos^2\alpha) \\ & + \frac{PE_b}{B_n l_n}[K_n\cos^2\alpha - K_s\sin^2\alpha] + K_n f_s\sin\alpha\cos\alpha\left[\frac{PG_b}{AB_t l_t} - \frac{PE_b}{B_n l_n}\right] \end{aligned}$$

其中，σ_s、c_s 为节理面本身的压应力及黏结常数；f_s 为节理面摩擦系数，$\sigma_s f_s + c_s = \tau_s$ 是节理面本身的抗剪强度。

故可得锚杆应力与构元应力分量间的关系为

$$\begin{cases} \sigma_b = \dfrac{E_b}{B_n l_n a}(a_{22}\sigma - a_{12}\tau) \\ \tau_b = \dfrac{G_b}{AB_t l_t a}(a_{11}\tau - a_{21}\sigma) \end{cases} \tag{6.3}$$

6.1.2　拉剪应力状态下节理面变形特点与锚杆应力分析

同样由拉剪情况下结构面位移及锚杆变形图(图 6.3)可得拉剪条件下加锚岩体构元应力张量沿层面法向、切向分量分别为

$$\begin{cases} \sigma = K_n(U_n\sin\alpha - U_t\cos\alpha) + \dfrac{PE_b U_n}{B_n l_n}\sin\alpha - \dfrac{PG_b U_t}{AB_t l_t}\cos\alpha \\ \tau = K_s(U_n\cos\alpha + U_t\sin\alpha) + \dfrac{PE_b U_n}{B_n l_n}\cos\alpha + \dfrac{PG_b U_t}{AB_t l_t}\sin\alpha \end{cases} \tag{6.4}$$

故有

$$\begin{cases} U_n = \dfrac{1}{H}(H_{22}\sigma - H_{12}\tau) \\ U_t = \dfrac{1}{H}(H_{11}\tau - H_{21}\sigma) \end{cases} \tag{6.5}$$

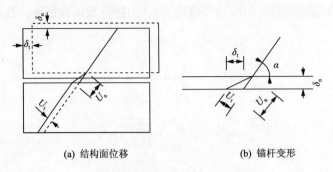

(a) 结构面位移　　　　　(b) 锚杆变形

图 6.3　结构面及锚杆变形示意图

式中

$$H_{11} = \left(K_n + \frac{PE_b}{B_n l_n}\right)\sin\alpha$$

$$H_{12} = -\left(K_n + \frac{PG_b}{AB_t l_t}\right)\cos\alpha$$

$$H_{21} = \left(K_s + \frac{PE_b}{B_n l_n}\right)\cos\alpha$$

$$H_{22} = \left(K_s + \frac{PG_b}{AB_t l_t}\right)\sin\alpha$$

$$H = H_{11}H_{22} - H_{12}H_{21}$$

故可得锚杆应力与构元应力分量间的关系为

$$\begin{cases} \sigma_b = \dfrac{E_b}{B_n l_n H}(H_{22}\sigma - H_{12}\tau) \\ \tau_b = \dfrac{G_b}{AB_t l_t H}(H_{11}\tau - H_{21}\sigma) \end{cases} \tag{6.6}$$

6.2　加锚裂隙岩体本构关系

6.2.1　压剪应力状态下的本构关系

假设在一个体积为 V 的单元体内,含 n 组节理和 k_0 组锚杆的加锚岩体单元的刚度矩阵 $[E]$,其中 j 组节理的单位法向矢量为 N^j,密度为 ρ^j,平均特征尺寸为 C^j。假设每组节理至少受到一组锚杆的锚固,节理面与锚杆的夹角为 α_j^k,每组锚杆是平行且为均布的,其截面含筋率为 p_j^k(截面含筋率 $p_j^k = 0$ 即无锚节理岩体模型)。在压剪应力状态下,将上述单元等效为含有椭圆形裂纹及穿过裂纹的锚杆的构元模型。

Betti 能量互易定理认为:加锚节理岩体构元模型应变能由以下几部分组成:

①等于相同应变条件下相应无锚节理岩体构元的弹塑性应变能;②锚杆轴向力产生附加应变能;③考虑锚杆的"销钉"作用及裂纹体残余应变产生的应变能。

如图 6.4 左边分析构元等价于右边四部分之和。其中 σ、τ 分别是分析构元表观应力张量 $\boldsymbol{\sigma}$ 在裂纹面法线和切线上的投影,即

$$\begin{cases} \boldsymbol{\sigma} = \underline{N} : \boldsymbol{\sigma} \\ \tau = \left[\underline{N} : (\boldsymbol{\sigma} \cdot \boldsymbol{\sigma}) - (\underline{N} : \boldsymbol{\sigma})^2 \right]^{1/2} \end{cases} \tag{6.7}$$

式中,$\boldsymbol{\sigma}$ 是分析构元的表观应力张量;$N = N_k N_l \underline{e}_k \underline{e}_l$,是表示第 j 组节理裂隙面方位的二阶张量(省略 j 组节理上标记号),$e_k e_l$ 是坐标轴方向的单位基矢量。

根据应变等效理论可得

$$\underline{E} = (\underline{E}_1 + \underline{E}_2 - \underline{E}_3 + \underline{E}_4) \tag{6.8}$$

图 6.4 右边第一部分相当于节理裂隙岩体在发生同样变形时的承载能力和等效劲度;第二和第三部分相当于岩体中由于锚杆的存在,锚杆轴向力产生的轴向劲度,第四部分考虑由于锚杆的"销钉"作用及节理裂纹体残余能量而产生的等效劲度。

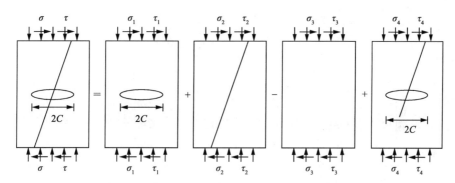

图 6.4　加锚节理裂隙构元等效分解模型

1. 无锚节理裂纹体的等效劲度

在三维情况下,假设裂隙为椭圆形,其半轴分别为 a、b。当岩体中分布有任意方向的 n 组节理时,根据坐标变换和叠加原理,求得其柔度矩阵 $[C]$ 为

$$[C] = [C_0] + \sum_{i=1}^{n} [G_i]^{\mathrm{T}} [\Delta C_i] [G_i] \tag{6.9}$$

式中

$$
[\boldsymbol{C}_0] =
\begin{bmatrix}
\dfrac{1}{E} & -\dfrac{\nu}{E} & -\dfrac{\nu}{E} & 0 & 0 & 0 \\[2mm]
-\dfrac{\nu}{E} & \dfrac{1}{E} & -\dfrac{\nu}{E} & 0 & 0 & 0 \\[2mm]
-\dfrac{\nu}{E} & -\dfrac{\nu}{E} & \dfrac{1}{E} & 0 & 0 & 0 \\[2mm]
0 & 0 & 0 & \dfrac{1}{G} & 0 & 0 \\[2mm]
0 & 0 & 0 & 0 & \dfrac{1}{G} & 0 \\[2mm]
0 & 0 & 0 & 0 & 0 & \dfrac{1}{G}
\end{bmatrix}
$$

$$
\Delta \boldsymbol{C}_i =
\begin{bmatrix}
0 & 0 & 0 & 0 & 0 & 0 \\[2mm]
0 & 0 & 0 & 0 & 0 & 0 \\[2mm]
0 & 0 & \dfrac{C_{\mathrm{n}}^i}{K_{\mathrm{n}}^i}\dfrac{S_0^i}{b_1^i b_2^i d_i} & 0 & 0 & 0 \\[2mm]
0 & 0 & 0 & 0 & 0 & 0 \\[2mm]
0 & 0 & 0 & 0 & \dfrac{C_{\mathrm{s}}^i}{K_{\mathrm{s}}^i}\dfrac{S_0^i}{b_1^i b_2^i d_i} & 0 \\[2mm]
0 & 0 & 0 & 0 & 0 & \dfrac{C_{\mathrm{s}}^i}{K_{\mathrm{s}}^i}\dfrac{S_0^i}{b_1^i b_2^i d_i}
\end{bmatrix}
$$

$$
[\boldsymbol{A}_i] =
\begin{bmatrix}
(l_1^i)^2 & (m_1^i)^2 & (n_1^i)^2 & 2l_1^i m_1^i & 2m_1^i n_1^i & 2n_1^i l_1^i \\[2mm]
(l_2^i)^2 & (m_2^i)^2 & (n_2^i)^2 & 2l_2^i m_2^i & 2m_2^i n_2^i & 2n_2^i l_2^i \\[2mm]
(l_3^i)^2 & (m_3^i)^2 & (n_3^i)^2 & 2l_3^i m_3^i & 2m_3^i n_3^i & 2n_3^i l_3^i \\[2mm]
l_1^i l_2^i & m_1^i m_2^i & n_1^i n_2^i & l_1^i m_2^i + l_2^i m_1^i & m_1^i n_2^i + m_2^i n_1^i & n_1^i l_2^i + n_2^i l_1^i \\[2mm]
l_2^i l_3^i & m_2^i m_3^i & n_2^i n_3^i & l_2^i m_3^i + l_3^i m_2^i & m_2^i n_3^i + m_3^i n_2^i & n_2^i l_3^i + n_3^i l_2^i \\[2mm]
l_3^i l_1^i & m_3^i m_1^i & n_3^i n_1^i & l_3^i m_1^i + l_1^i m_3^i & m_3^i n_1^i + m_1^i n_3^i & n_3^i l_1^i + n_1^i l_3^i
\end{bmatrix}
$$

$$
[\boldsymbol{G}_i] = [\boldsymbol{A}_i]^{-1}
$$

其中，E 为岩石材料的弹性模量；G 为剪切模量；ν 为波松比；C_{n}、C_{s} 分别为传压系数和传剪系数[16]；l、m、n 分别为局部坐标轴相对整体坐标轴的方向余弦。

2. 锚杆轴向力产生的劲度

图 6.4 右边第二和第三部分的等效劲度相当于锚杆轴向力产生的等效劲度，轴向劲度容易得到，然后可直接叠加到分析构元劲度中。

当有 k_0 组锚固件时，附加劲度 $\boldsymbol{E}^{2-3}$ 的矩阵表达式为

$$
\boldsymbol{E}^{2-3} = \sum_{k=1}^{k_0} [\boldsymbol{A}_k][\boldsymbol{D}_k][\boldsymbol{A}_k]^{\mathrm{T}} \tag{6.10}
$$

式中

$$
[\boldsymbol{D}_k] = \begin{bmatrix} P_0^k E_{\mathrm{b}} & 0 & 0 \\ 0 & 0 & 0 \\ 0 & 0 & 0 \end{bmatrix}, \quad [\boldsymbol{A}^k] = \begin{bmatrix} \cos^2 B_0^k & \sin^2 B_0^k & -\sin 2B_0^k \\ \sin^2 B_0^k & \cos^2 B_0^k & \sin 2B_0^k \\ \dfrac{1}{2}\sin 2B_0^k & -\dfrac{1}{2}\sin 2B_0^k & \cos 2B_0^k \end{bmatrix}
$$

其中，B_0^k 为锚杆轴向与原坐标 x 轴夹角；E_{b} 为锚杆弹模；P_0^k 为第 k 组锚杆截面含筋率。

3. 锚杆"锚钉"作用应变能及裂纹体残余应变能

当第 j 组受锚节理密度为 ρ_{b}^j，穿过第 j 组受锚节理单条节理面内的锚杆根数为 q_j^k，分析构元内有 n 组节理时，锚杆"锚钉"作用应变能及裂纹体残余应变能总和为

$$
U = U_{\text{余}} + U_{\mathrm{b}} = \sum_{j=1}^{n} \rho_{\mathrm{b}}^j (f_1^j \sigma_j^2 + f_2^j \sigma_j t_j + f_3^j t_j^2) - \sum_{j=1}^{n} \frac{\pi a^j b^j}{2} \left[\frac{C_{\mathrm{v}}^{j2}}{K_{\mathrm{n}}^j} \sigma_1^{j2} + \frac{C_{\mathrm{s}}^{j2} \tau_1^{j2}}{K_{\mathrm{s}}^j} \right]
$$

$$
+ \rho_{\mathrm{b}}^j \sum_{j=1}^{n} \rho_{\mathrm{b}}^j q_j^k \left[(b_1^k)^{(j)} \sigma_j^2 - (b_2^k)^{(j)} \sigma_j t_j + (b_3^k)^{(j)} t_j^2 \right]
$$

$$
\tag{6.11}
$$

式中

$$
f_1^j = \frac{C^j}{a^2} \left[a_{22}^2 (K_{\mathrm{n}}^j \sin^2 a + K_{\mathrm{s}}^j \cos^2 \alpha) - 2a_{22} a_{21} (K_{\mathrm{s}}^j \sin\alpha\cos\alpha - K_{\mathrm{n}}^j \sin\alpha\cos\alpha) \right.
$$
$$
\left. + a_{21}^2 (K_{\mathrm{n}}^j \cos^2 \alpha + K_{\mathrm{s}}^j \sin^2 \alpha) \right]
$$

$$
f_2^j = \frac{C^j}{a^2} \left[-2a_{12} a_{22} (K_{\mathrm{n}}^j \sin^2 \alpha + K_{\mathrm{s}}^j \cos^2 \alpha) + 2(a_{11} a_{22} + a_{12} a_{21})(K_{\mathrm{s}}^j \sin\alpha\cos\alpha \right.
$$
$$
\left. - K_{\mathrm{n}}^j \sin\alpha\cos\alpha) - 2a_{11} a_{21} (K_{\mathrm{n}}^j \cos^2 \alpha + K_{\mathrm{s}}^j \sin^2 \alpha) \right]
$$

$$
f_3^j = \frac{C^j}{a^2} \left[a_{12}^2 (K_{\mathrm{n}}^j \sin^2 \alpha + K_{\mathrm{s}}^j \cos^2 \alpha) - 2a_{11} a_{12} (K_{\mathrm{s}}^j \sin\alpha\cos\alpha - K_{\mathrm{n}}^j \sin\alpha\cos\alpha) \right.
$$
$$
\left. + a_{12}^2 (K_{\mathrm{n}}^j \cos^2 \alpha + K_{\mathrm{s}}^j \sin^2 \alpha) \right]
$$

$$
b_1^k = \frac{E_{\mathrm{b}}^k (a_{22}^k)^2 S_k}{2B_{\mathrm{n}}^k l_{\mathrm{n}}^k a_k^2} + \frac{G_{\mathrm{b}}^k (a_{21}^k)^2 S_k}{2A^k B_{\mathrm{t}}^k l_{\mathrm{t}}^k a_k^2}
$$

$$
b_2^k = \frac{E_{\mathrm{b}}^k a_{12}^k a_{22}^k S_k}{B_{\mathrm{n}}^k l_{\mathrm{n}}^k a_k^2} + \frac{G_{\mathrm{b}}^k a_{11}^k a_{21}^k S_k}{A^k B_{\mathrm{t}}^k l_{\mathrm{t}}^k a_k^2}
$$

$$
b_3^k = \frac{E_{\mathrm{b}}^k (a_{12}^k)^2 S_k}{2B_{\mathrm{n}}^k l_{\mathrm{n}}^k a_k^2} + \frac{G_{\mathrm{b}}^k (a_{11}^k)^2 S_k}{2A^k B_{\mathrm{t}}^k l_{\mathrm{t}}^k a_k^2}
$$

对应变张量求导即得

$$
\boldsymbol{E}_{pqkl}^4 = \sum_{j=1}^{n} \rho_{\mathrm{b}}^j \left[f_1^j (\boldsymbol{E}_{pqkl}^{4(1)})^{(j)} + f_2^j (\boldsymbol{E}_{pqkl}^{4(3)})^{(j)} + f_3^j (\boldsymbol{E}_{pqkl}^{4(2)})^{(j)} \right]
$$

$$- \sum_{j=1}^{n} R^j \left[\frac{C_v^{j2}}{k_n^j} (\boldsymbol{E}_{pqkl}^{4(4)})^{(j)} + \frac{C_s^{j2}}{k_s^j} (\boldsymbol{E}_{pqkl}^{4(5)})^{(j)} \right]$$

$$+ \sum_{j=1}^{n_1} \rho_b^j q_j^k \left[(b_1^k)^{(j)} (\boldsymbol{E}_{pqkl}^{4(1)})^{(j)} - (b_2^k)^{(j)} (\boldsymbol{E}_{pqkl}^{4(3)})^{(j)} + (b_3^k)^{(j)} (\boldsymbol{E}_{pqkl}^{4(2)})^{(j)} \right] \tag{6.12}$$

式中

$$\boldsymbol{E}_{pqkl}^{4(1)} = 2 \boldsymbol{N}_{ab}^j \boldsymbol{E}_{abkl} \boldsymbol{N}_{ab}^j \boldsymbol{E}_{abpg}$$

$$\boldsymbol{E}_{pqkl}^{4(2)} = 2 \boldsymbol{N}_{am}^j \boldsymbol{E}_{abpg} \boldsymbol{E}_{bmkl} - \boldsymbol{E}_{pqkl}^{4(1)}$$

$$\boldsymbol{E}_{pqkl}^{4(3)} = \frac{1}{2} \left[\frac{t^j}{\sigma^j} \boldsymbol{E}_{pqkl}^{4(1)} + \frac{\sigma^j}{t^j} \boldsymbol{E}_{pqkl}^{4(2)} \right]$$

$$\boldsymbol{E}_{pqkl}^{4(4)} = 2 \boldsymbol{N}_{ab}^j \boldsymbol{E}_{abkl}^1 \boldsymbol{N}_{ab}^j \boldsymbol{E}_{abpg}^1$$

$$\boldsymbol{E}_{pqkl}^{4(5)} = 2 \boldsymbol{N}_{am}^j \boldsymbol{E}_{abpg}^1 \boldsymbol{E}_{bmkl}^1 + \boldsymbol{N}_{am}^j \boldsymbol{E}_{bmpg}^1 \boldsymbol{E}_{abkl}^1 - \boldsymbol{E}_{pqkl}^{4(4)}$$

加锚岩体构元总体劲度为

$$\boldsymbol{E}_{pqkl} = \boldsymbol{E}_{pqkl}^1 + \boldsymbol{E}_{pqkl}^{2-3} + \boldsymbol{E}_{pqkl}^4 \tag{6.13}$$

这样就求得了加锚节理等效构元模型在压剪应力状态下的刚度张量。刚度张量求逆即得其柔度张量。

6.2.2　拉剪应力状态下的本构关系

在拉剪应力状态下,建立加锚节理岩体分析构元,构元中包含了加锚节理岩体受节理裂隙损伤的基本信息。设 U_e 是加锚损伤分析构元等效应变能,U_d 是裂纹引起的应变能,U_0^b 是对应构元在无裂纹时的应变能,则按自治理论有

$$U = U_d + U_0^b \tag{6.14}$$

在应变等效条件下,有

$$\boldsymbol{C}_{ijkl}^e = \boldsymbol{C}_{ijkl}^{bo} + \boldsymbol{C}_{ijkl}^d \tag{6.15}$$

式中, $\boldsymbol{C}_{ijkl}^e$ 为加锚节理岩体等效柔度张量;$\boldsymbol{C}_{ijkl}^{bo}$ 为加锚岩体(不包括节理)等效柔度张量;$\boldsymbol{C}_{ijkl}^d$ 为裂纹体应变能引起的附加柔度张量。

当只考虑锚杆对裂纹体变形抑止作用时,可得到

$$\boldsymbol{C}_{ijkl}^{bo} = \boldsymbol{C}_{ijkl}^0 \tag{6.16}$$

式中, $\boldsymbol{C}_{ijkl}^0$ 为无损岩石材料的弹性柔度张量,可由试验得到。

$$\boldsymbol{C}_{ijkl}^0 = \begin{bmatrix} c_{1111} & c_{1112} & c_{1121} & c_{1122} \\ c_{1211} & c_{1212} & c_{1221} & c_{1222} \\ c_{2111} & c_{2112} & c_{2121} & c_{2122} \\ c_{2211} & c_{2212} & c_{2221} & c_{2222} \end{bmatrix} = \begin{bmatrix} \dfrac{1}{E} & 0 & 0 & \dfrac{-v}{E} \\ 0 & \dfrac{1+v}{2E} & \dfrac{1+v}{2E} & 0 \\ 0 & \dfrac{1+v}{2E} & \dfrac{1+v}{2E} & 0 \\ \dfrac{-v}{E} & 0 & 0 & \dfrac{1}{E} \end{bmatrix}$$

经推导可得 C_{ijkl}^{d}，即

$$C_{ijkl}^{d} = \frac{\pi(1-\nu^2)}{E} \sum_{i=1}^{n} \left[2\left(A_1^{(i)} + A_2^{(i)} + \frac{1}{2}A_3^{(i)} \frac{\tau^{(i)}}{\sigma^{(i)}}\right) \cdot n_i^{(i)} n_j^{(i)} n_k^{(i)} n_l^{(i)} \right.$$

$$+ \left(A_1^{(i)} + A_4^{(i)} + \frac{1}{2}A_3^{(i)} \frac{\sigma^{(i)}}{\tau^{(i)}}\right) \cdot (\delta_{jl}n_j^{(i)} n_k^{(i)} + \delta_{jk}n_i^{(i)} n_l^{(i)} + \delta_{il}n_j^{(i)} n_k^{(i)}$$

$$+ \delta_{ik}n_j^{(i)} n_l^{(i)} - 4n_i^{(i)} n_j^{(i)} n_k^{(i)} n_l^{(i)}) \right] \tag{6.17}$$

式中参数详见文献[16]的研究。

6.3　损伤与弹塑性耦合有限元实现

6.3.1　损伤演化方程

1. 压剪应力场下损伤演化方程

在压剪压力场作用下，当应力达到一定值时，原生裂纹面压紧滑动，并在尖端形成分支裂纹，分支裂纹扩展长度为

$$\begin{cases} K_1 = \dfrac{\sqrt{\pi l_y}}{(1+L)^{2/3}} \left(\dfrac{2}{\sqrt{3}}T - \dfrac{\sigma_3 L}{B_n}\right) \left\{B_n L + \dfrac{1}{(1+L)^{1/2}}\right\} \\ K_1 = \eta k_{Ic} \end{cases} \tag{6.18}$$

式中，T 为原裂纹面上的剪切方向滑动驱动力；$L = l/l_y$，l 为分支裂纹长度；l_y 为原裂纹半长；K_{Ic} 为岩石 I 型裂纹断裂韧度；η 为锚杆增韧系数。η 和 K_{Ic} 均由试验确定。

由于节理面滑动并形成分支裂纹而产生新的应变能，所以，损伤体积元之内的等效应变能 U 可表达为

$$U = U_1 + U_2 \tag{6.19}$$

式中，U_1 为加锚裂隙内裂隙未扩展的应变能；U_2 为由于裂隙扩展而产生的应变能。

假设分析单元体内被锚固节理裂隙组数为 n_1，未被锚固组数为 n_2，则有

$$U_2 = \sum_{j=1}^{n_1} (U_2^b)^{(j)} \rho_b^j + \sum_{j=1}^{n_2} (U_2^0)^{(j)} \rho_0^j \tag{6.20}$$

式中，U_2^b 为加锚节理扩展产生的形变能；U_2^0 为加锚节理扩展产生的形变能；ρ_b^j 为第 j 组受锚节理密度；ρ_0^j 为第 j 组未锚固节理密度。

又易推得

$$C = C^1 + C^2 \tag{6.21}$$

式中，C 为损伤后岩体等效柔度；C^1 为岩体原来等效柔度；C^2 为附加柔度。

而

$$C^2_{ijkl} \cdot \sigma_{kl} = \frac{\partial U_2}{\partial \sigma_{ij}} \tag{6.22}$$

其中，C^2_{ijkl} 为 C^2 的分量形式。其表达式为

$$
\begin{aligned}
C^2_{ijkl} = & \sum_{j=1}^{n_1} \frac{-G_2^{(j)}\tau^{(j)} + 2G_3^{(j)}\sigma^{(j)} - G_5^{(j)}}{\sigma^{(j)}} n_i^{(j)} n_j^{(j)} n_k^{(j)} n_l^{(j)} \\
& + \frac{2G_1^{(j)}\tau^{(j)} - G_2^{(j)}\sigma^{(j)} + G_4^{(j)}}{4\tau^{(j)}} [\delta_{jl} n_i^{(j)} n_k^{(j)} + \delta_{jk} n_i^{(j)} n_l^{(j)} + \delta_{il} n_j^{(j)} n_k^{(j)} \\
& + \delta_{ik} n_j^{(j)} n_l^{(j)} - 4 n_i^{(j)} n_j^{(j)} n_k^{(j)} n_l^{(j)}] + \sum_{j=1}^{n_2} \frac{-F_2^{(j)}\tau^{(j)} + 2F_3^{(j)}\sigma^{(j)} - F_5^{(j)}}{\sigma^{(j)}} n_i^{(j)} n_j^{(j)} n_k^{(j)} n_l^{(j)} \\
& + \frac{2F_1^{(j)}\tau^{(j)} - F_2^{(j)}\sigma^{(j)} + F_4^{(j)}}{4\tau^{(j)}} [\delta_{jl} n_i^{(j)} n_k^{(j)} + \delta_{jk} n_i^{(j)} n_l^{(j)} + \delta_{il} n_j^{(j)} n_k^{(j)} \\
& + \delta_{ik} n_j^{(j)} n_l^{(j)} - 4 n_i^{(j)} n_j^{(j)} n_k^{(j)} n_l^{(j)}]
\end{aligned}
\tag{6.23}
$$

其中

$$
\begin{aligned}
G_1 = & -\frac{a_3 C^2}{E_0}\left[\frac{4}{3}\pi\left(\frac{I}{2}+1\right)2 + \frac{4\pi L_b}{\sqrt{3}B_n}(I_2+1)\tan B + \frac{\pi}{B_n^2}L_b^2\tan^2 B\right] + \frac{2C^2}{E_0}\left[\frac{2}{\sqrt{3}}\sqrt{\pi}a_1\right. \\
& \left.(I_2+1)^2 + \left(\frac{\sqrt{\pi}}{\sqrt{3}}L_b + \frac{\sqrt{\pi}}{B_n}L_b a_1\right)(I_2+1)\tan B + \frac{\sqrt{\pi}a_2 L_b^2}{2B_n}\tan^2 B\right]
\end{aligned}
$$

$$
\begin{aligned}
G_2 = & -\frac{a_3 C^2}{E_0}\left[\frac{8\pi}{3}(I_1+f_s)(I_2+1) + \frac{4\pi}{\sqrt{3}B_n}L_b(I_2+1+I_1\tan B + f_s\tan B)\right. \\
& \left.+ \frac{2\pi}{B_n^2}L_b^2\tan B\right] + \frac{2C^2}{E_0}\left[\frac{4}{\sqrt{3}}\sqrt{\pi}a_1(I_1+f_s)(I_2+1) + \left(\frac{\sqrt{\pi}}{\sqrt{3}}L_b + \frac{\sqrt{\pi}}{B_n}L_b a_1\right)\right. \\
& \left.(I_2+1+I_1\tan B + f_s\tan B) + \frac{\sqrt{\pi}a_2 L_b^2}{B_n}\tan B\right]
\end{aligned}
$$

$$
\begin{aligned}
G_3 = & -\frac{a_3 C^2}{E_0}\left[\frac{4}{3}\pi(I_1+f_s)^2 + \frac{4\pi}{\sqrt{3}B_n}L_b(I_1+f_s) + \frac{\pi}{B_n^2}L_b^2\right] + \frac{2C^2}{E_0}\left[\frac{2\sqrt{\pi}}{\sqrt{3}}a_1\right. \\
& \left.(I_1+f_s)^2 + \left(\frac{\sqrt{\pi}}{\sqrt{3}}L_b + \frac{\sqrt{\pi}L_b}{B_n}a_1\right)(I_1+f_s) + \frac{\sqrt{\pi}a_2 L_b^2}{2B_n}\right]
\end{aligned}
$$

$$
\begin{aligned}
G_4 = & \frac{a_3 C^2}{E_0}\left[\frac{8}{3}\pi c_s(I_2+1) + \frac{4\pi}{\sqrt{3}B_n}L_b c_s\tan B\right] - \frac{2C^2}{E_0}\left[\frac{4}{\sqrt{3}}\sqrt{\pi}a_1 c_s\right. \\
& \left.(I_2+1) + \left(\frac{\sqrt{\pi}}{\sqrt{3}}L_b + \frac{\sqrt{\pi}L_b}{B_n}a_1\right)c_s\tan B\right]
\end{aligned}
$$

$$G_5 = \frac{a_3}{E_0} C^2 \left[\frac{8}{3} \pi c_s (I_1 + f_s) + \frac{4\pi}{\sqrt{3} B_n} L_b f_s \right] - \frac{2C^2}{E_0} \left[\frac{4}{\sqrt{3}} \sqrt{\pi} a_1 c_s \right.$$

$$\left. (I_1 + f_s) + \left(\frac{\sqrt{\pi}}{\sqrt{3}} L_b + \frac{\sqrt{\pi} L_b}{B_n} a_1 \right) c_s \right]$$

2. 拉剪情况下损伤演化方程

令 $\sigma_0 = \sigma - \tau \cot\beta$，其中 β 为最小主应力方向与裂纹而所成的锐角，可得分支裂纹扩展长度 l 满足

$$\begin{cases} K_1 = \dfrac{5.18 l_y (T\cos\gamma + \sigma_0 \sin\gamma)}{\sqrt{\pi l}} 1.12 \sigma_0 \sqrt{\pi l} \\ K_1 = \eta K_{Ic} \end{cases} \tag{6.24}$$

式中，γ 为 σ_0 方向与原节理面方向的夹角，分支裂纹可作为一组单独裂纹考虑，则易求得 C。

6.3.2 损伤与弹塑性耦合实现的基本方法

由于损伤的宏观力学效果表现为损伤体的柔度发生变化，所以损伤的宏观力学效果可用损伤体的变形模量降低来表示。而且，损伤场的存在使损伤结构定解问题的方程数目增加：本构关系、平衡方程、几何关系（协调方程）、初始条件、边界条件、损伤演化方程。损伤除了与弹性变形耦合，还与塑性变形相耦合；通常通过有效应力来体现损伤与塑性变形的耦合效应。考虑到损伤场的存在及其与应力场的共同作用，使得损伤结构的有限元系统方程变为非线性和可能非稳定性。因此有时忽略损伤场与应力、应变场的相互作用，减轻耦合计算的困难。一般情况下，损伤和弹塑性耦合的基本方法主要有以下几个。

（1）全解耦方法。在某些情况和条件下，认为损伤对结构中的应力、应变场的影响很小，可以忽略，因此可以首先不考虑损伤，利用无损材料的本构关系、平衡方程，求解应力应变场，后代入损伤演化方程，得到损伤随时间或荷载的变化历史，进而根据材料的损伤、断裂判据确定结构的承载能力或寿命。其计算方法如图 6.5 所示。

（2）全耦合方法。当结构中损伤积累到一定程度时，将导致结构弹性模量等材料参数和力学性能的变化，造成应力和应变的重新分布，故在应力、应变场的计算中要计入损伤的影响，其计算方法如图 6.6 所示。应用损伤本构关系，采用全耦合方法进行结构分析是严格和准确的，但相应工作量也大幅增加。而且现有的有限元分析程序一般不包括全耦合结构的损伤分析。目前仅有极少数简单问题能得到全耦合分析解析解。

（3）半解耦方法。半解耦方法是介于全解耦和全耦合方法之间的一种分析

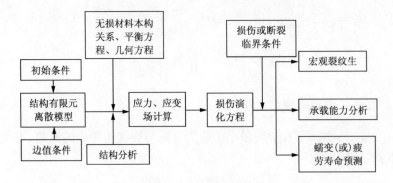

图 6.5　全解耦方法

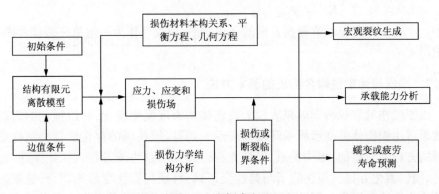

图 6.6　全耦合方法

方法。该方法是在本构关系中引入损伤,而在平衡方程中不考虑损伤的影响。其计算方法如图 6.7 所示。

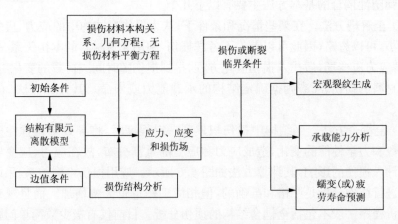

图 6.7　半解耦方法

（4）局部耦合方法。Lemaitre 认为在结构中，损伤往往集中在一个小的区域内，损伤材料的体积和结构构件相比很小。对此类问题可在结构整体的分析中采用损伤和变形全解耦的方法，而只在结构最危险的小区域内采用损伤和变形相耦合的方法。其计算方法如图 6.8 所示。

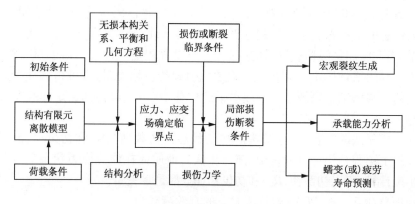

图 6.8　局部耦合方法

根据前面提出的加锚节理岩体损伤模型，结合适用于岩土类材料的辛可维兹-潘德屈服准则（Zienkiewicz-Pande）[20]，应用非线性有限元法，进行 Fortran 有限元程序实现。对损伤的考虑采用半解耦方法，仅在本构方程中引入前面所提出的损伤模型，考虑结构的损伤引起刚度的降低，而在平衡方程中不考虑损伤的影响，以减轻耦合计算的困难；在弹塑性迭代中，采用增量变塑性刚度迭代的基本方法。这样一方面在结构分析中考虑了裂隙损伤对结构的影响，另一方面减轻了耦合计算的困难。其损伤耦合计算方法如图 6.9 所示。

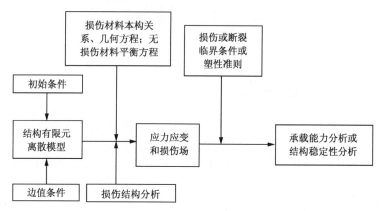

图 6.9　本节损伤计算方法

6.3.3 材料非线性问题增量解法一般原理

有限元法的平衡方程为

$$[K(\delta)]\{\boldsymbol{\delta}\} = \{\boldsymbol{R}\} \tag{6.25}$$

式中，$[K]$为结构整体刚度矩阵；$\{\boldsymbol{\delta}\}$为节点位移向量；$\{\boldsymbol{R}\}$为等效节点荷载向量。

增量法的基本思想是把荷载分成许多小的荷载（或称增量）。每次施加一个荷载增量，而在施加每级荷载增量的区间内，假设方程是线性的。对于每一级加载，都求出位移的增量$\{\Delta\boldsymbol{\delta}\}$。累加每一级加载引起的位移增量，即可得到任一加载水平引起的位移增量。叠加每一加载水平的位移增量，即可得到额定加载条件下的位移总量。

在写增量法的方程时，令结构的初始状态由初载荷$\{\boldsymbol{R}_0\}$和初位移$\{\boldsymbol{\delta}_0\}$给出。一般在地下工程结构计算分析中，都是从认为地质体在原位应力状态下位移为零变形出发计算，所以初载荷$\{\boldsymbol{R}_0\}$和初位移$\{\boldsymbol{\delta}_0\}$都是零矢量。

现把总荷载分成 M 个增量，于是总的有效荷载为

$$\{\boldsymbol{R}\} = \{\boldsymbol{R}_0\} + \sum_{j=1}^{M}\{\Delta\boldsymbol{R}\}_j \tag{6.26}$$

因此，施加了第 i 级增量之后，荷载为

$$\{\boldsymbol{R}\}_i = \{\boldsymbol{R}_0\} + \sum_{j=1}^{i}\{\Delta\boldsymbol{R}\}_j$$

类似地，对于位移、应变和应力，有

$$\{\boldsymbol{\delta}\}_i = \{\boldsymbol{\delta}_0\} + \sum_{j=1}^{i}\{\Delta\boldsymbol{\delta}\}_j$$

$$\{\boldsymbol{\varepsilon}\}_i = \{\boldsymbol{\varepsilon}_0\} + \sum_{j=1}^{i}\{\Delta\boldsymbol{\varepsilon}\}_j$$

$$\{\boldsymbol{\sigma}\}_i = \{\boldsymbol{\sigma}_0\} + \sum_{j=1}^{i}\{\Delta\boldsymbol{\sigma}\}_j$$

6.3.4 增量变塑性刚度法的基本思想

增量变塑性刚度法是将总荷载根据屈服准则分解为弹性荷载和塑性荷载进行加载计算。对弹性荷载采取一次性加载，对塑性荷载采取分级加载。在每级塑性荷载的施加过程中，首先把结构的整体刚度矩阵$[K]$分解为弹性刚度$[K_e]$和塑性刚度$[K_p]$，即

$$[K] = \int_V [B]^T[D_{ep}][B]\mathrm{d}v = [K_e] - [K_p] \tag{6.27}$$

式中，$[D_{ep}] = [D_e] - [D_p] = [D_e] - \dfrac{[D_e]\left\{\dfrac{\partial F}{\partial \sigma}\right\}\left\{\dfrac{\partial F}{\partial \sigma}\right\}^{\mathrm{T}}[D_e]}{A + \left\{\dfrac{\partial F}{\partial \sigma}\right\}^{\mathrm{T}}[D_e]\left\{\dfrac{\partial F}{\partial \sigma}\right\}}$，$A$ 为与硬化有关的参数。

　　然后保持弹性刚度不变，通过改变其塑性刚度，以提高迭代收敛的速度，然而在每级荷载的迭代过程中，又保持塑性刚度不变，通过调整位移来加快迭代的计算速度。整个迭代过程的基本计算式为

$$[K_e]\{\boldsymbol{\delta}\}_i = \{\Delta R_p\}_i + [K_p]\{\boldsymbol{\delta}\}_i \tag{6.28}$$

6.3.5　迭代方法

　　1. 结构弹性荷载 $\{R_e\}$ 的计算

　　结构的弹性荷载是指结构刚进入屈服时的临界应力状态 $\{\sigma_c\}$ 所对应的荷载。根据 Desai[21] 的假定，有

$$F(\{\boldsymbol{\sigma}_c\}) = F(\{\boldsymbol{\sigma}_0\} + S\{\Delta \boldsymbol{\sigma}\}) = 0 \tag{6.29}$$

式中，F 为屈服函数；S 为结构临界单元的弹性系数[21]。

因此，可得结构的弹性荷载为

$$\{R_e\} = [K_e]\{\boldsymbol{\delta}_e\} = [K_e]S\{\boldsymbol{\delta}_{\max}\} = S\{R\} \tag{6.30}$$

式中，$\{\boldsymbol{\delta}_{\max}\} = [K_e]^{-1}\{R\}$。

　　2. 结构塑性荷载 $\{R_p\}$ 的迭代计算

　　在各级塑性荷载 $\{\Delta R_p\}_i$ 的迭代计算时，可以得到如下迭代式：

$$[K_e]\{\delta_n\}_i = \{\Delta R_p\}_i + [K_p]\{\boldsymbol{\delta}_{n-1}\}_i \tag{6.31}$$

　　在按照式（6.31）进行迭代时，由于迭代过程中保持塑性刚度矩阵不变，可能会出现迭代收敛变慢，甚至可能出现迭代发散，为此引进加速位移修正法。因此，按照式（6.31）进行迭代，每迭代一次可对位移进行一次修正，其修正位移为

$$\{\Delta h_n\}_i = [K_e]^{-1}[K_e]\alpha_{n-1}\{\Delta\boldsymbol{\delta}_n\}_i$$

式中，$\{\Delta\boldsymbol{\delta}_n\}_i = \{\boldsymbol{\delta}_n\}_i - \{\boldsymbol{\delta}_{n-1}\}_i$；$\alpha_{n-1}$ 是一个加速参数，可按下述公式确定：

$$\alpha_{n-1} = \frac{\{\Delta\boldsymbol{\delta}_{n-1}\}_i^{\mathrm{T}}(\{\Delta\boldsymbol{\delta}_{n-1}\}_i + \{\Delta h_{n-1}\}_i)}{\{\Delta\boldsymbol{\delta}_{n-1}\}_i^{\mathrm{T}}\{\Delta\boldsymbol{\delta}_{n-1}\}_i}$$

　　如果将每次的修正位移 $\{\Delta h_n\}_i$ 迭加到迭代方程式的右端项中，可得到

$$[K_e]\{\boldsymbol{\delta}_n\}_i = \{\Delta R_p\}_i + [K_p](\{\boldsymbol{\delta}_{n-1}\}_i + \{\Delta h_n\}_i) \tag{6.32}$$

　　显然式（6.32）要比式（6.31）更加逼近结构平衡方程，如果再用式（6.31）中的 $n+1$ 次迭代式，即

$$[K_e]\{\boldsymbol{\delta}_{n+1}\}_i = \{\Delta R_p\}_i + [K_p]\{\boldsymbol{\delta}_n\}_i \tag{6.33}$$

利用式(6.33)减去式(6.32)，整理则得到改进后的增量位移迭代式：

$$[\boldsymbol{K}_e]\{\Delta\boldsymbol{\delta}_{n+1}\}_i = [\boldsymbol{K}_p](\{\Delta\boldsymbol{\delta}_n\}_i - \{\Delta\boldsymbol{h}_n\}_i) \tag{6.34}$$

综上所述，在第 i 级塑性荷载 $\{\Delta\boldsymbol{R}_p\}_i$ 作用下，第 n 次迭代的计算过程如下。

增量位移：

$$\{\Delta\boldsymbol{\delta}_n\}_i = [\boldsymbol{K}_e]^{-1}[\boldsymbol{K}_p](\{\Delta\boldsymbol{\delta}_{n-1}\}_i - \{\Delta\boldsymbol{h}_{n-1}\}_i)$$

修正位移：

$$\{\Delta\boldsymbol{h}_n\}_i = [\boldsymbol{K}_e]^{-1}[\boldsymbol{K}_p]\alpha_{n-1}\{\Delta\boldsymbol{\delta}_n\}_i$$

全量位移：

$$\{\boldsymbol{\delta}_n\}_i = \{\boldsymbol{\delta}_{n-1}\}_i + \{\Delta\boldsymbol{\delta}_n\}_i + \{\Delta\boldsymbol{h}_n\}_i$$

加速参数：

$$\alpha_n = \frac{\{\Delta\boldsymbol{\delta}_n\}_i^{\mathrm{T}}(\{\Delta\boldsymbol{\delta}_n\}_i + \{\Delta\boldsymbol{h}_n\}_i)}{\{\Delta\boldsymbol{\delta}_n\}_i^{\mathrm{T}}\{\Delta\boldsymbol{\delta}_n\}_i}$$

当 $n=1$ 时

$$\{\boldsymbol{\delta}_0\}_i = [\boldsymbol{K}_e]^{-1}\{\Delta\boldsymbol{R}_p\}_i$$

$$\{\Delta\boldsymbol{\delta}_1\}_i = [\boldsymbol{K}_e]^{-1}[\boldsymbol{K}_p]\{\boldsymbol{\delta}_0\}_i$$

$$\{\Delta\boldsymbol{h}_1\}_i = [\boldsymbol{K}_e]^{-1}[\boldsymbol{K}_p]\alpha_0\{\Delta\boldsymbol{\delta}_1\}_i$$

3. 应用初应力法进行应力的迭代修正计算

对于各单元的弹塑性应力计算，从理论上讲，应沿其应变路径积分。但由于应力和应变是非线性关系，无法精确积出，可用下面差分公式计算：

$$\{\Delta\boldsymbol{\sigma}_{ep}\} = \boldsymbol{S}[\boldsymbol{D}_e]\{\Delta\boldsymbol{\varepsilon}\} + \sum_{i=1}^{n}[\boldsymbol{D}_{ep}]\{\Delta\boldsymbol{\varepsilon}_p\} \tag{6.35}$$

将误差应力沿垂直于塑性屈服面的方向拉回屈服面上来，每一次的应力修正量为

$$\{\Delta\boldsymbol{\sigma}^*\}_K = -\boldsymbol{F}(\{\boldsymbol{\sigma}\}_K)\left\{\frac{\partial\boldsymbol{F}}{\partial\boldsymbol{\sigma}}\right\} \Big/ \left(\left\{\frac{\partial\boldsymbol{F}}{\partial\boldsymbol{\sigma}}\right\}_K^{\mathrm{T}}\left\{\frac{\partial\boldsymbol{F}}{\partial\boldsymbol{\sigma}}\right\}_K\right)$$

6.3.6　程序功能

根据 6.3.5 节所阐述的加锚节理岩体损伤本构模型和无锚节理岩体损伤本构模型（加锚节理岩体损伤本构模型中，当含筋率为零时即无锚节理岩体损伤本构模型），采用 Fortran 计算机语言编制了三维大型有限元程序 FDFEM[22,23]；并且编制了程序相应的前后处理接口程序，能直接读入 ANSYS 有限元模型的单元节点信息，计算结果（包括应力、位移、破损区等）能读入 GID 有限元软件中进行可视化显示。FDFEM 程序计算流程图如图 6.10 所示。程序主要功能包括以下两方面。

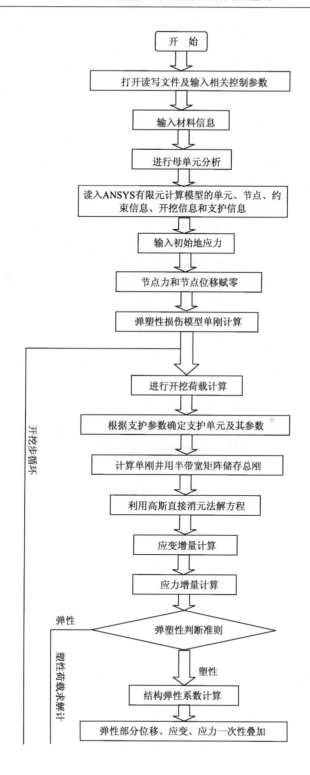

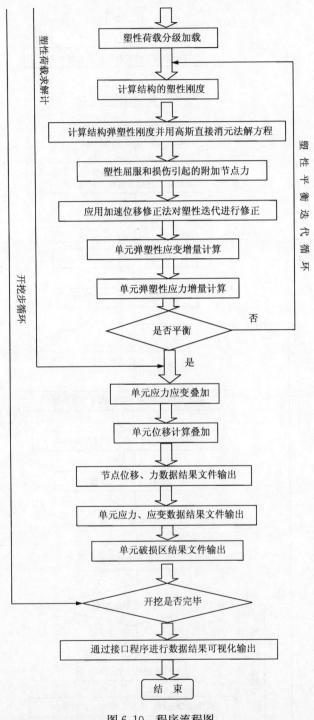

图 6.10 程序流程图

（1）进行弹塑性计算，模拟地下工程的毛洞开挖、回填、加锚支护等施工过程。

（2）进行弹塑性变形和损伤的耦合计算，根据工程岩土体内节理裂隙状况，考察其裂隙损伤对工程结构产生的影响，以及在此基础上的毛洞开挖、回填、加锚支护等施工过程中的损伤、应力、变形的分析。

6.4　加锚裂隙岩体损伤模型在地下洞室群工程中的应用

6.4.1　工程算例一

1. 工程概况

大岗山水电站是大渡河干流近期开发的大型水电工程之一。电站正常蓄水位为 1130m，最大坝高约 210m，电站装机容量为 2400MW。本节研究的地下厂房布置在左岸Ⅰ～Ⅲ线，由主厂房、主变室、尾水调压室三大地下洞室组成。三大洞室平行布置，轴线方向 NE55°，垂直埋深为 390～520m，水平埋深为 310～530m，厂房总长 226.58m，主机间最大开挖高度达到 73.78m，具体如图 6.11 所示。

(a) 两个机组示意图　　　　　　　　(b) 四个机组示意图

图 6.11　三维厂房和地质结构相对关系示意图

1-F57、F58 断层；2-F59、F60 断层；3-Ⅲ/Ⅱ类；4-Ⅲ类

地下厂房洞室围岩类别主要为Ⅱ类和Ⅲ类。厂区岩体新鲜较完整，呈块状～次块状结构，岩块嵌合紧密，但局部洞室顶拱裂隙发育；与洞室轴线斜交，陡倾角裂隙发育，易形成股状流水。坝址区节理裂隙主要发育有三组。第 1 组：N10°～30°W/SW∠50°～80°，延伸短或中等；第 2 组：N15°～30°E/NW∠50°～70°，延伸中等；第 3 组：缓倾角裂隙，延伸短，多闭合。

2. 计算模型

模拟计算中，本节代表性地选取地质条件较差的 4 号机组，进行稳定性分析。计算所选区域考虑了 F57、F58、F59、F60 断层，以及Ⅱ/Ⅲ类围岩和Ⅲ类围岩。计算范围:以 4 号机组中心线与安装高程的交点处为坐标原点,水平 X 轴方向取宽度 700m、竖直 Y 轴方向取高度 400m,轴线 Z 轴方向取长度 6m。计算时,厂房分层开挖情况分别如图 6.12 和表 6.1 所示。

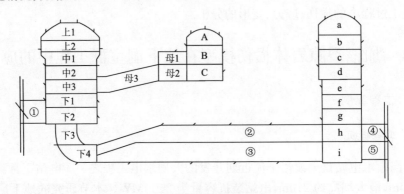

图 6.12　洞室群开挖顺序示意图

表 6.1　洞室开挖顺序

分　期	厂　房	主变室	尾调室	引水洞段	尾水管	尾水洞	母线道
第 1 期	上 1	—	a	—	—	—	—
第 2 期	上 2	—	b	—	—	—	—
第 3 期	中 1	A、B	c,d	①	—	④	母 1
第 4 期	中 2	C	e,f	—	—	⑤	母 2
第 5 期	中 3	—	g	②	—	—	母 3
第 6 期	下 1	—	—	③	—	—	—
第 7 期	下 2	—	—	—	—	—	—
第 8 期	下 3	—	—	—	—	—	—
第 9 期	下 4	—	—	—	—	—	—
第 10 期	—	—	h	—	—	—	—
第 11 期	—	—	i	—	—	—	—

3. 计算参数

岩土材料屈服准则采用辛可维兹-潘德屈服准则(Zienkiewicz-Pande),根据设计院提供的基本参数和前期应用 FLAC^{3D}[24]进行准三维反演分析的结果,数值计算中采用的岩层材料力学参数如表 6.2 所示。在分析中采用每个单元输入三维体应力场的办法,轴向和侧向的侧压系数仍分别为 1.6 和 1.0。根据工程地质资料和相关工程的类比分析,三组节理长度参数如表 6.3 所示,各类岩体断裂韧度如表 6.4 所示。加锚后的增韧系数取为 1.5。结构面强度和刚度指标如表 6.5 所示。

表 6.2　岩体力学参数

岩性	黏聚力/MPa	弹性模量/GPa	泊松比	干密度/(g·cm⁻³)	内摩擦角/(°)
Ⅱ(C)	2.0	25	0.25	2.65	52
Ⅲ	1.25	10	0.3	2.62	48
Ⅳ(A)	0.7	2.5	0.35	2.58	39
Ⅴ(B)	0.1	0.8	0.4	2.45	25

表 6.3　节理面几何参数

组别	迹长/m	间距/m
第1组	1.5	0.4
第2组	1.8	0.6
第3组	2.2	0.5

表 6.4　各类岩体断裂韧度　　　　　　　　（单位：MN/m）

岩体类别	Ⅱ类	Ⅲ类	Ⅳ类	Ⅲ/Ⅱ类
断裂韧度	2.4	1.5	0.8	1.7

表 6.5　结构面强度指标

抗剪强度		切向刚度	法向刚度
摩擦系数 f	黏聚力 c/MPa	/(MPa·m⁻¹)	/(MPa·m⁻¹)
0.65	0.2	3000	8000

　　系统锚杆采用 $\Phi28mm$ 的高强螺纹钢筋，间距为 $1.5m\times1.5m$，锚杆长度为 6m 或 8m，锚杆弹性模量 $E=200GPa$。洞室周围锚杆支护岩体采用前述加锚断续节理岩体断裂损伤模型进行模拟，远离洞室的岩体采用断续节理岩体断裂损伤模型（该模型由前述加锚节理岩体损伤模型去除锚杆影响而得，即其加筋率为零）模拟。

　　4. 破损伤区结果

　　洞室开挖后，洞室周边产生一定范围的破损区，随着洞室高边墙的开挖形成，上、下游边墙破损区增长比较显著，而顶拱部位的破损区变化不大，在开挖过程中应加强边墙处的支护，阻止破损区进一步扩展，如图 6.13 所示（图示计算结果是应用 GID 软件对计算结果数据可视化处理所得）。比较图 6.13 中 4 号机组剖面毛洞开挖和加锚开挖计算破损区结果，如表 6.6 所示，可见围岩在锚杆支护后，锚杆与围岩共同作用，提高围岩的摩擦力，增强抗剪能力，使得围岩破损区面积明显减少。

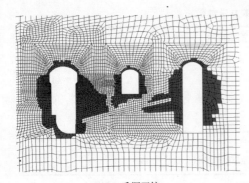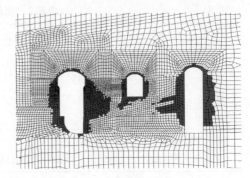

（a）毛洞开挖　　　　　　　　　　　　　　　（b）开挖支护

图 6.13　毛洞开挖完毕破损区图

表 6.6　4 号机组毛洞和加锚计算的结果对比　　　　　　（单位：m²）

加锚前后	总塑性区面积	主厂房塑性区面积
毛洞	7468.170	3766.058
加锚后	6275.948	3304.063
加锚后比无锚结果减小幅度/ ％	15.96	12.47

　　鉴于 4 号机组段围岩较差些，Ⅲ类围岩较多，且有断层和软弱岩脉出露。受 4 号机组剖面较弱地质结构的影响，机组厂房和主变室、主变室和尾调室之间的破损区在毛洞开挖时几乎接近连通，加锚支护后破损区域有所减小，但三个主要洞室之间的破损区域还是较大，因此应该及时加强三个主要洞室之间的加长锚杆支护和锚索支护。

　　图 6.14 为应用 FLAC³ᴰ（一般弹塑性计算）[24]进行毛洞开挖计算的塑性区图。从 FLAC³ᴰ计算结果与断裂损伤计算结果的对比来看，用断裂损伤模型计算出的结果中，尾调室顶部有一定厚度的损伤演化区，这是用 FLAC³ᴰ计算时所没有的，这是由于断裂损伤模型的分析方法可以反映节理组对围岩稳定性的影响。从三个主要节理组的产状来看，其中第 2 组对下游高边墙围岩稳定较为不利，应注意下游边墙的支护；第 3 组则对洞室顶板不利，因此可考虑对主厂房等洞室的顶板加强支护，说明缓倾角节理组对顶部有一定的损伤作用，但此区域的厚度不大。

　　5. 应力结果

　　洞室开挖对围岩产生扰动，围岩应力重分布，洞室围岩径向应力释放，环向应力增加，在围岩的不同部位出现不同程度的应力集中。围岩采用锚杆支护后，由于锚杆与围岩形成一个组合体，原来由围岩所承担的荷载一部分已经由锚杆承担，围岩的二次应力场有所改善（图 6.15），从而提高围岩的承载能力。

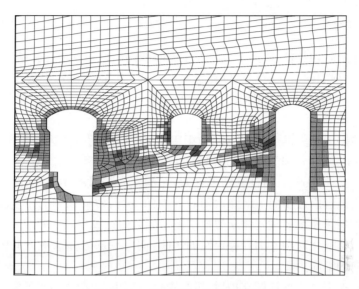

图 6.14　毛洞开挖完毕塑性区图

　　洞室开挖支护后,洞室围岩内部应力以压应力为主,局部出现拉应力。厂房顶拱位置最大主应力量值在 4.1MPa 左右,厂房上游拱脚位置最大主应力量值在 3.45MPa 左右;在上下游边墙中部出现拉应力集中现象,最大拉应力值为 0.34MPa 左右。最小主应力在主厂房附近的量值一般在 4.5~9.5MPa,而尾水洞附近量值比较大,达到 41MPa 左右。尾水调压室最小主应力量值也达到 14MPa 左右。

　　经过分析得知,厂房附近的应力分布值基本没有超过岩石的抗拉压强度值,所以洞室整体上是稳定的。

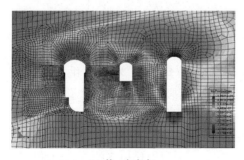

(a) 第一主应力

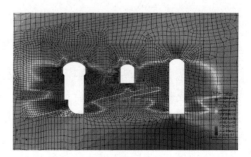

(b) 第三主应力

图 6.15　4 号机组剖面开挖支护后主应力云图

6. 位移结果

洞室开挖后,洞室周边点多数将发生偏向洞内的位移。由计算结果可知,随着开挖的进行,洞周的最大位移点位置也逐步下移,至开挖完成,最大位移值位于主厂房的边墙中部,毛洞开挖时最大位移值为 7.64cm,加锚支护后最大位移值为 5.48cm。

厂房顶拱 1 号关键点(如图 6.16)第 1 步开挖结束后位移达到 3.87cm,第 2～7 步开挖后位移值分别为 4.13cm、3.94cm、3.80cm、3.70cm、3.62cm、3.55cm,开挖完成后达到 3.51cm。由计算结果可知,在洞室开挖过程中,厂房洞室拱顶处的位移在一定范围内逐步向上回弹。随着开挖的进行,位移回弹的速度减小。这是由于在应用加锚断续节理岩体断裂损伤模型的数值计算中考虑断续节理岩体的初始损伤及损伤演化对洞室围岩稳定性的影响,而且深部岩体水平方向的地应力大于竖直方向的地应力。

洞室开挖完成施加锚杆支护后,机组主厂房顶拱、上游边墙和下游边墙位置的位移值都比无锚支护时小,位移值减小幅度为 28%～50%。由此可见,锚杆嵌入岩体后,锚杆与围岩联合作用,提高了围岩的整体刚度,有效地限制了围岩变形。

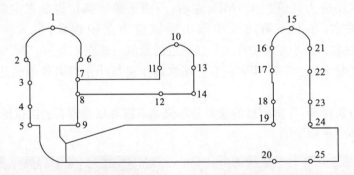

图 6.16　三大洞室关键点分布图

表 6.7 为应用断裂损伤模型和一般弹塑性模型(FLAC[3D])[24],对毛洞开挖计算和加锚支护计算的结果进行了比较。可知,由于断裂损伤模型考虑了节理裂隙对岩体的损伤影响(初始损伤和损伤演化),断裂损伤模型的位移结果明显大于一般弹塑性的计算结果,但加锚支护后,由于锚杆和围岩的联合作用,减小了节理裂隙对位移结果的影响,两种计算结果的差别减小;由断裂损伤模型的无锚和加锚计算结果可知,锚固支护大大限制了围岩变形,能更好地反映出实际工程中锚杆支护的巨大作用。

表 6.7　洞室关键点位移值表

关键点	FLAC³ᴰ位移/cm		位移减小幅度/%	损伤位移/cm		位移减小幅度/%
	无锚	加锚		无锚	加锚	
1	3.48	3.29	5.8	4.219	3.51	20.2
2	4.36	3.77	15.6	5.64	4.13	36.6
3	5.12	4.14	23.7	6.51	4.42	47.3
4	4.51	3.709	21.6	5.83	4.07	43.2
5	3.57	3.25	9.8	5.02	4.13	21.6
6	4.12	3.54	16.4	5.77	3.76	53.5
7	4.72	4.24	11.3	6.89	4.75	45.1
8	5.26	4.54	15.9	7.41	5.3	39.8
9	4.33	3.93	10.2	5.87	3.99	47.1
10	3.5	3.04	15.1	4.53	3.517	28.8
11	3.01	2.46	22.4	3.51	2.571	36.5
12	0.81	0.75	8	1.13	0.82	39.5
13	2.38	1.96	21.4	2.86	2.07	38.2
14	0.375	0.31	21	0.432	0.33	30.9
15	2.47	2.21	11.8	3.39	2.48	36.7
16	2.73	2.3	18.7	3.97	2.61	45.4
17	3.94	3.28	20.1	4.99	3.42	43.6
18	4.1	3.57	14.8	5.47	4.11	33.1
19	3.17	2.84	11.6	4.40	3.22	36.7
20	0.943	0.86	9.7	1.13	0.97	16.5
21	2.87	2.36	21.6	3.69	2.68	28.6
22	3.53	2.93	20.5	4.45	3.14	39.2
23	3.76	3.15	19.4	4.79	3.34	27.4
24	3.34	2.97	12.5	4.51	3.20	36.9
25	1.052	0.98	7.3	1.19	1.05	13.3

6.4.2　工程算例二

1. 工程概况

琊琊山抽水蓄能电站位于安徽省滁州市西南郊琊琊山北侧,距滁州市约 3km,交通便利。地下厂房布置于蒋家洼与丰乐溪之间的条形山体内,为首部地下式厂房。主厂房、安装间和主变室呈一字形布置,厂房轴线为 NW285°。厂房洞室开挖尺寸(长×宽×高)为 156.7m×21.5m×46.2m。电站引水系统采用一洞一机的布置方式,尾水系统采用一洞两机的布置方式。电站总装机容量为 600MW。

厂房区地层岩性主要为琅琊山组($\mathbb{C}_3Ln$)岩层,以薄层夹中厚层灰岩为主。工程区灰岩岩体中发育有不同规模的断裂结构面,其中断层是规模较大的结构面,其次是裂隙面。对地下厂房影响较大的断层有 F209、F15、F208、F44 四条较大断层,但均分布在厂房外围。此外,还有切割厂房的 F207、F303 两条小断层。在厂房顶拱开挖过程中发现一条闪长玢岩岩脉(构造蚀变带),宽 8~13m,岩脉基本顺层侵入,倾角较陡,其走向与厂房夹角约 60°,如图 6.17 所示,岩脉有不同的破碎蚀变现象。

(a)   (b)

图 6.17　主厂房结构模型及岩脉出露示意图

2. 计算模型

计算中,选取地质剖面具有代表性的 1 号机组剖面及上游边墙有岩脉蚀变带侵入的 2 号机组剖面进行三维计算。计算坐标系 X 轴取垂直边墙方向,指向下游为正;Y 轴取竖直方向,竖直向上为正;Z 轴取沿厂房轴线方向。1 号和 2 号机组剖面模型的计算范围为 $-150.0m \leqslant X \leqslant 150.0m$,$Y$ 为从 $-150.0m$ 取到地表,Z 轴厚度为 10m。1 号和 2 号机组剖面模型分别剖分 6023 个单元、12308 个节点和 7460 个单元、15128 个节点。计算时,对 1 号和 2 号机组段出露的岩脉、F209、F207、F303、F44 断层进行实际模拟。计算时,采用前面所述的损伤锚柱单元模型对锚杆支护进行模拟。厂房分层开挖步骤和网格的剖分情况分别如图 6.18 和图 6.19 所示。由实测地应力场和地应力回归可知,当埋深小于 50m 时,取自重应力场;当埋深大于 50m 时,考虑构造应力,X 方向侧压系数取 1.32,Z 方向侧压系数取 2.40。

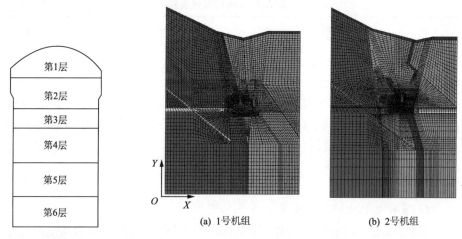

第1层

第2层

第3层

第4层

第5层

第6层

(a) 1号机组　　　　　　　(b) 2号机组

图 6.18　分层开挖示意图　　　　　　图 6.19　计算模型

3. 计算参数

岩土材料屈服准则[20]采用辛可维兹-潘德屈服准则(Zienkiewicz-Pande),根据设计院提供的基本参数和前期应用 FLAC3D 反演分析的结果,数值计算中采用的岩层材料力学参数如表 6.8 所示。裂隙主要发育有三组,其几何参数如表 6.9 所示。

根据工程地质资料和相关工程类比分析,岩体、岩脉和断层的断裂韧度分别取 1.2、0.8、0.4,加锚后增韧系数取为 1.5。结构面强度指标见表 6.10。

表 6.8　岩层材料力学参数表

岩性	弹性模量 /GPa	泊松比	黏聚力 /MPa	内摩擦角 /(°)	抗拉强度 /MPa	容重 /(kN·m^{-3})
车水桶组琅琊山组灰岩	14.25	0.30	1.00	39	1.0	27.0
断层	2.00	0.35	0.02	20	0.0	26.5
岩脉	1.25	0.30	0.60	22	0.1	27.0

表 6.9　节理面几何参数

节理	迹长/m	间距/m
第1组	3.5	1.0
第2组	3.6	0.8
第3组	4.0	0.9

表 6.10　结构面强度指标

抗剪强度		切向刚度	法向刚度
摩擦因数	黏聚力/MPa	/(MPa·m^{-1})	/(MPa·m^{-1})
0.70	0.5	2000	6500

　　锚杆采用 Φ28mm 的高强螺纹钢筋,间距为 2.5m×3.0m,锚杆长度为 6m 或 8m,锚杆弹性模量 E＝200GPa。洞室周围锚杆支护岩体采用前述加锚断续节理岩体断裂损伤模型进行模拟。

　　4. 破损区结果

　　1) 锚杆有效止破损区发展

　　洞室开挖后,洞室周边产生一定范围的破损区,随着洞室高边墙的开挖形成,上、下游边墙破损区增长比较显著,而顶拱部位的破损区变化不大,在开挖过程中应加强边墙处的支护,阻止破损区的进一步扩展,如图 6.20 和图 6.21 所示(本节中所有图示计算结果都是应用 GID 软件对计算结果数据可视化处理所得)。比较图 6.20 中 1 号机组剖面毛洞开挖和加锚开挖计算破损区结果,可知洞室开挖完成后,1 号机组剖面毛洞开挖围岩破损区面积为 2865.006m^2,加锚支护后围岩破损区面积减小为 2176.829m^2,减小近 24%。同样,比较图 6.21 可知,洞室开挖完成后,2 号机组剖面毛洞开挖围岩破损区面积为 3370.299m^2,加锚支护后围岩破损区面积减小为 2753.923m^2,减小 19%。可见围岩在锚杆支护后,锚杆与围岩共同作用,提高了围岩的摩擦力,增强了其抗剪能力,使得围岩破损区面积明显减少。

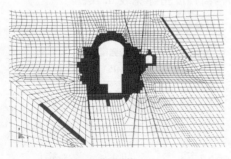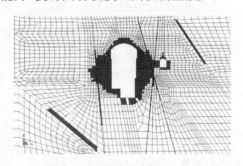

(a) 毛洞开挖　　　　　　　　　　　　　　　　　　(b) 开挖支护

图 6.20　1 号机组剖面破损区

　　2) 破损区变化特征

　　1 号机组在第 3 层开挖结束后,计算剖面的顶拱处破损区宽度最大达到 5m,上、下游边墙的破损区宽度达到 7.2m。随着引水管和尾水管两个管道的开挖,上、下游边墙的破损区有较大幅度增长,第 5 层开挖完毕,下游边墙破损区与主变运输

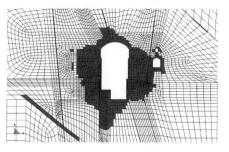
(a) 毛洞开挖

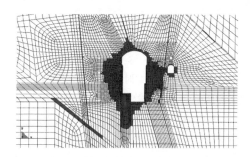
(b) 开挖支护

图 6.21 2 号机组剖面破损区

洞破损区逐步出现连通。而在开挖过程中顶拱附近破损区的增加都不明显。至第 6 层开挖结束后,下游边墙的破损区都出现较大面积的连通。

由于受穿过机组的断层和蚀变带的影响,2 号机组剖面厂房的顶部断层附近和上游边墙处破损区明显比 1 号机组剖面大。2 号机组剖面第 3 层开挖结束后,在顶拱断层附近的破损区厚度达到 9.6m,上游边墙破损区扩展厚度达到 10.5m,下游边墙破损区扩展厚度达到 8m;第 4 步开挖结束后,下游边墙破损区主变运输洞破损区连通,上游边墙破损区扩展厚度和面积明显高于下游边墙。在开挖过程中,应及时通过引水管、尾水管和主变运输洞对边墙进行锚索支护。

5. 应力结果

洞室开挖对围岩产生扰动,围岩应力重分布,洞室围岩径向应力释放,环向应力增加,在围岩的不同部位出现不同程度的应力集中。围岩采用锚杆支护后,由于锚杆与围岩形成一个组合体,原来由围岩所承担的荷载一部分已经由锚杆承担,围岩的二次应力场有所改善,从而提高了围岩的承载能力。图 6.22 为 1 号机组剖面第 6 层开挖加锚支护后的主应力图。

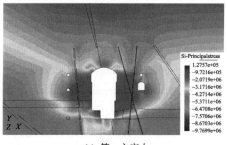
(a) 第一主应力

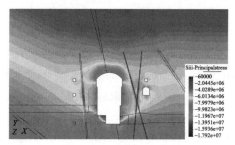
(b) 第三主应力

图 6.22 1 号机组剖面第 6 层开挖加锚支护围岩主应力图

6. 位移场特征

1) 锚杆有效限制围岩变形

洞室开挖后,洞室周边点多数将发生偏向洞内的位移。由表 6.11 和表 6.12 可知(位移方向与坐标轴方向一致为正,相反为负),洞室开挖完成施加锚杆支护后,1 号机组和 2 号机组主厂房顶拱、上游边墙和下游边墙位置的位移值都比无锚支护时小,位移值减小量为 15%～36%。由此可见,锚杆嵌入岩体后,锚杆与围岩联合作用,提高了围岩的整体刚度,有效地限制了围岩变形。

表 6.11　1 号机组锚杆支护洞周位移变化表　　　　　（单位：mm）

位置		X 方向位移	Y 方向位移	总位移
顶拱	无锚计算	0.2423	−6.0700	6.0748
	加锚计算	0.4601	−3.8623	3.8896
上游边墙	无锚计算	25.7100	2.1930	25.8034
	加锚计算	22.9600	5.3250	23.5694
下游边墙	无锚计算	−26.5300	0.5687	26.5361
	加锚计算	−22.1600	4.0170	22.5211

表 6.12　2 号机组锚杆支护洞周位移变化表　　　　　（单位：mm）

位置		X 方向位移	Y 方向位移	总位移
顶拱	无锚计算	−3.9480	−6.0460	7.2209
	加锚计算	−3.5184	−4.4283	5.6559
上游边墙	无锚计算	63.6945	18.2875	66.2678
	加锚计算	48.7164	17.6231	51.8060
下游边墙	无锚计算	−28.8740	4.2876	29.1906
	加锚计算	−23.9650	4.7110	24.4237

2) 位移场变化特征

随着洞室高边墙的形成,洞室边墙将产生以水平为主的位移。由于受蚀变带的影响,2 号机组的上游边墙处的位移值比其他部位的偏大,如图 6.23 所示。1 号机组第 2 层开挖结束后,最大位移位于上游边墙处,为 5.2184mm,顶拱的沉降为 5.0435mm;第 3 层开挖结束后,最大位移位于上游边墙处,为 8.6814mm;随着开挖的进行,各个关键点的位移都呈现增大的趋势,第 4 层和第 5 层开挖结束后,位于上游边墙处的最大位移分别为 13.6764mm 和 20.4951mm,顶拱沉降分别为 3.9979mm 和 3.8755mm;第 6 层开挖结束后,位于上游边墙靠近引水管处的最大位移为 23.3359mm,顶拱的沉降为 3.8896mm。上、下游边墙的最大位移相差较小。2号机组第2层开挖结束后,位于上游边墙处的最大位移为18.6571mm,顶拱沉降为8.7736mm;第3层开挖结束后,其最大位移达到23.3022mm;第4层开挖结束后,最大位移为35.2310mm;第5层开挖结束后,最大位移增至46.1864mm,最大位移点在上游边墙处,顶拱沉降为5.4135mm;第6层开挖结束时,上游边墙最大位移猛增至51.806mm,位置也下移至引水管附近,顶拱沉降为5.6559mm。由于腐蚀带穿过2号机组的上游,下游边墙的位移则明显小于上游边墙的位移。

由计算结果可知,随着开挖的进行,洞周的最大位移点位置也逐步下移,至开挖完成,最大位移下移至各个机组上游边墙的引水管附近,1号机组约为25mm,2号机组约为50mm。由此可见蚀变带对交叉口围岩稳定性的影响程度。

加锚断续节理岩体断裂损伤模型的数值计算中考虑断续节理岩体的初始损伤及损伤演化对洞室围岩稳定性的影响,在洞室开挖过程中,洞室拱顶处的位移在一定范围内逐步向上回弹,随着开挖的进行,位移回弹的速度减小。这是由于深部岩体水平方向的地应力大于竖直方向的地应力。

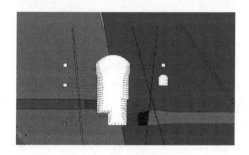 

(a) 1号机组　　　　　　　　　　　　　　(b) 2号机组

图6.23　加锚支护围岩位移矢量图

3) 计算值和监测值比较

洞室开挖过程中,在围岩中安装多套多点位移计,对洞室开挖过程中洞周点的位移进行监测。图6.24前三个图为1号机组第6步开挖结束后,编号M1-2(位于洞室顶拱)、M1-6(位于洞室上游边墙)、M1-7(位于洞室下游边墙)多点位移计的计算值和监测值对比;图6.24后三个图为2号机组第6步开挖结束后,编号M6-3(位于洞室顶拱)、M6-5(位于洞室上游边墙)、M6-8(位于洞室下游边墙)多点位移计的数值计算值和监测值对比。

由以上比较结果可知,监测点的数值计算值要稍大于监测值,这是由于多点位移计在安装前和安装过程中损失了一部分岩体变形。个别监测点的监测值反而大于数值计算值,这是由于岩体介质结构极其复杂,数值计算模型还不能完全精确地反映岩体介质的结构及其力学特性和变形特性。综合以上监测点的数值计算值和监测值对比结果,可得出计算结果和监测结果规律上一致,量值也比较接近,二者

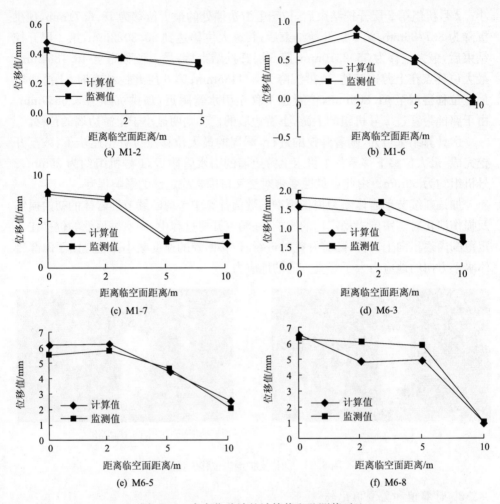

图 6.24　多点位移计的计算值和监测值对比

吻合良好,也验证了前面所述模型能比较准确地反映加锚断续节理岩体的变形特性。

6.5　结　论

6.5.1　大岗山数值计算结论

通过大岗山地下厂房洞室群开挖支护的计算分析,可以得到如下结论。

(1) 洞室围岩内部以压应力为主,在局部出现拉应力,但不会影响整体稳定。

(2) 从开挖计算结果来看,机组的三个主要洞室之间的破损区较大,说明节理组对洞室围岩有一定的损伤作用,但在洞室高边墙处及时进行加长锚杆支护和锚索支护后,应能保证洞室围岩的整体稳定性。

(3) 岩层力学特性对洞室群的稳定性起着决定性作用,断层影响区域的围岩破损区和位移值比其他部位的大,但没有对厂房的稳定性造成很大的影响。

(4) 由于考虑了节理裂隙对岩体的损伤作用,断裂损伤计算的位移结果明显大于一般弹塑性计算的位移结果;而且断裂损伤锚杆模型由于能考虑锚杆和节理的共同作用,相对于普通锚杆模型,能更好地反映锚杆对节理岩体围岩变形的加固作用。

(5) 相比于普通的弹塑性模型,加锚断续节理岩体断裂损伤模型考虑了岩体中节理裂隙对洞室围岩稳定性的影响,以及锚杆针对节理裂隙的加固作用,因此能更好地反映裂隙岩体洞室围岩稳定性特征。

6.5.2　琅琊山数值计算结论

通过对琅琊山地下厂房洞室开挖支护的计算分析,及对现场多点位移计量测结果的分析,可以得到如下结论。

(1) 岩层力学特性对洞室群的稳定性起着决定性作用,从开挖计算结果来看,2 号机组断面受蚀变带的影响较大,使得该部位的岩体变形和破损区都增大明显。但随着洞室高边墙的进一步形成,1 号、2 号机组断面高边墙处的破损区增加速度较快,至第 6 层开挖完毕时,两个机组剖面的下游边墙和主变运输洞的破损区都出现连通。因此在洞室高边墙处应及时进行锚索(杆)支护。

(2) 在洞室群的计算范围内,共考虑 F209、F207、F303、F44 四条断层,断层影响区域的围岩破损区和位移值比其他部位的大,但没有对厂房的稳定性造成很大的影响。

(3) 从全部开挖结束后的计算结果看,1 号机组的围岩最大位移约为 25mm;2 号机组由于受蚀变带的影响,上游边墙的最大位移可达 51mm,而下游边墙的最大位移为 26mm 左右。可见蚀变带对围岩稳定性有较大的影响,应该在原有系统支护加固的基础上,增补处理措施。

(4) 从位移的数值计算值与监测值的对比中可以发现,监测点的数值计算位移值与监测值吻合良好,说明加锚断续节理岩体断裂损伤模型能够很好地反映加锚断续节理岩体洞室围岩的变形破损特征。

6.5.3　综合结语

(1) 岩层力学特性对洞室群的稳定性起着决定性作用,断层等软弱带影响区域的围岩破损区和位移值比其他部位的大。

(2) 洞室开挖后,高边墙围岩内部应力主要以压应力为主,但也有拉应力区域出现。

（3）在洞室开挖过程中，洞室拱顶处的位移在一定范围内逐步向上回弹，随着开挖的进行，位移回弹的速度减小，这是由于水平方向的地应力比竖直方向的地应力要大。这种规律也符合高地应力情况下的洞室开挖的位移变化规律。

（4）应用加锚断续节理岩体断裂损伤模型模拟锚杆的支护效应，通过分析锚杆与围岩的联合作用，有效地限制了围岩变形，改善了围岩的应力状态；而且锚杆嵌入岩体后，能承担一部分原来由围岩所承担的荷载，有效地阻止了洞周围岩破损区的发展演化，从而增强了围岩的稳定性。

6.6　本 章 小 结

为限制岩体的变形破坏，需采用各种锚杆进行加固。岩体中的节理裂隙往往受到压剪作用，但有时也会受到拉剪作用。当断续节理发育、锚杆数量较多时，既不可能用节理单元或杆单元逐一模拟如此众多的节理裂隙和锚杆，也不能略去由于这些节理裂隙的存在而使岩体具有各向异性和强度弱化的特性及锚杆的加固作用。

本章对加锚节理面附近锚杆和节理面的应力和变形特点进行了深入分析；采用损伤力学的方法，研究节理面能量及锚杆在节理面附近的能量变化；根据 Betti 能量互易定理，求得加锚节理岩体的本构关系及其损伤演化方程，并编制成三维有限元计算程序，将其应用于地下厂房洞室开挖与支护工程的稳定性分析中，验证了该模型的优越性。

参 考 文 献

[1] Holmberg M. The Mechanical Behaviour of Untensioned Grounted Rock Bolts. Stock-holm: Royal Institute of Technology, 1991.

[2] 徐光黎，潘别桐，唐辉明，等. 岩体结构模型与应用. 武汉：中国地质大学出版社，1993.

[3] 李术才，朱维申，陈卫忠. 小浪底地下洞室群施工顺序优化分析. 煤炭学报，1996, 21(4): 393-398.

[4] 杨典森，陈卫忠，杨为民，等. 龙滩地下洞室群围岩稳定性分析. 岩土力学，2004, 25(3): 391-395.

[5] 杨为民，陈卫忠，李术才，等. 快速拉格朗日法分析巨型地下洞室群稳定性. 岩土工程学报，2005, 27(2): 230-234.

[6] 邬爱清，徐平，徐春敏，等. 三峡工程地下围岩稳定性研究. 岩石力学与工程学报，2001, 20(5): 690-695.

[7] Liu J, Li Z K, Zhang Z Y. Stability analysis of block in the surrounding rock mass of a large underground excavation. Tunnelling and Under-ground Space Technology, 2004, (19): 35-44.

[8] 张晨明，朱合华，赵海斌. 增量位移反分析在水电地下洞室工程中的应用. 岩土力学，2004, 25(增2): 149-153.

[9] 朱以文，黄克戬，李伟. 地应力对地下洞室开挖的塑性区影响研究. 岩石力学与工程学报，1996, 23(8):

1344-1348.

[10] 吕爱钟. 地下洞室最优开挖形状的确定方法. 岩石力学与工程学报, 1996, 15(3): 193-200.

[11] 鄢建华, 汤雷. 水工地下工程围岩稳定性分析方法现状与发展. 岩土力学, 2003, 24(增): 681-686.

[12] 茹忠亮, 冯夏庭, 张友良, 等. 地下工程锚固岩体有限元分析的并行计算. 岩石力学与工程学报, 2005, 24(1): 13-17

[13] 肖明. 地下洞室隐式锚杆柱单元的三维弹塑性有限元分析. 岩土工程学报, 1992, 14(5): 19-26.

[14] 朱维申, 李晓静, 郭彦双, 等. 地下大型洞室群稳定性的系统性研究. 岩石力学与工程学报, 2004, 23(10): 1689-1693.

[15] Li Z K, Liu H, Dai R, et al. Application of numerical analysis principles and key technology for high fidelity simulation to 3-D physical model tests for underground caverns. Tunnelling and Underground Space Technology, 2005, (20): 390-399.

[16] 朱维申, 李术才, 陈卫忠. 节理岩体破坏机制和锚固效应及工程应用. 北京: 科学出版社, 2002.

[17] 秦跃平. 岩石损伤力学模型及其本构方程的探讨. 岩石力学与工程学报, 2001, 20(4): 560-562.

[18] 杨延毅. 加锚层状岩体的变形破坏过程加固效果分析模型. 岩石力学与工程学报, 1994, 13(4): 309-317.

[19] 杨延毅, 王慎跃. 加锚节理岩体的损伤增韧止裂模型研究. 岩土工程学报, 1995, 14(1): 9-17.

[20] 郑颖人, 沈珠江, 龚晓南. 岩土塑性力学原理. 北京: 中国建筑工业出版社, 2000.

[21] Desai C S. Computational procedures for non-linear 3-D analysis with some advanced constitution. International Journal for Numerical and Analysis Methods Geomechanics, 1984, (8): 562-571.

[22] 俞裕泰, 肖明. 大型地下洞室围岩稳定三维弹塑性有限元分析. 岩石力学与工程学报, 1987, 6(1): 47-56.

[23] Jing L. A review of techniques, advances and outstanding issues in numerical modelling for rock mechanics and rock engineering. International Journal of Rock Mechanics & Mining Sciences, 2003, 40: 283-353.

[24] Itasca Consulting Group Inc. FLAC3D user's manual. USA: Itasca Consulting Group Inc, 2005.

第 7 章　渗透压力作用下加锚裂隙岩体损伤模型研究

岩石遇水强度降低一直是困扰着地下工程围岩稳定性的一大难题[1-5]。研究表明，裂隙岩体在开挖卸荷作用下，原有裂隙产生损伤扩展连通，其作用除了降低岩体的整体强度、增大变形，还有可能形成新的渗流裂隙网络，显著改变渗流场，从而改变岩体的应力场。锚杆的存在增强了岩体整体强度，限制了岩体变形，阻碍了裂隙的扩展连通，改善了岩体的应力场，从而也改变了渗流场。

由于损伤的宏观力学效果表现为损伤体的柔度发生变化，并且假定损伤体的宏观力学效果可用损伤体的变形模量降低来表示。本章结合固体力学中的自洽理论、应变能等效原理等，推导得到渗透压力作用下加锚节理岩体的等效计算模型。

7.1　渗透压力作用下裂隙面上有效应力计算

裂隙岩体的渗透特性是渗流分析中的重要因素之一。从某种程度上讲，考虑裂隙损伤效应的渗透特性分析比不考虑裂隙损伤效应的渗透特性分析更为合理。

节理裂隙由于受压剪应力，在扩展过程中往往先行被压密，而后产生损伤，实际裂隙面凸凹不平，会有一部分因挤压而裂纹面相互接触。这种接触一方面使裂隙部分区域未连通，渗透压力 p 在这一部分不起作用，因此引入一个系数 β，以表征裂隙面连通面积与总面积的比值，则渗透压力作用的贡献变为 βp；另一方面裂隙面之间能相互闭合，使应力传递发生变化，为体现裂隙面传递法向和切向应力的能力，引入传压系数 C_v 和传剪系数 C_s[6]，当应力水平不大时，有

$$C_v = \frac{\pi a}{\pi a + \dfrac{E_0}{(1-\nu_0^2)K_n}}, \quad C_s = \frac{\pi a}{\pi a + \dfrac{E_0}{(1-\nu_0^2)K_s}}$$

因此综合考虑渗透压力的贡献及传压、传剪作用后，裂隙面上实际传递的法向和切向应力分别为

$$\sigma'_{ne} = (1-C_v)\sigma + \beta p \tag{7.1}$$

$$\tau' = (1-C_s)\tau \tag{7.2}$$

损伤体的远场应力用 σ_{ij} 表示，裂隙面上作用有渗透压力 p，由 Cauchy 公式及静水压力原理，裂隙面上总应力分量 t_i 为

$$t_i = (\sigma_{ij} + \delta_{ij}\beta p)n_j = \sigma_{ij}n_j + \beta p n_j \tag{7.3}$$

裂隙面上的等效法向应力及分量为

$$\sigma_{\text{ne}} = t_i n_i = \sigma_{ij} n_i n_j + \beta p \tag{7.4}$$

$$(\sigma_{\text{ne}})_i = \sigma_{jk} n_j n_k n_i + \beta p n_i \tag{7.5}$$

裂隙面上的剪应力分量为

$$\tau_i = t_i - (\sigma_{\text{ne}})_i = \sigma_{jk} n_j (\delta_{kl} - n_i n_k) \tag{7.6}$$

考虑裂隙面的传压系数 C_{v} 和传剪系数 C_{s}[6]，则裂隙面上的有效法向和切向应力为

$$(\sigma_{\text{ne}})_i = (1 - C_{\text{v}}) \sigma_{jk} n_j n_k n_i + \beta p n_i \tag{7.7}$$

$$(\tau_{\text{e}})_i = (1 - C_{\text{s}}) \sigma_{jk} n_j (\delta_{ki} - n_i n_k) \tag{7.8}$$

7.2　渗透压力作用下加锚裂隙岩体损伤模型

7.2.1　压剪应力状态下本构关系

根据 Betti 能量互易定理可知，考虑渗透压力作用下加锚节理岩体构元的应变能由以下几部分组成（图 7.1）：①相同应变条件下相应无锚节理岩体构元的弹塑性应变能；②锚杆轴向力产生附加应变能；③考虑锚杆的"销钉"作用及裂纹体残余应变产生的应变能；④由于渗透压力的存在而产生的渗透压力附加应变能。故渗透压力作用下加锚节理岩体等效劲度为

$$C_{ijkl} = C_{ijkl}^{1} + C_{ijkl}^{2-3} + C_{ijkl}^{4} + C_{ijkl}^{\text{w}} \tag{7.9}$$

式中，C_{ijkl}^{1} 为相同应变条件下相应无锚节理岩体的柔度张量；C_{ijkl}^{2-3} 为锚杆轴向力产生附加柔度张量；C_{ijkl}^{4} 为考虑锚杆的"销钉"作用及裂纹体残余应变产生的柔度张量；C_{ijkl}^{w} 为由于渗透压力的存在而产生的渗透压力附加柔度张量。C_{ijkl}^{1}、C_{ijkl}^{2-3} 和 C_{ijkl}^{4} 的计算如第 6 章所述计算方法。

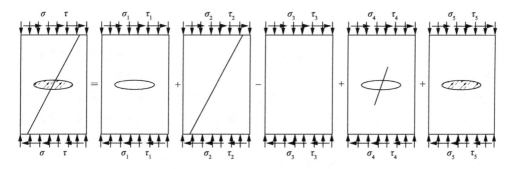

图 7.1　渗透压力作用下加锚节理岩体构元等效分解模型

由于渗透压力的存在而产生的渗透压力附加柔度张量 C_{ijkl}^{w} 为

$$C_{ijkl}^{w} = \frac{2}{3E} \sum^{k} \left\{ a^{(k)3} \rho^{(k)} \left[G_1^{(k)} R^{(k)} (n_i^{(k)} n_u^{(k)} \delta_{kl} + n_k^{(k)} n_l^{(k)} \delta_{ij}) + \frac{1}{3} G_2^{(k)} \delta_{ij} \delta_{kl} R^{(k)2} \right] \right\}$$
$$(7.10)$$

式中,a 为裂隙特征尺寸;$\rho^{(j)}$ 为裂隙密度;k 为裂隙组数;G_1、G_2 为与裂隙形状及相互干扰有关的无量纲因子,$G_1 = \frac{8(1-\nu_0^2)}{3}$,$G_2 = \frac{16(1-\nu_0^2)}{3E(2-\nu_0)}$;$n_i(i=1,2,3)$ 为裂隙面的单位法向向量;δ_{ij} 为 Kronecker 符号;R 为比例系数,$R = \frac{p}{\bar{\sigma}}$;$p$ 为渗透压力;$\bar{\sigma} = \frac{1}{3} \sigma_{ii}$,$\sigma_{ii}$ 为主应力。由式(7.10)可以看出,裂隙水压力的存在,增大了岩体的柔度张量,体现了裂隙水压力对岩体力学特性的削弱。

7.2.2　拉剪应力状态下本构关系

同样,在拉剪应力状态下,设 U 为渗透压力作用加锚节理岩体分析构元的等效应变能,U_d 为裂纹引起的应变能,U_0^b 为对应构元在无裂纹时的应变能,U_w 为渗透压力引起的等效应变能,按自洽理论有

$$U = U_d + U_0^b + U_w$$

在应变等效条件下,有

$$C_{ijkl} = C_{ijkl}^{e} + C_{ijkl}^{bo} + C_{ijkl}^{w}$$

式中,C_{ijkl}^{e} 和 C_{ijkl}^{bo} 如第 6 章的计算所示,C_{ijkl}^{w} 的计算式为

$$C_{ijkl}^{w} = \frac{2}{3E} \sum_{k=1}^{K} \left\{ a^{(k)3} \rho_v^{(k)} \left[\frac{1}{3} G_1^{(k)} \delta_{ij} \delta_{kl} R^{(k)2} - G_1^{(k)} R^{(k)} (n_i^{(k)} n_j^{(k)} \delta_{kl} + n_k^{(k)} n_l^{(k)} \delta_{ij}) \right] \right\}$$

式中,参数如前所述。

7.3　工程应用研究

地下水在许多工程中都是客观存在的,因此,研究考虑渗透压力的裂隙岩体损伤特性将是十分必要的。损伤力学通过定量化分析岩体中的裂隙,并基于柔度张量的概念来研究裂隙岩体的力学特性的改变,考虑渗透压力对加锚节理岩体损伤特性的影响。基于以上理论推导进行三维有限元编程,有限元模拟计算中通过以下三点考虑渗透压力的耦合计算:①耦合计算中的等效节点力;②数值计算中由于渗透压力而引起刚度矩阵的削弱;③不考虑裂隙损伤效应。

7.3.1　工程概况

世界发达国家自 20 世纪 30 年代起,就开始修建海峡海底隧道。迄今有海峡海底隧道的国家主要包括日本、英国、法国、美国、挪威、澳大利亚、丹麦、冰岛等。

综观国内外形形色色的海底隧道,从最初设计理念的萌生到如今横跨海底的交通运输实现,海底隧道给人类带来了巨大的便利和财富,同时也孕育了极大的风险。

拟建的象山港海底隧道穿越象山港海域,是浙江省规划的沿海高速公路宁波段的重要组成部分:它连接海湾两侧,是四大海湾(杭州、象山、三门、温州)、八大港口(舟山、北仑、象山、石浦、建跳、海门、大麦岛、温州)的中心交通纽带;是温州、台州地区到长江三角洲地区新的最捷通道;它将使象山至宁波的陆路里程缩短 60 多公里,为象山县经济腾飞起到极大的推动作用。象山港海底隧道穿越象山港海域,预计长度为 12.5~15km,海底埋深在 -180~-150m,隧道静跨径为 11.4m,高为8.55m。拟采用钻爆暗挖法施工。

隧道穿越海域水面宽度为 4300~6100m,设计高潮位 4.64m(黄海高程),设计低潮水位 -1.79m,隧址区海域深度 10~30m,局部发育深槽,深槽段最大水深37.14m;两岸基岩出露,海域大部分发育第四纪地层,自上而下依次为淤泥、淤泥质黏土、亚黏土、砂层、亚黏土、卵石夹中粗砂、含砾黏性土、全~强风化凝灰岩、弱~微风化凝灰岩等,基岩埋深较大。

7.3.2　计算模型

现场大量观测和地质统计资料显示,岩体中往往分布着不同尺寸的节理或缺陷,地下工程围岩所表现出的变形和破坏特征与岩体中节理和裂隙的断裂、损伤密切相关。在厦门隧道工程区域内,工程岩体基本完整,但仍然有少量较小规模的断层,受断裂构造的影响,岩体中不均匀地分布着不同方向的节理。因此,海底隧道围岩结构可视为渗透压力作用下的加锚节理岩体,可以应用前面所述计算模型和方法进行数值模拟分析。计算中选取断层和节理裂隙较为发育的地质段进行分析研究。计算时取隧道轴线方向为 Z 轴,水平面内垂直隧道轴线方向为 X 轴,铅直向上为 Y 轴。计算范围取 $0m \leqslant X \leqslant 200m$,$0m \leqslant Z \leqslant 6m$。计算地质段共剖分了1928 个单元、4006 个节点。根据地质资料,地质段内主要发育有四组节理,节理长度分别取为 0.4m、0.6m、0.5m、0.2m,节理间距取 0.3m、0.5m、0.3m、0.1m,结构面强度指标见表 7.1。

表 7.1　结构面强度指标

抗剪强度/MPa		切向刚度	法向刚度
摩擦系数 f	黏聚力 c	/(MPa/m)	/(MPa/m)
0.70	0.5	3000	7500

7.3.3　计算参数

岩体和土层的计算参数如表 7.2 所示。锚杆采用特殊处理过的 Φ28mm 高强螺纹钢筋，间距为 2.0m × 2.0m，锚杆长度为 3m 或 4m，锚杆弹性模量 $E=200\mathrm{GPa}$。

表 7.2 岩体物理力学参数

名称	密度/(kg/m³)	弹模/Pa	泊松比	黏聚力/kPa	摩擦角/(°)	抗拉强度/kPa
亚黏土	1740	2.43×10^6	0.35	18.5	11.8	18.5
细砂	2010	8.0×10^6	0.25	18.0	28.0	18.0
安山岩	2460	6×10^9	0.28	0.5×10^6	35	0.5×10^6
灰质砂岩	2560	6×10^9	0.28	0.6×10^6	30	0.4×10^6

7.3.4 计算结果

1. 渗透水压力分布

海底隧道围岩在没有开挖扰动时，地下水保持平衡状态，以静水压力的形式存在，如图 7.2 所示，以渗透压力的形式作用于节理裂隙。当开挖扰动和锚固支护后，围岩应力状态发生变化，渗流压力和应力耦合作用于加锚节理裂隙岩体，开挖完成后隧道围岩内静水压力如图 7.3 所示。

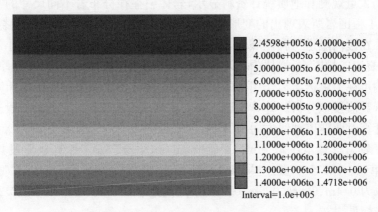

2.4598e+005to 4.0000e+005
4.0000e+005to 5.0000e+005
5.0000e+005to 6.0000e+005
6.0000e+005to 7.0000e+005
7.0000e+005to 8.0000e+005
8.0000e+005to 9.0000e+005
9.0000e+005to 1.0000e+006
1.0000e+006to 1.1000e+006
1.1000e+006to 1.2000e+006
1.2000e+006to 1.3000e+006
1.3000e+006to 1.4000e+006
1.4000e+006to 1.4718e+006
Interval=1.0e+005

图 7.2 原始静水压力图

2. 应力结果

在侧压力系数为 0.8 条件下，开挖完成后的主应力分布如图 7.4 和图 7.5 所示。由图可知，洞顶、底拱产生小范围的拉应力，在两侧角点有压应力集中。

3. 破损区结果

隧道开挖后围岩内破损区分布如图 7.6 和图 7.7 所示。图 7.6 为不考虑渗透

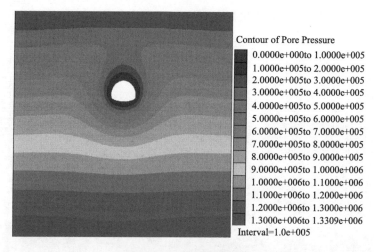

图 7.3　开挖后静水压力图

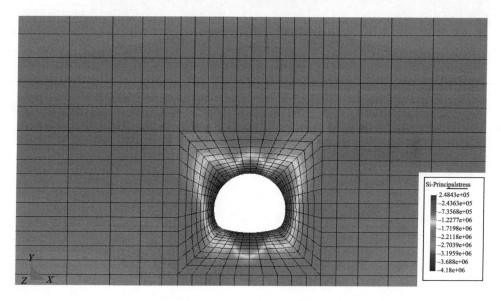

图 7.4　最大主应力云图

水压力条件下的隧道围岩破损区图,图 7.7 为考虑渗透水压力条件下的隧道围岩
破损区图。不考虑渗透压力条件下,隧道围岩内破损区最厚处约为 1.8m,在考虑
渗透压力计算条件下,隧道围岩内的破损区明显增加。综合两种计算条件下破损
区数值计算结果来看,围岩损伤的发展只是发生在洞室开挖扰动后的洞室周边,所
带来的影响只是开挖扰动的局部化行为,对海底隧道顶板厚度的总体影响较小。

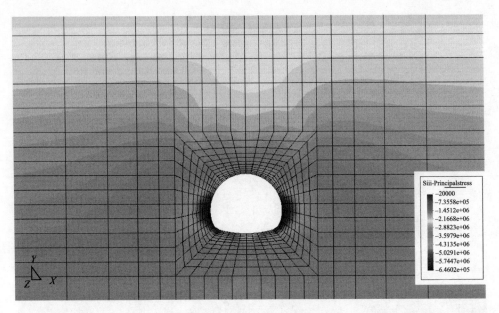

图 7.5　最小主应力云图

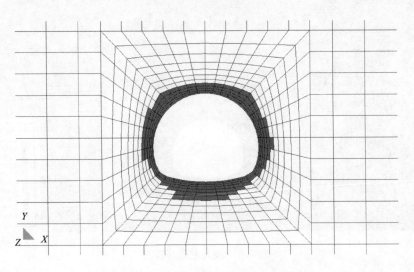

图 7.6　不考虑渗透压力条件下破损区图

7.3.5　结论

从海底隧道稳定性分析计算的结果来看,渗透水压力的存在,更不利于隧道结构的稳定,使隧道围岩内破损区明显增加,因此在地下工程的数值模拟分析中考虑渗透压力的影响具有重要意义。

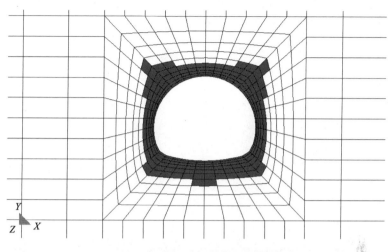

图 7.7　考虑渗透压力条件下破损区图

　　隧道围岩内的破损区只存在于隧道围岩的局部范围内,对整个海底隧道的埋深选择及其稳定性的影响不大,但对于选择合理的支护方式和范围应该会有很大的影响。

7.4　本章小结

　　本章结合固体力学中的自洽理论、应变能等效原理及 Betti 能量互易定理,分别在压剪和拉剪应力状态下,推导得到渗透压力作用下加锚节理岩体等效计算模型,并将其应用于象山港海底隧道的稳定性分析中。

参 考 文 献

[1] Chugh Y P. Effects of moisture on strata control in coal mines. Engineering Geology, 1981, 17: 241-255.

[2] 康红普. 水对岩石的损伤. 水文地质工程地质, 1994,(3): 39-40.

[3] 范景伟,何江达. 含定向闭合断续节理岩体的强度特性. 岩石力学与工程学报, 1992,11(2):190-199.

[4] 王桂尧,孙宗欣,徐纪成. 岩石压剪断裂机理及强度准则的探讨. 岩土工程学报,1996,18(4):68-74.

[5] 郑少河. 裂隙岩体渗流场-损伤场耦合理论研究及工程应用. 武汉:中国科学院武汉岩土力学研究所博士学位论文,2000.

[6] 朱维申,李术才,陈卫忠. 节理岩体破坏机制和锚固效应及工程应用. 北京:科学出版社,2002.